CAN DO! Learn Windows Vista the right way

# Windows Vista 操作系统
# 从入门到精通

杰诚文化／编著

中国青年出版社
中国青年电子出版社
http://www.21books.com http://www.cgchina.com

**图书在版编目（CIP）数据**

Windows Vista操作系统从入门到精通 / 杰诚文化编著.—北京：中国青年出版社，2007

ISBN 978-7-5006-7767-3

I.W...　II.杰...　III.窗口软件，Windows Vista — 基本知识　IV. TP316.7

中国版本图书馆CIP数据核字（2007）第 146456号

---

**Windows Vista操作系统从入门到精通**

杰诚文化　编著

出版发行：　中国青年出版社

地　　址：　北京市东四十二条21号

邮政编码：　100708

电　　话：　（010）84015588

传　　真：　（010）64053266

责任编辑：　肖　辉　张海玲　张　鹏

封面制作：　高　路

印　　刷：　北京新丰印刷厂

开　　本：　787×1092　1/16

印　　张：　27.75

版　　次：　2007年11月北京第1版

印　　次：　2007年11月第1次印刷

书　　号：　ISBN 978-7-5006-7767-3

定　　价：　39.90元（附赠2CD）

# Windows Vista 多媒体视频教学光盘
# CD1 使用说明

视频操作结合语音教学　体验坐在家中上课的感觉

## 多媒体视频教学 · 演示、跟练、交互 · 轻松自由学习模式

　　CD1 是与本书章节一体化的多媒体演示光盘，其光盘操作方式为：将随书附赠光盘 CD1 放入光驱，几秒钟后光盘将自动运行。如果没有自动运行，可在桌面双击"我的电脑"图标，在打开的窗口中右击光盘所在的盘符，在弹出的快捷菜单中选择"自动播放"命令，即可启动并进入多媒体视频教学光盘的主界面。

U0117673

**1** 本书多媒体光盘导航主界面　　　　　**2** 本书光盘章节导航　　　**3** 400页的Word、Excel电子书

**4** 多媒体视频讲解演示

1. 返回上一节
2. 快退
3. 播放
4. 暂停

5. 停止
6. 快进
7. 跳转到下一节
8. 返回到主界面

9. 播放条
10. 解说音量调节
11. 背景音量调节
12. 背景音乐选择

# 超值 Office 2007 多媒体视频教学光盘 CD2 使用说明

## 体验 Office 2007 更高效更便捷的操作

　　CD2 是超值赠送的 Office 2007 多媒体视频教学光盘，其使用方法与 CD1 相同。CD2 中的多媒体视频教学光盘涵盖了 Word 2007、Excel 2007、PowerPoint 2007 和 Access2007，一本书的价格，横跨四本书的内容，超值的同时，更是超实用。另外，在 CD2 中还有 300 个相关实例文件、315 个 Office 组件模板和包含 10000 个五笔编码的五笔字型电子速查字典，方便读者使用。

Office 2007 附赠版界面

315 个 Office 组件模板

含 10000 个五笔编码的五笔字型电子速查字典

300 个配合语音讲解的实例文件

Word 2007 办公综合实战

Excel 2007 办公综合实战

# Windows Vista 多媒体视频教学讲解赏析

Windows Vista 系统的安装

设置用户名和图片

使用"欢迎中心"

认识 Windows Vista 桌面

设置个性化的外观

自定义窗口布局

设置文件的排序方式

重命名文件或文件夹

中文输入法的安装

微软拼音输入法的使用

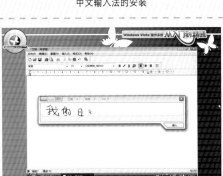

使用 Tablet PC 输入面板

设置粘滞便笺

在写字板中编辑文本

使用放大镜

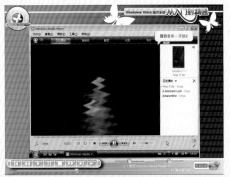

播放音乐

设置 Windows 照片库选项

发布日历

邀请他人参加会议

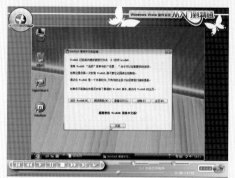

安装应用程序

启动应用程序

认识 Windows Vista 控制面板

设置鼠标

清理磁盘碎片

性能的管理

更改账户密码

使用组策略进行安全设置

设置打印机

设置扫描仪的属性

安装网络适配器

映射网络资源

浏览网页

使用搜索引擎

# 前　言

## 为何编写本书

现今社会竞争日益激烈，如何提高工作效率、如何使自己的工作事半功倍已成为大家最为关心的问题，在电脑软件高速发展的今天，仍然很少有一种软件的地位能够与操作系统相媲美，操作系统作为一个"平台"，它最大的特点就是具有良好的兼容性。伴随 Microsoft 公司Windows Vista 操作系统的推出，我们编写了这本《Windows Vista 操作系统从入门到精通》，此系列图书还包括：

《Office 2007 公司办公从入门到精通》

《Word 2007 公司办公从入门到精通》

《Excel 2007 公司办公从入门到精通》

《PowerPoint 2007 多媒体演示从入门到精通》

《Access 2007 数据库管理从入门到精通》

用以帮助读者快速学会创建与编辑标准化文档，对企业数据进行保存、管理和分析，制作出精美的演示文档，创建丰富、动态的数据库电子表单，为提高工作效率带来质的飞跃。

## Windows Vista 简介

Windows Vista 是 Microsoft 公司于 2007 年初推出的一款具有革命性的操作系统。Windows Vista 实现了技术与应用的创新，在安全可靠、简单清晰、互联互通以及多媒体方面体现出了全新的构想，并传递出 3C 的特性，努力帮助用户实现工作效益的最大化，使用户在使用起来更加简单、方便，也更加放心。同时 Windows Vista 还实现信息同步，与不同的设备都能实现很好的互联互通。比起早期版本，Windows Vista 在界面上有了很大改变，更加人性化地面向用户，使用户不必再费劲地寻找命令，因为所需命令会随时呈现在眼前且触手可及。

## 本书内容特色

▶ 新手教程 ｜ 严格从专业操作系统角度入手，是介绍 Windows Vista 应用于日常学习、工作中的初、中级教程，保证读者快速入门。

▶ 全新主线 ｜ 本书针对入门级读者以快速入门最佳流程为讲解主线，是初学者的首选精华体。"Windows Vista 入门知多少——管理文件、巧用附件、娱乐休闲、心情日历、远程开会 5 合 1——应用程序安装捷径——安全优化你的地盘——网络遨游——网上飞鸿——硬件须知"。

▶ 专业视角 ｜ 由国内资深 Windows Vista 操作系统专家和 Vista 高级培训教师精心编著，旨在培养读者专业高效的 Windows Vista 系统实践能力。

▶ 知识全面 ｜ 120 个精心设计的操作实例遍布全书各个角落，囊括个性化设计、系统管理、常用附件、硬件设置等 Windows Vista 操作系统的所有必备技能。

▶ 直观易懂 ｜ 基本做到每一步骤都对应一幅图片，使入门级读者轻松完成各种难易程度的命令操作，提高读者的实际动手能力。

▶ 抛砖引玉 ｜ 200 个"小问答"相当于一本 Windows Vista 实用技巧手册，100 个"操作点拨"教读者活用 Windows Vista 各种功能，18 个拓展专栏省去苦查资料的烦扰，保证所学即所用。

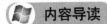

## 前言

### 内容导读

本书是自学 Windows Vista 的初、中级教程，通过"全程图解"的方式对 Windows Vista 进行循序渐进的讲解，并以实例的形式将多个知识点融会贯通，易于学习掌握。

全书共分为 18 章，第 1 章介绍了 Windows Vista 的新增功能和系统安装方法；第 2 ～ 10 章详细介绍了文件和文件夹的管理、自定义系统环境、常用附件的使用、应用程序的安装等；第 11 ～ 14 章介绍了 Windows Vista 的系统维护和优化以及打印机和扫描仪的使用；第 15 ～ 17 章讲解了网络基础设置、使用 Internet Explorer 7 上网的方法以及电子邮件的使用方法；最后，第 18 章简单介绍了一些关于硬件设置的知识。

### 多媒体视频教学光盘

1. CD1 提供与全书章节内容一体化的多媒体视频教学录像，帮助读者牢固掌握所学知识。
2. CD2 赠送长达 7 小时的 Office 2007 多媒体视频教学，为读者高效办公提供学习便利。

### 适用读者群

1. 正准备学习或正在学习 Windows Vista 操作系统的初级读者
   ——书中大量的技巧内容可快速加强用户应用操作系统的熟练程度。
2. 习惯使用 Windows XP 操作系统的读者
   ——帮助用户顺利升级到 Windows Vista，并快速喜欢上此操作系统。
3. 学校教师
   ——本书同样可以作为学习教材帮助教职人员进行教学指导。
4. 想自学 Windows Vista 操作系统并应用于日常学习工作的读者朋友
   ——本书内容丰富，知识全面，并附有视频教学光盘，用户可以自行学习，快速提高运用操作系统实际操作的能力。

本书已力求严谨细致，但限于作者水平有限，加之时间仓促，书中难免出现疏漏与不妥之处，敬请广大读者批评指正。

作　者
2007年10月

Contents

目 录

▲ 认识 Windows Vista 桌面　　▲ 设置个性化的外观　　▲ 自定义窗口布局

## Chapter 03　Windows Vista 个性化设置

▲ 设置文件的排序方式

▲ 重命名文件或文件夹

▲ 中文输入法的安装

▲ 微软拼音输入法的使用

## Chapter 04 文件与文件夹的管理

▲ 使用 Tablet PC 输入面板　　▲ 设置粘滞便笺　　▲ 在写字板中编辑文本

## Chapter **05** 输入法基础知识

## Chapter **06** Tablet PC 输入面板与日记本

▲ 使用放大镜

▲ 播放音乐

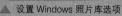
▲ 设置 Windows 照片库选项

▲ 发布日历

目录

Windows Vista

▲ 邀请他人参加会议　　▲ 安装应用程序　　▲ 启动应用程序

## Chapter **09** Windows 日历与信息交流

▲ 认识 Vista 控制面板

▲ 设置鼠标

▲ 清理磁盘碎片

▲ 性能的管理

## Chapter 10 应用程序的安装和使用

## Chapter 11 系统设置与维护

目录

▲ 更改账户密码

▲ 使用组策略进行安全设置

▲ 设置打印机

## Chapter **12** 系统的优化与维护

▲ 设置扫描仪的属性

▲ 安装网络适配器

▲ 映射网络资源

▲ 浏览 WEB 页

## Chapter **13** 计算机安全管理

## Chapter **14** 打印机和扫描仪

目录

▲ 使用搜索引擎　　　▲ 申请免费电子邮箱　　　▲ 编辑电子邮件

## Chapter **15** 网络的基础知识

## Chapter **16** 网络遨游

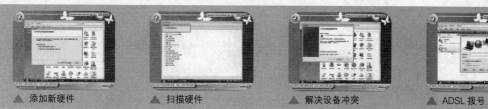

▲ 添加新硬件　　　▲ 扫描硬件　　　▲ 解决设备冲突　　　▲ ADSL 拨号

## Chapter 17　电子邮件

# Windows Vista 操作系统从入门到精通

▲ 在日记本中插入图片

▲ 卸载应用程序

▲ 使用 Windows Mail

## Chapter 18 管理和设置硬件

本章建议学习时间：80分钟

建议分配 60 分钟熟悉操作界面，再分配 20 分钟进行练习。

Chapter

# 初识Windows Vista

# 01

## 学完本章后您可以：

- 了解 Windows Vista 的新增特性
- 熟悉 Windows Vista 的特点
- 了解 Windows Vista 的版本
- 学会安装 Windows Vista 系统

Windows Vista系统的安装

设置用户名和图片

本章多媒体光盘视频链接 ▲

2007 年初，微软公司推出了一款具有革命性的操作系统 Windows Vista，相对于以前的 Windows 操作系统（Windows 98、Widows 2000、Windows XP）来说，Windows Vista 的功能更加强大，界面和外观更加友好、美观，使用起来也更加安全、稳定。Windows Vista 能够更加有效地发挥出计算机的潜能，并能给用户带来全新的数字体验，在商业办公领域也提供了更加强大的支持。

## BASIC

## 1.1　Windows Vista 的改进

Windows Vista 与早期 Windows 版本相比有了更多的修正与升级，接下来就简单介绍一下 Windows Vista 相比于其他 Windows 系统的优点。

（1）操作系统核心进行了全新修正。Windows XP 的核心并没有安全性方面的设计，因此只能一点点打补丁，Windows Vista 在这个核心上进行了很大的修正。例如：在 Windows Vista 中，部分操作系统运行在核心模式下，而硬件驱动等运行在用户模式下，核心模式要求非常高的权限，这样一些病毒木马等就很难对核心系统形成破坏。

Windows Vista 中的 heap 设计更先进，方便了开发者，提高了用户的效率。在电源管理上也引入了睡眠模式，让用户的 Windows Vista 可以从不关机，而只是极低电量消耗地待机，启动起来非常快，比现在的休眠效率高了许多。

内存管理和文件系统方面引入了 SuperFetch 技术，可以把经常使用的程序预存入到内存中，提高性能，此外用户的后台程序不会夺取较高的运行等级，不用担心突然一个后台程序运行让其他程序动弹不得。因为硬件驱动工作在用户模式，驱动坏了系统也不会有问题，而且安装驱动都不需要重新启动。

（2）网络方面集成 IPv6 支持，防火墙的效率和易用性更高，优化了 TCP/IP 模块，从而大幅度增加了网络连接速度，对于无线网络的支持也加强了。

（3）媒体中心模块被内置在 Windows Vista Home Premium 版本中，用户界面更新、支持 Cable-Card，可以观看有线高清视频。

（4）音频方面，音频驱动工作在用户模式，提高了稳定性，同时速度和音频保真度也提高了很多，内置了语音识别模块，带有针对每个应用程序的音量调节。

（5）显示方面，Windows Vista 内置 Direct X 10，这是只有 Windows Vista 系统才拥有的，使用更多的 .dll 系统文件，不向下兼容，显卡的画质和速度会得到革命性的提升。

（6）集成应用软件。取代系统还原的新 SafeDoc 功能能让用户自动创建系统的影像，内置的备份工具更加强大，许多人可以用它取代 Ghost；在 Windows Vista 中 Outlook Express 升级为 Windows Mail，搜索功能非常强大，还有内置口程表模块、新的图片集程序、Windows Movie Maker、Windows Media Player 11 等都是众所期待的更新升级。

（7）Aero Glass 以及新的用户界面支持 3D 显示，提高了工作效率。显卡现在也是一个共享的资源，它也负责 Windows 的加速工作，再加上双核处理器的支持，以后大型游戏对于 Windows 来说也不再是什么大任务了，只需开启一个小窗口就可以运行。

（8）重新设计的内核模式加强了安全性，加上更安全的 Internet Explorer 7、更有效率的备份工具，用户的 Windows Vista 会安全很多。

## BASIC
## 1.2 Windows Vista 的新增特性与升级功能

Windows Vista 操作系统与以前的操作系统相比，新增了许多功能，例如：Windows Vista 将系统的"搜索"功能升级为了在每一个窗口右上角都有的搜索框，方便用户对文件进行搜索，接下来就简单介绍 Windows Vista 的新增功能。

### 1.2.1 搜索和整理

#### 搜索文件或文件夹

在 Windows 的每个文件夹窗口中，右上角都会出现"搜索"框。在"搜索"框中输入时，Windows 会根据用户输入的内容进行筛选。Windows 可以在文件名中查找字词、应用到文件的标签或其他文件属性，如下图所示。

#### 整理并快速查找文件

若要查找文件夹中的文件，请在"搜索"框中键入文件名的一部分来查找需要的内容，如下图所示。当用户不知道文件所在位置或想要使用多个文件名或属性进行高级搜索时，还可以使用"搜索文件夹"功能。

### 1.2.2 Windows Media Center

使用 Windows Media Center 菜单系统和远程控制可以在某个地方欣赏喜爱的数字娱乐节目，包括直播和录制的电视节目、电影、音乐和图片，如右图所示。Windows Vista 中的 Windows Media Center 具有增强功能，包括对数字和高清晰度有线电视以及改进的菜单系统的扩展支持，创建消费者－电子－质量起居室体验的能力，以及通过 Media Center Extender（包括 Microsoft Xbox 360）进行多房间访问的新选项。

Windows Ultimate Extras 可用时，它们出现在 Windows Update 页面的 Windows Ultimate Extras 部分中。

3

## 1.2.3　同步和共享

### 与其他设备同步

与其他设备（例如便携式音乐播放机和 Windows 移动设备）同步，使用"同步中心"，可以保持设备同步、管理设备的同步方式、开始手动同步、查看当前同步活动的状态以及检查冲突，如右图所示。

### 网络共享

即使网络上的用户不使用运行 Windows 的计算机，用户也可以与其他用户共享文件和文件夹。共享文件和文件夹时，其他人可以打开并查看这些文件和文件夹，如同它们存储在自己的计算机上一样，如右图所示。如果用户允许，他们也可以进行更改。

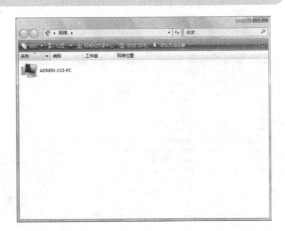

## 1.2.4　安全性与备份和还原

### Windows Defender 间谍软件扫描

Windows 防火墙和 Windows Defender 等功能可以使用户的计算机更加安全。Windows 安全中心可以检查计算机的防火墙、防病毒软件和更新状态，如右图所示。使用 BitLocker 驱动器加密可以加密整个系统分区，通过阻止黑客访问重要的系统文件以提高安全性。执行可能影响计算机的操作或对影响其他用户的设置进行更改的操作之前，用户账户控制（UAC）将要求用户提供相应权限，从而有助于阻止对计算机进行未经授权的更改。

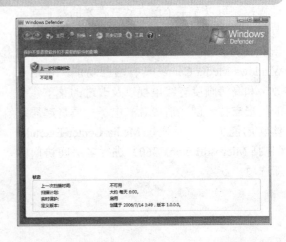

问　什么时候需要考虑格式化磁盘？

**系统的备份与还原**

备份和还原中心可以使用户在选择的任何时候和位置备份设置、文件和程序更加方便，而且具有自动计划的便利性。用户可以备份到CD或DVD、外部硬盘、计算机上的其他硬盘、USB闪存驱动器，或备份到与用户网络连接的其他计算机或服务器，如右图所示。

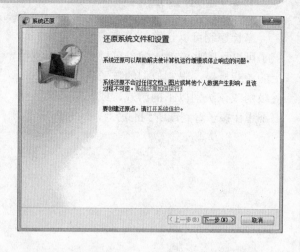

## 1.2.5　Internet Explorer 7

Web源、选项卡式浏览和始终可用的搜索只是Internet Explorer 7中可以使用的新功能的一部分，右图所示为Internet Explorer 7的界面。

Web源提供网站发行的频繁更新的内容，可以订阅源自动传递到用户的Web浏览器。使用Web源，用户可以获得新闻或博客等更新的内容，而无须转到网站。使用选项卡式浏览可以在一个浏览器窗口中打开多个网站。用户可以在新选项卡上打开网页或链接，然后通过单击选项卡在网页之间进行切换。

## 1.2.6　图片

使用"图片"文件夹和Windows照片库可以方便地查看、整理、编辑、共享和打印数字照片。将数字照相机插入到计算机时，用户可以自动将照片传送到"图片"文件夹。在"图片"文件夹中，可以使用Windows照片库剪裁照片、修复红眼，并进行颜色和曝光更正等，如右图所示。

照片库

1
section

2
section

3
section

4
section

5
section

## 1.2.7　家长控制

家长控制可以让家长很容易地指定他们的孩子可以玩哪些游戏。父母可以允许或限制特定的游戏标题，限制他们的孩子只能玩某个年龄级别或该级别以下的游戏，或者阻止某些他们不想让孩子看到或听到的游戏，如右图所示。

## 1.2.8　移动PC功能和Tablet PC功能

### 移动PC功能

使用"移动中心"调整在地点之间移动时定期更改的设置（例如音量和屏幕亮度），并检查连接状态。使用辅助显示器检查下一个会议、阅读电子邮件、听音乐或浏览新闻，而不需打开移动PC。还可以在设备（例如移动电话或电视）上使用辅助显示器，如右图所示。

### Tablet PC功能

通过个性化手写识别器提高手写识别，使用笔势和笔导航并执行快捷方式，使用优化光标更清楚地查看笔操作。在屏幕的任何位置使用"输入面板"手写或使用软键盘。使用触摸屏，用手指执行操作（只有在启用触摸的Tablet PC上才能使用触摸屏），如右图所示。

Tablet PC 输入

01
Chapter

## 1.2.9 网络连接与 Windows Meeting Space

### 网络连接

使用"网络和共享中心"取得实时网络状态和到自定义活动的链接。设置更安全的无线网络,可以更安全地连接到热点中的公用网络并帮助监视网络的安全性,更方便地访问文件和共享的网络设备(例如打印机),使用交互式诊断识别并修复网络问题,如右图所示。

### Windows Meeting Space

与其他联机人员合作,并向其分发文档。与其他会话参加者共享用户的桌面或程序,分发和共同编辑文档,以及将便笺转交他人。Windows Meeting Space 可以在会议室、受欢迎的地点或没有网络的地方工作,如右图所示。

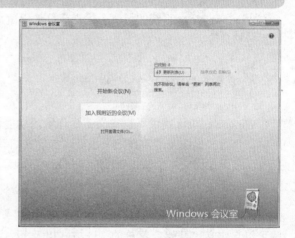

## 1.2.10 轻松访问中心和边栏

### 轻松访问中心

新的轻松访问中心替换更早版本的 Windows 中的辅助功能选项。轻松访问中心提供了多个改进和新功能,包括集中访问辅助功能设置和新调查表,它们可以用来获得对辅助功能的建议,用户会发现该建议可能会非常实用,如右图所示。

● 边栏

Windows 边栏是在桌面边缘显示的一个垂直长条。边栏中包含称为"小工具"的小程序，这些小程序可以提供即时信息以及可轻松访问常用工具的途径。例如，用户可以使用小工具显示图片幻灯片、查看不断更新的标题或查找联系人，如右图所示。

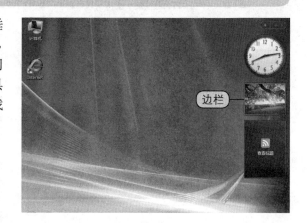

1
section

2
section

BASIC

## 1.3　Windows Vista 的其他改进特点

3
section

Windows Vista 系统的另一个优点就是使用更加方便，例如前面介绍的系统对文件或文件夹的搜索与整理等。

4
section

### 1.3.1　自定义工作环境

5
section

Windows Vista 提供了自定义工作环境的功能，可以更改大多数外观设置。如自定义"开始"菜单，自定义桌面主题，自定义服务，自定义启动项，自定义文件的打开方式等。总而言之，用户可以在很大程度上个性化自己的 Windows Vista。

（1）右击任务栏，在弹出的快捷菜单中单击"属性"命令，在「开始」菜单"选项卡中就可以自定义"开始"菜单的工作方式以及外观，如下图所示。

（2）在桌面上右击，在弹出的快捷菜单中单击"个性化"命令，在打开窗口中单击"Windows 颜色和外边"选项。打开"外观设置"对话框，在"外观"选项卡中可以自定义 Windows Vista 的显示方式，如下图所示。

问 应该使用哪种文件系统？

（3）执行"开始 > 控制面板 > 管理工具 > 服务"命令，打开"服务"窗口，就可以自定义系统中运行的服务了，如下图所示。

（4）单击"开始 > 所有程序 > 附件 > 运行"命令，在弹出的对话框中输入 msconfig，并单击"确定"按钮，就能打开"系统配置"对话框来调整系统启动项，如下图所示。

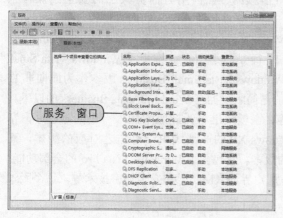

### 1.3.2　改进的网络和通信

Windows Vista 改进了对局域网和拨号网络的支持。假如局域网中网络出现的问题，用户可以直接通过 Windows Vista 自带的修复功能来修复，这样可以直接解决大部分用户可能遇到的问题，降低了用户的使用门槛。同时 Windows Vista 还内置了对无线网络的支持，可以直接安装并配置无线网络，使用户能够轻松安装和使用无线网络。

（1）用户可以直接在"本地连接状态"对话框中的"常规"选项卡下单击"诊断"按钮来修复网络，如下图所示。

（2）用户可以使用"设置无线路由器和访问点"选项来安装并配置无线网络，如下图所示。

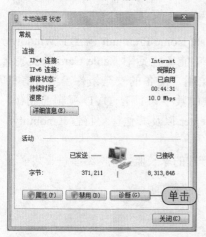

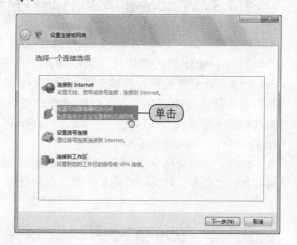

## 1.4　Windows Vista 的版本

与以前几个版本的 Windows 相比，确定安装哪个版本的 Windows Vista 可能要复杂一些。Windows Vista 有 5 个版本，下面分别介绍一下。

**Windows Vista**
操作系统从入门到精通

01
Chapter

1
section

2
section

3
section

4
section

5
section

### 1.4.1　Windows Vista Business

Windows Vista Business 是一个强大的、值得信赖的、面向所有商务人士的安全的操作系统。此版本新增了对 domain 的加入和管理功能，能够兼容其他非微软的网络协议（如 Netware、SNMP 等），远程桌面，微软的 Windows Web Server 和文件加密系统（Encrypted File System）。这个版本和 Windows XP Pro 相当。微软还针对非 IT 行业的小型企业推出了 Windows Vista Small Business 版本和 Windows Vista Enterprise。其中 Windows Vista Small Business 版本作为面向非 IT 行业的小型企业的、Windows Vista Business 产品的精简版，拥有 Windows Vista Business 的以下功能：备份和镜像支持，电脑传真以及扫描工具等。微软还准备为此版本加入一个向导程序，帮助用户付费升级至 Enterprise 或者 Ultimate。Windows XP 的产品线中没有与之对应的版本，而 Windows Vista Enterprise 版本则是为企业优化过的版本，它包含了 Windows Vista Pro 的全部功能。当然，也有其独特的特性，如 Virtual PC，多语言用户界面（MUI）和安全加密技术等。这个版本没有对应的 Windows XP 版本。

### 1.4.2　Windows Vista Home Basic

Windows Vista Home Basic 作为一款简化的 Windows Vista 操作系统，主要面向只有一台计算机的家庭。它是 Vista 产品线的最基本产品，其他各个版本的 Vista 都是以此为基础的。

它拥有的功能有 Windows 防火墙、Windows 安全中心、无限网络链接、父母监控（Parental Controls）、反病毒、间谍软件、网络映射、搜索、电影制作软件 Movie Maker、图片收藏夹、Windows Media Player、支持 RSS 的 Outlook Express、P2P Messenger 等。与 Windows Starter 2007 一样，Windows Vista Home Basic 没有 Aero 用户界面，相当于目前的 Windows XP Home Edition。

### 1.4.3　Windows Vista Home Premium

作为 Windows Vista Home Basic 的加强版本，Windows Vista Home Premium 包含了 Windows Vista Home Basic 的所有功能，包括媒体中心和相关的扩展功能（包括对 Cable Card 的支持，Cable Card 是一种装有各有线电视运营商不同收费系统的、给用户配备的安全组件，消费者只要将此卡插入家中的电视机，就能收看有线电视运营商提供的数字节目），DVD 视频的制作，HDTV 的支持以及 DVD Rip。甚至还有 Tablet PC、Mobility Center 以及其他移动特性（mobility）和展示特性（presentation）。

此外，它还支持 Wi-Fi 自动配置和漫游，基于多台计算机管理的家长监控、网络备份、共享上网、离线文件夹、PC-to-PC 同步、同步向导等。

### 1.4.4　Windows Vista Ultimate

Ultimate 有终极、顶点之意。用户大概也已经猜到了，这是 Vista 系列产品中最强大、最令人激动的版本，是针对个人电脑的最强操作系统，针对个体作出优化。Windows Vista Ultimate 包含 Windows Vista Home Premium 和 Windows Vista Business 的所有功能和特性，并且还有其他的特性，如附加的游戏优化程序，多种在线服务以及更多的服务等。

微软还在考虑如何定位如此具有冲击力的版本，并且正在研究是否为 Ultimate 的用户提供免费的音乐下载、电影下载、娱乐软件、增强产品的售后服务和用户主题方面。

这个版本主要面向骨灰级计算机玩家、骨灰级游戏玩家、数字音乐狂热者以及学生，是最完善的 Windows Vista 版本。它提供最好的执行效率和最安全、完整的办公室链接，并且针对个体用户进行优化，包含了用户全部需要和感兴趣的东西，是有史以来最强大的个人电脑操作系统。

### 1.4.5　Windows Starter 2007

Windows Starter 2007 并没有使用 Vista 商标，没有 Vista 著名的 Aero 用户界面和 DVD 制作功能。它拥有 Windows Vista Home Basic 的大部分功能，同时只能运行三个程序或打开三个窗口，可以上网，但不能接入其他计算机，它也没有登录密码和快速切换（Fast User Switching）。Windows Starter 2007 类似于 Windows XP Starter Edition（此产品在中国没有销售，在印度有此版本）。

## BASIC

## 1.5　安装 Windows Vista 系统

用户在安装 Windows Vista 操作系统之前，首先需要对系统的最低要求和最佳要求进行了解，这样就能够避免因计算机配置而不能够安装系统的情况出现。

### 1.5.1　安装系统的配置要求

#### 处理器（CPU）配置要求

目前所有中端以上的 Intel 或 AMD 处理器都可以满足 Windows Vista 的基本需求，低端处理器也可以运行 Vista，但是可能无法达到最佳效果，而且显然无法胜任高端游戏以及视频编辑。

AMD 和 Intel 都已经推出了各自的双核处理器，毋庸置疑，它们都是 Windows Vista 的出色选择，在 64 位方面，目前的 AMD、Intel 64 位处理器是不错的选择，目前 64 位处理器包括：AMD Athlon 64、AMD Athlon 64 FX、Mobile AMD Athlon 64、AMD Turion 64、Intel Pentium 4 EM64T 以及 Intel Pentium 4 Extreme Edition EM64T，鉴于目前的情况，所有 64 位处理器都处于高端领域。

#### 内存配置要求

为了获得 Windows Vista 的先进功能，用户至少需要 512MB 内存以支持系统运行和满足普通的软件运行需求。鉴于不少游戏内存占用量都接近 512MB，Windows Vista 用户最好拥有 1GB 及以上内存。如果平时软件应用对硬件要求较高，最好确定新系统还有再加装内存的空间。

#### 显卡配置要求

这一点非常重要，用户的 Windows Vista 将拥有全新的华丽图形界面和外观，因此用户一定要考虑显卡性能。当然，也可以通过设置将 Vista 的要求降到和 Windows XP 相当。

如果想要体验 Windows Vista 的所有效果，必须拥有一块强大的显卡。虽然更多关于驱动与视频卡的信息随后才会公布，但是还是有一些基本原则可供参考。首先必须避免使用目前的低端 GPU，保证显卡支持 DirectX 9，至少有 64MB 显存。如果自己攒机，最好选择包括独立的 PCIe 或者 APG 显卡，这样可以在未来进行升级。AGP 和 PCIe 只是保证以后能够拥有足够的 Windows

Vista 显示带宽。

如果选择使用集成显示芯片的系统，应确保该系统存在 PCIe/AGP 插槽，同样是为了升级。

对于笔记本用户来说，很显然要在轻薄便携和强大厚重之间做出抉择，拥有最高显示性能的笔记本往往是沉重台式机的替代品。在芯片组方面，尽量选择 nVIDIA 和 ATi 的产品。

### 存储硬件配置要求

Windows Vista 在数码照片处理方面有很大改进，因此需要更多空间来存储高质的相片文件，硬盘自然是越大越好，更重要的是，确保系统可以在未来加装硬盘以扩展硬盘容量。

鉴于硬盘是目前 PC 速度的瓶颈，因此能够在选择高速硬盘中获得显著的性能提升。标准的 IED 硬盘转速为 7200RPM，2MB 缓存，而 SATA 硬盘则至少拥有 8MB 缓存，并支持 NCQ 技术，所以建议用户使用后者。

## 1.5.2 Windows Vista 系统的安装

用户了解了安装 Windows Vista 操作系统的要求之后，接下来就开始讲解安装系统的操作步骤。

**01** 将 Windows Vista 的安装盘放入光驱中，重启计算机，并按下 Esc 键选择光驱启动，这时系统就会对光盘进行检测，并读取光盘中的文件，如下图所示。

**02** 计算机会自动对系统进行检测，如下图所示。

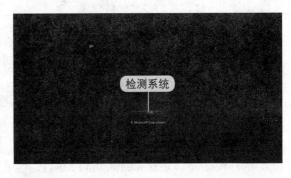

**03** 选择要安装的语言。在"要安装的语言"下拉列表中选择"中文"选项，如下图所示，然后单击"下一步"按钮。

**04** 在切换到的界面中单击"现在安装"按钮，如下图所示。

什么是分区？

01
Chapter

**05** 输入密匙。进入"键入产品密钥进行激活"界面后，在"产品密钥"文本框中输入产品密钥，然后勾选"联机时自动激活 Windows"复选框，如下图所示，然后单击"下一步"按钮。

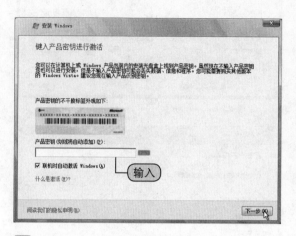

**06** 选择安装版本。进入"选择您购买的 Windows 版本"界面后，用户在"Windows 版本"列表框中选择需要安装的版本，这里选择"Windows Vista ULTIMATE"版本，如下图所示，勾选"我已经选择了购买的 Windows 版本"复选框，并单击"下一步"按钮。

**07** 阅读许可条款。进入"请阅读许可条款"界面后，勾选"我接受许可条款"复选框，然后单击"下一步"按钮，如下图所示。

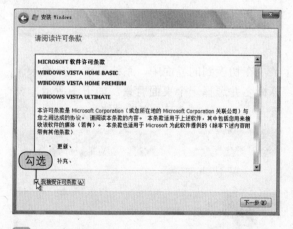

**08** 选择安装类型。进入"您想进行何种类型的安装"界面后，选择"自定义（高级）"选项，如下图所示。

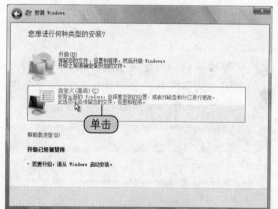

**09** 新建磁盘分区。进入到"您想将 Windows 安装在何处？"界面后，单击"新建"选项，如右图所示。

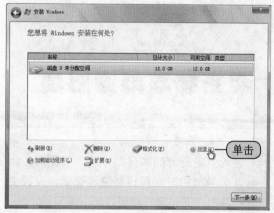

**答** 分区是硬盘上的一个区域，能够进行格式化并分配有驱动器号。

1
section

2
section

3
section

4
section

5
section

10 单击"新建"选项后，然后在下方的"大
小"数值框中输入新磁盘分区的大小，然后单
击"应用"按钮，如右图所示。

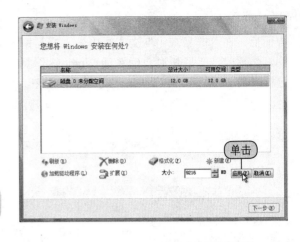

**操作点拨**

Windows Vista 系统的系统分区最少需要 7GB。

11 按照同样的方法对其他的磁盘进行分区，
设置完毕后，单击"下一步"按钮，即可开始
安装 Windows Vista，如右图所示。

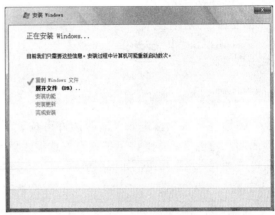

12 稍等片刻后，系统提示用户输入一个用户
名和密码并选择图片，如下图所示，设置完毕
后，单击"下一步"按钮即可。

13 在切换到的界面中，系统要求用户输入计
算机名并选择一个桌面背景，如下图所示，设
置完毕后，单击"下一步"按钮。

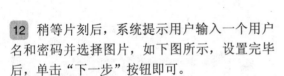
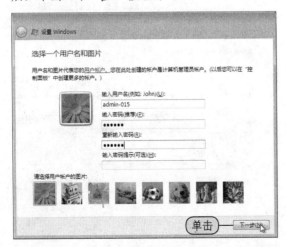

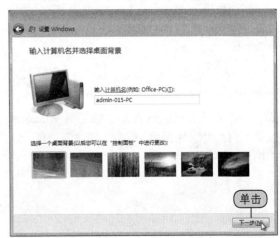

14 进入"复查时间和日期设置"界面后，用
户可以对当前的时间和日期进行设置，设置完
毕后，单击"下一步"按钮，如下图所示。

15 进入"请选择计算机当前的位置"界面后，
用户可以设置计算机当前的位置，这里选择
"工作"选项，如下图所示。

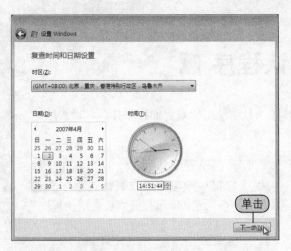

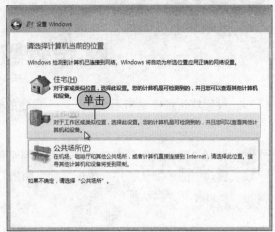

**16** 在进入的界面中，单击"开始"按钮，如下图所示。

**17** Windows Vista 将对计算机的性能进行检查，如下图所示。

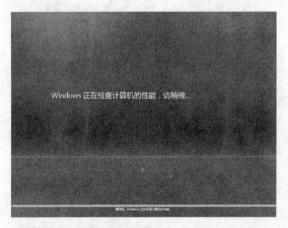

**18** Windows Vista 对计算机性能的检查完毕后，即可进入登录界面，如果用户在前面设置了密码，则在登录界面时系统将要求用户输入密码，如下图所示，输入密码后，单击右侧的箭头按钮即可。

**19** 经过前面的操作后，用户则成功安装了 Windows Vista 操作系统，登录 Windows Vista 操作系统后的效果如下图所示。

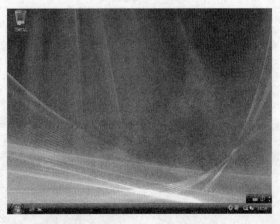

# Column

## ■ 设置默认程序 ■

　　设置默认程序是指用户打开某一程序的时候，自动使用所设置的程序打开。设置默认程序的具体操作步骤如下。

**01** 打开"默认程序"窗口。双击"控制面板"窗口中的"默认程序"图标，如下图所示，即可打开"默认程序"窗口。

**02** 打开"设置默认程序"窗口。在"默认程序"窗口中单击"设置默认程序"选项，如下图所示，即可打开"设置默认程序"窗口。

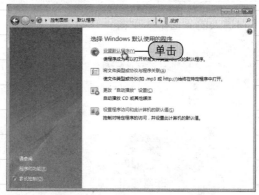

**03** 选择默认程序。在"设置默认程序"窗口中的"程序"列表框中，选择"Windows Mail"选项，如下图所示，并单击"选择此程序的默认值"选项。

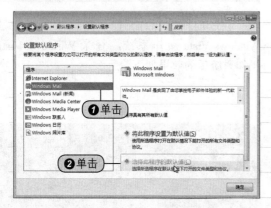

**04** 设置程序的关联。进入"设置程序的关联"界面后，选择所需的选项，如下图所示，然后单击"保存"按钮即可。

本章建议学习时间：120分钟

建议分配 100 分钟认识 Windows Vista 桌面
与窗口，了解边栏和回收站的使用，再分
配 20 分钟进行练习。

Chapter

# 快速了解 Windows Vista 操作系统

# 02

Windows Vista 操作系统从入门到精通

## 学完本章后您可以：

● 认识 Windows Vista 桌面与窗口

● 了解 Windows Vista 菜单与任务栏

● 认识 Windows Vista 的边栏

● 熟悉回收站的使用

● 掌握计算机的状态操作

● 使用"欢迎中心"

● 认识 Windows Vista 桌面

**本章多媒体光盘视频链接** ▲

Windows Vista 系统安装完成后，安装程序会为用户提供一些默认的标准设置，例如桌面背景、界面等。Windows Vista 操作系统的界面是一个全新的界面，与以往的 Windows 操作系统界面相比，Windows Vista 操作系统的界面更加美观大方。本章将向用户介绍 Windows Vista 系统的界面和一些基础操作，包括认识 Windows Vista 桌面与窗口、菜单与任务栏、边栏以及了解回收站的使用和计算机的状态操作等。

1
section

2
section

3
section

4
section

5
section

6
section

7
section

8
section

9
section

## BASIC

## 2.1 登录 Windows Vista 操作系统

在进入 Windows Vista 操作系统的界面之前，需要先启动计算机，然后等计算机启动 Windows，如果用户设置了登录密码，就需要输入登录密码后才能进入 Windows Vista 操作系统的界面。启动计算机并登录 Windows Vista 操作系统的具体操作方法如下。

**01** 打开显示器。首先，确认计算机与电源正确连接，然后按下显示器开关，打开显示器，如下图所示。

**02** 启动计算机。按下机箱上的 Power 按钮，即可启动计算机，通常情况下，Power 按钮是机箱中最大的按钮，如下图所示。

**03** 进入自检界面。然后，计算机就会出现自检画面，并启动 Windows，如下图所示。

**04** 输入密码。当系统进入了登录界面之后，首先单击用户名，在"输入密码"文本框中输入密码，如下图所示，然后单击文本框后面的按钮，进入 Windows Vista 操作系统的主界面。

输入

05 进入系统界面。当进入了 Windows Vista 操作系统的界面后,同时也将启动"欢迎中心"窗口,如下图所示。

操作点拨

关闭"欢迎中心"窗口后,即显示出 Windows Vista 操作系统的桌面,如下图所示。

## BASIC
## 2.2 使用与退出"欢迎中心"

当进入了 Windows Vista 操作系统的界面后,首先显示的是"欢迎中心"窗口,接下来将介绍一下"欢迎中心"的使用与退出方法。

### ● 启动"欢迎中心"窗口

#### 方法一

单击桌面上的"开始"按钮,在弹出的"开始"菜单中单击"欢迎中心"选项,如右图所示,即可打开"欢迎中心"窗口。

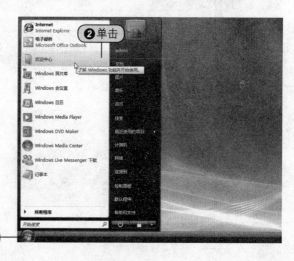

#### 方法二

01 打开"控制面板"窗口。单击桌面上的"开始"按钮,在弹出的"开始"菜单中,单击"控制面板"选项,如下图所示,即可打开"控制面板"窗口。

02 打开"欢迎中心"窗口。在弹出的"控制面板"窗口中,双击"欢迎中心"图标,如下图所示,即可打开"欢迎中心"窗口。

 边栏位于桌面上,包括的小工具是可自定义的小程序,通过这些小工具,无需打开窗口即可执行常见任务。

1
section

2
section

3
section

4
section

5
section

6
section

7
section

8
section

9
section

**03** 进入"欢迎中心"窗口。经过前面的操作后，用户则打开了"欢迎中心"窗口，如右图所示。

### 使用"欢迎中心"

**01** 显示 Windows 入门 14 项。进入"欢迎中心"窗口后，单击"Windows 入门"组中的"显示全部 14 项"选项，如下图所示，即可将 14 个图标全部显示出来。

**02** 查看更多详细信息。单击选中需要查看详细信息的图标，再单击"欢迎中心"窗口右侧的"显示更多详细信息"按钮，如下图所示。

问 可以自定义边栏吗？

03 显示更多详细信息。经过前面的操作后，用户就打开了所对应的窗口，即可查看详细的相关信息，如右图所示。

### 退出"欢迎中心"窗口

**方法一**

单击"欢迎中心"窗口中的"返回"按钮 ，返回到"控制面板"窗口，如右图所示，也就退出了"欢迎中心"窗口。

**操作点拨**

如果用户需要返回到"控制面板"窗口，直接单击地址栏中的"控制面板"字样也可以返回到"控制面板"窗口。

**方法二**

用户还可以直接单击"欢迎中心"窗口右上角的"关闭"按钮，如右图所示，直接关闭该窗口，也可以退出"欢迎中心"窗口。

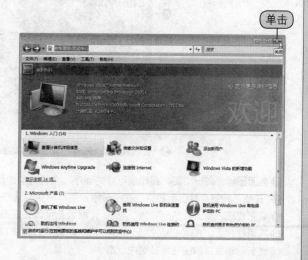

# Windows Vista
操作系统从入门到精通

02 ▶
Chapter

1
section

2
section

3
section

4
section

5
section

6
section

7
section

8
section

9
section

▶ 操作点拨

如果用户不需要每次开机的时候都启动"欢迎中心"窗口，则取消勾选"欢迎中心"窗口中的"启动时运行"复选框即可，如右图所示。

取消勾选

## BASIC

## 2.3 认识 Windows Vista 桌面与窗口

登录 Windows Vista 后，屏幕上较大的区域就称为桌面，用户使用计算机完成的各种工作都是在桌面上进行的。

### 2.3.1 桌面的组成

Windows Vista 的桌面包括桌面背景、图标、任务栏、"开始"按钮等，接下来将具体介绍。

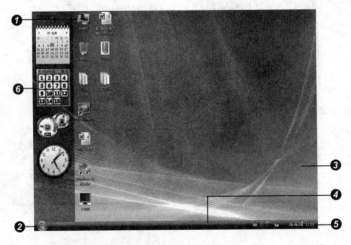

❶ **桌面图标**：每一个图标都代表不同的程序、文件对象的快捷方式。

❷ **"开始"按钮**：单击此按钮，在"开始"菜单中用户几乎可以完成所有的任务。

❸ **桌面背景**：桌面背景也称为"墙纸"，墙纸是可以在桌面上显示的图片或图像。

❹ **应用程序区**：每次启动 Windows 应用程序或者打开窗口时，应用程序区就会出现代表该程序的按钮，其中代表当前活动窗口的按钮呈被选中状态。

❺ **通知区域**：可以显示活动和紧急的通知图标，隐藏不活动的图标。

❻ **边栏**：Windows 的边栏是在桌面边缘显示的一个垂直长条。边栏中包含称为"小工具"的小程序，这些小程序可以提供即时信息和轻松访问常用工具的途径。

? 问 Windows Vista Ultimate 版本附带哪些小工具？

## 2.3.2 窗口的组成

在 Windows Vista 中，打开一个应用程序或者文件、文件夹后，将在屏幕上弹出一个矩形区域，这就是窗口，接下来就详细说明窗口的组成以及各部分的名称及其功能。

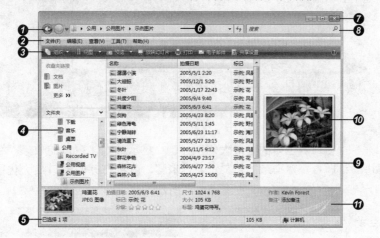

**❶** "前进"和"后退"按钮：快速地在前一个窗口和后一个窗口间切换。

**❷** 菜单栏：菜单栏位于地址栏下方，主要有 5 个菜单项，选择其中某一个菜单项即可执行相应的操作任务。

**❸** 工具栏：工具栏位于菜单栏的下方，其中有很多工具按钮，单击相应的按钮即可实现相应的功能。

**❹** 导航窗格：方便用户查找所需的文件或文件夹的路径。

**❺** 状态栏：状态栏位于窗口的最下方，用于显示工作状态和某个操作对象的提示信息。

**❻** 地址栏：在地址栏中单击右侧的下拉按钮，在弹出的下拉列表中选择一个地址，即可转到相应的窗口。

**❼** 窗口控键：包括最大化 / 还原、最小化和关闭按钮。

**❽** "搜索"框：使用"搜索"框是在计算机上查找项目的最便捷方法之一。

**❾** 窗口工作区：窗口工作区是窗口中最大的显示区域，用于显示操作对象以及操作结果。

**❿** 预览窗格：方便用户预览窗口工作区的文件。

**⓫** 详细信息面板：方便用户快速地查看所选文件的详细信息。

## 2.3.3 窗口的基本操作

每个窗口标题的右侧都有最小化、最大化 / 还原和关闭 3 个按钮，可用来执行相应的操作，接下来就介绍如何将窗口进行最小化、最大化的操作。

**01** 最小化窗口。单击窗口右上角的"最小化"按钮，如右图所示，即可将窗口最小化。

单击

此版本附带的一些小工具包括日历、时钟、联系人、提要标题、幻灯片、图片拼图板和便笺。

1 section

2 section

3 section

4 section

5 section

6 section

7 section

8 section

9 section

**02** 显示最小化窗口的效果。经过前面的操作步骤，用户就将打开的窗口最小化了，最小化后任务栏上只显示窗口标题，如右图所示。

窗口最小化后的效果

**操作点拨**

用户只需要单击任务栏上的窗口标题即可还原窗口。

**03** 最大化窗口。单击窗口右上角的"最大化"按钮，如下图所示，即可将窗口最大化显示。

单击

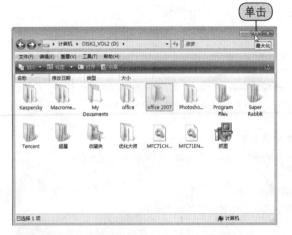

**操作点拨**

当窗口处于非最大化状态时，双击标题栏也可将窗口最大化。

**04** 显示最大化窗口的效果。经过前面的操作步骤，就将打开的窗口最大化了，效果如下图所示。

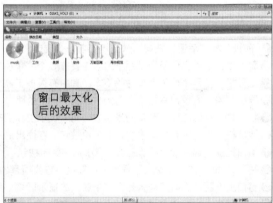

窗口最大化后的效果

**操作点拨**

如果用户需要关闭窗口，按照同样的方法单击"关闭"按钮，即可关闭当前的窗口。

## 2.3.4 窗口的移动和调整

在 Windows 系统中，窗口在桌面上的位置是可以移动的，这样用户可以将窗口置于最方便操作的位置，如果用户需要改变窗口的大小，只需将光标移动至窗口边框处，拖动鼠标即可，具体的操作步骤如下。

### ● 移动窗口

**01** 激活窗口。首先用户将光标移动至需要移动的窗口的标题栏上，单击鼠标，激活窗口，如下图所示。

**02** 移动窗口。激活窗口后，按住鼠标左键不放，拖动鼠标，此时窗口也会随之移动，如下图所示，将窗口移动到所需位置后，释放鼠标即可。

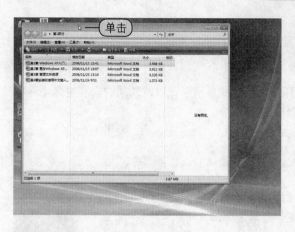

02
Chapter

## 调整窗口大小

**01** 调整窗口的宽度。将光标移动到窗口的右侧边框处，当鼠标光标呈双箭头状时，如下图所示，按住鼠标左键不放，向左或者向右拖动鼠标，即可调整窗口的宽度。

**02** 调整窗口的高度。将光标移动至窗口的下边框处，按照步骤1的方法，按住鼠标左键不放向上或向下拖动鼠标，即可调整窗口的高度，如下图所示。

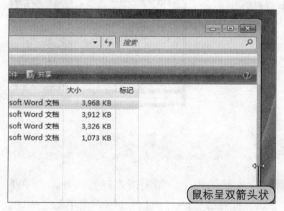

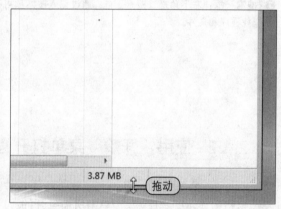

**03** 同时调整窗口宽度和高度。将鼠标移动到窗口的右下角，当鼠标指针呈双箭头的时候，按下鼠标左键不放，向左上方或者右下方拖动鼠标，即可同时调整窗口的宽度和高度，如右图所示。

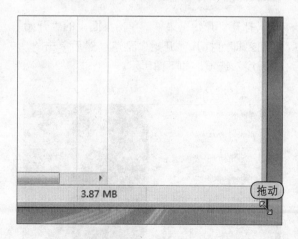

可以安装，用户可以从 Microsoft 小工具网站上找到更多小工具。

## BASIC

## 2.4 菜单与任务栏

由于每一个人对计算机的设置不同，所以"开始"菜单的显示形式以及选项的内容也是不尽相同的，"开始"菜单有两种形式，用户可以根据需要自行设置。

### 2.4.1 "开始"菜单的组成

单击桌面上的"开始"按钮，即可打开"开始"菜单。"开始"菜单是由常用程序区、固定操作区以及"搜索"框3个部分组成的，如右图所示。

❶ **常用程序区**：左边的大窗格显示计算机上程序的一个简单列表。计算机使用者可以自定义此列表，所以其确切外观会有所不同。单击"所有程序"选项可显示程序的完整列表。

❷ **固定操作区**：右边窗格提供对常用文件夹、文件、设置和功能的访问。在这里还可注销 Windows 或关闭计算机。

❸ **"搜索"框**：左下角是"搜索"框，通过输入搜索项可在计算机上查找程序和文件。

### 2.4.2 使用"开始"菜单打开程序

"开始"菜单最常见的一个功能就是打开计算机上安装的程序。如果需要打开"开始"菜单左边窗格中显示的程序，只需单击所需打开的程序，即可打开该程序，并且"开始"菜单随之关闭。

**01** 打开"开始"菜单。单击桌面上的"开始"按钮，即可打开"开始"菜单，然后单击"所有程序"选项，如下图所示。

**02** 单击某个程序的图标可启动该程序，并且"开始"菜单随之关闭。例如，单击"附件"选项就会显示该选项下的程序列表，然后单击需要的程序即可将其打开，如下图所示。

**问** 小工具都可以添加到边栏中吗？

02
Chapter

**操作点拨**

如果要返回到刚打开"开始"菜单时看到的程序，可单击左侧窗格中的"返回"选项。

**操作点拨**

如果不清楚某个程序是做什么用的，可将鼠标光标移动到该程序的图标或名称上。这时会出现一个提示框，该框通常包含了对该程序的描述。例如，将光标指向"命令提示符"时会显示这样的消息："执行基于文本的（命令行）功能。"。

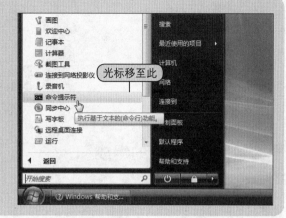

## 2.4.3 设置"开始"菜单

"开始"菜单是可以进行设置的，重新组织"开始"菜单使用户更易于查找喜欢的程序和文件夹，设置"开始"菜单的具体操作步骤如下。

01 打开"任务栏和「开始」菜单属性"对话框。单击"开始"按钮，打开"开始"菜单，在"开始"菜单的空白处右击鼠标，然后单击"属性"命令，如下图所示，即可打开"任务栏和「开始」菜单属性"对话框。

02 设置开始菜单样式。在弹出的"任务栏和「开始」菜单属性"对话框中，切换至「开始」菜单"选项卡下，单击"传统「开始」菜单"单选按钮，如下图所示，设置完毕后，首先单击"应用"按钮，再单击"确定"按钮即可。

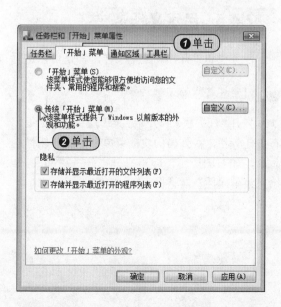

**答** 任何已安装的小工具均可添加到边栏中，也可以将小工具分离出来，放到桌面上的任何位置。

1
section

2
section

3
section

4
section

5
section

6
section

7
section

8
section

9
section

**03** 显示设置"开始"菜单样式后的效果。设置完成后，用户再次单击"开始"按钮，打开"开始"菜单后的样式效果如右图所示。

更改"开始"菜单样式后的效果

## 2.4.4 任务栏的组成

任务栏是位于桌面底端、具有立体感的长条，Windows Vista 是一个多任务操作系统，可以让计算机同时进行多份工作，计算机每运行一个程序，就会在任务栏上显示出相应的程序按钮。

❶**"开始"按钮**：单击此按钮，在打开的"开始"菜单中用户几乎可以完成所有的任务，例如启动应用程序、连接Internet 等。

❷**"快速启动"工具栏**："快速启动"工具栏紧靠着"开始"按钮。默认情况下包括 IE、显示桌面和在窗口之间切换等几个小图标，单击小图标，可以打开相应的程序。

❸**应用程序区**：每次启动 Windows 应用程序或者打开窗口时，最小化窗口按钮就会出现代表该程序的按钮，其中代表当前活动的按钮呈被选中的状态。

❹**通知区域**：在该区域中，可以显示活动和紧急的通知图标，隐藏不活动的图标。

## 2.4.5 自定义任务栏

任务栏和"开始"菜单一样，都是可以进行自定义的，接下来就介绍如何自定义任务栏。

### ● 设置任务栏外观

**01** 打开"任务栏和「开始」菜单属性"对话框。右击任务栏，在弹出的快捷菜单中单击"属性"命令，如右图所示，即可打开"任务栏和「开始」菜单属性"对话框。

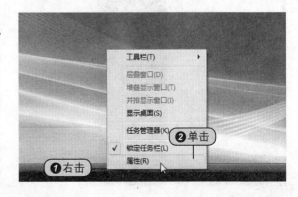

**02** 设置任务栏外观。在弹出的"任务栏和「开始」菜单属性"对话框中，切换至"任务栏"选项卡下，如右图所示，用户可以在"任务栏外观"选项组中对任务栏的外观进行设置，设置完毕后单击"确定"按钮即可。

### 设置"通知区域"和"工具栏"

**01** 设置"通知区域"。打开"任务栏和「开始」菜单属性"对话框，切换至"通知区域"选项卡下，用户即可对"通知区域"中的图标进行设置，单击"图标"选项组中的"自定义"按钮，如下图所示，即可打开"自定义通知图标"对话框。

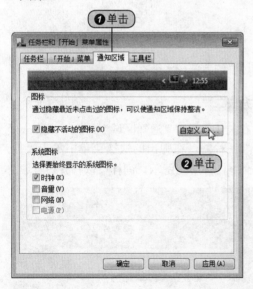

**02** 设置通知图标显示或者隐藏。在弹出的"自定义通知图标"对话框中，将鼠标指针移动至"在不活动时隐藏"处单击，这时就会在右侧出现下拉按钮，单击该按钮，在弹出的下拉列表中，用户即可设置该图标在通知区域中是显示还是隐藏，如下图所示，设置完毕后，单击"确定"按钮即可。

**03** 设置"工具栏"。打开"任务栏和「开始」菜单属性"对话框，切换至"工具栏"选项卡下，用户在"选择要添加到任务栏的工具栏"列表框中勾选所需添加到任务栏中工具前的复选框，如下图所示，设置完毕后，单击"确定"按钮即可。

**04** 显示设置"通知区域"和"工具栏"后的效果。经过前面的设置后，用户将任务栏设置为如下图所示的效果。

可以。例如网络管理员可以创建小工具以提醒企业网络中的用户下载重要的软件更新等。

1
section

2
section

3
section

4
section

5
section

6
section

7
section

8
section

9
section

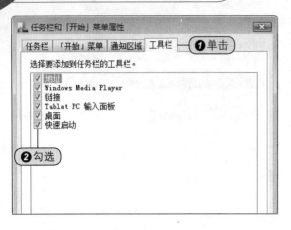

## BASIC

## 2.5 Windows Vista 边栏

Windows Vista 边栏是早期版本中没有的功能，边栏可以保留信息和工具，供用户随时使用。例如：可以在打开程序的旁边显示新闻标题。这样，如果用户要在工作时了解发生的新闻事件，则无需停止当前工作就可以切换到新闻网站。

用户可以使用源标题小工具显示所选资源中最近的新闻标题，而且不必停止处理文档，因为标题始终可见。如果用户从外部看到感兴趣的标题，则可以单击该标题，Web 浏览器就会直接打开其内容。

### 2.5.1 打开边栏

打开边栏的方法很简单，下面就简单介绍一下打开边栏的方法。

**方法一**

直接用鼠标单击任务栏中"通知区域"中的"Windows 边栏"图标，如下图所示，即可打开边栏。

**方法二**

右击任务栏中"通知区域"中的"Windows 边栏"图标，在弹出的快捷菜单中单击"打开"命令，如下图所示，同样可以打开边栏。

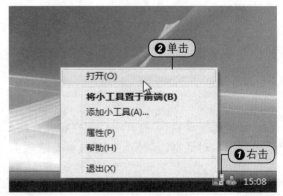

问 为什么计算机不能快速地打开或关闭？

## 2.5.2 边栏的设置

要使边栏始终可见,必须对其进行设置,使其他窗口不会覆盖它,设置边栏的具体操作步骤如下。

**01** 打开"Windows 边栏属性"对话框。右击任务栏中"通知区域"中的"Windows 边栏"图标，在弹出的快捷菜单中单击"属性"命令,如下图所示,即可打开"Windows 边栏属性"对话框。

**02** 设置边栏的属性。在弹出的 "Windows 边栏属性"对话框中,用户需要根据个人的习惯对边栏的属性进行设置,如下图所示,设置完毕后,单击"确定"按钮即可。

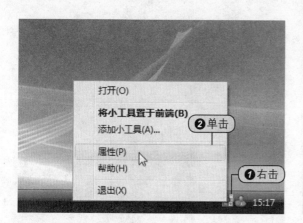

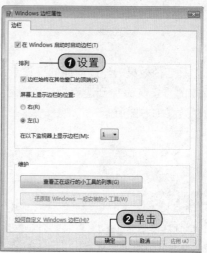

## 2.5.3 添加和删除小工具

Windows 包含一个小型的小工具集,但默认情况下,边栏中只显示部分小工具。如果要了解如何使用小工具,请浏览首次启动 Windows 时,边栏中出现的 3 个小工具:时钟、幻灯片放映和源标题,接下来就向用户介绍添加和删除小工具的方法。

### ● 添加小工具

#### ➤ 方法一

**01** 打开"小工具"窗口。按照上一节介绍的方法打开边栏,然后单击边栏中"小工具"左侧的按钮,如右图所示,即可打开"小工具"窗口。

可能是由于程序或设备驱动程序妨碍 Windows 电源设置,可用"性能信息和工具"检测这些程序。

**02** 添加小工具。在弹出的"小工具"窗口中，双击需要添加到边栏中的小工具图标，如右图所示，即可将小工具添加到边栏中。

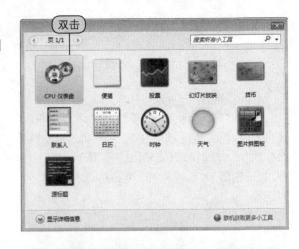

**03** 添加小工具后的效果。经过前面的操作后，用户则将所需的小工具添加到边栏中，添加小工具后的边栏效果如右图所示。

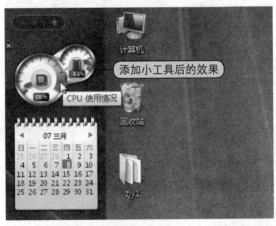

### 操作点拨

如果用户需要在边栏中移动小工具，则将鼠标指针移动至需要移动的小工具上，按住鼠标左键不放，拖动图标至所需处再释放鼠标即可。

### 方法二

**01** 打开"小工具"窗口。右击任务栏中"通知区域"中的"Windows 边栏"图标，在弹出的快捷菜单中单击"添加小工具"命令，如下图所示，即可打开"小工具"窗口。

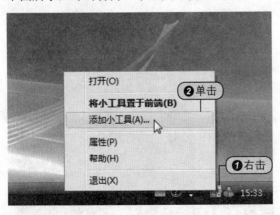

**02** 添加小工具。在弹出的"小工具"窗口中，右击需要添加到边栏中的小工具图标，在弹出的快捷菜单中单击"添加"命令，如下图所示，同样可以将小工具添加到边栏中。

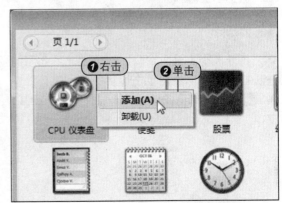

如果程序或驱动程序阻止计算机快速打开，该如何处理？

02
Chapter

## 删除小工具

### 方法一

将光标移动至边栏中需要删除的小工具上时，在小工具左侧就会出现一个关闭按钮，单击该"关闭"按钮，如下图所示，即可将小工具从边栏中删除。

### 方法二

右击需要从边栏中删除的小图标，在弹出的快捷菜单中单击"关闭小工具"命令，如下图所示，也可以删除工具。

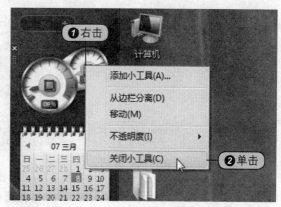

### 操作点拨

如果用户需要将小工具从计算机中删除，那么打开"小工具"窗口，右击需要删除的小工具的图标，在弹出的快捷菜单中单击"卸载"命令即可，如右图所示。

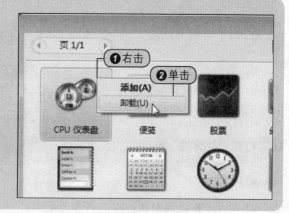

## 关闭边栏

### 方法一

右击任务栏中"通知区域"中的"Windows边栏"图标，在弹出的快捷菜单中单击"退出"命令，如右图所示，即可将边栏关闭。

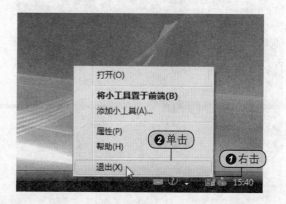

关闭启动时运行的程序或者咨询该程序或驱动程序制造商以获取更新。

1
section

2
section

3
section

4
section

5
section

6
section

7
section

8
section

9
section

### 方法二

右击边栏中的空白处，在弹出的快捷菜单中单击"关闭边栏"命令，如右图所示，同样也可以退出边栏。

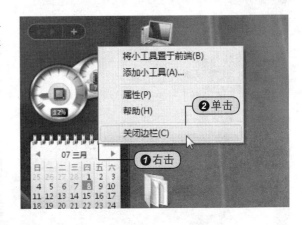

## BASIC

## 2.6 "计算机"和"资源管理器"

在 Windows Vista 系统中，"计算机"和"资源管理器"都可以管理系统的资源，对于初学者来说，"资源管理器"更易于理解和操作，下面就简单介绍一下如何使用"计算机"和"资源管理器"对文件和文件夹进行操作。

### 2.6.1 计算机

"计算机"是 Windows Vista 中一种常用的资源管理应用程序，用户可以使用它来管理计算机系统中的文件和文件夹。打开"计算机"窗口，可以查看本地计算机上的文件系统，也可以查看网络系统中其他计算机系统中的内容。

● 打开"计算机"窗口

### 方法一

**01** 打开"计算机"窗口。双击桌面上的"计算机"图标，如下图所示，即可打开"计算机"窗口。

**02** 显示"计算机"窗口。经过前面的操作后，即可打开"计算机"窗口，打开"计算机"窗口后的效果如下图所示。

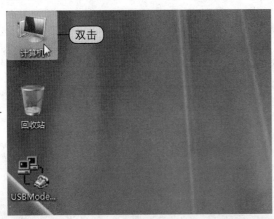

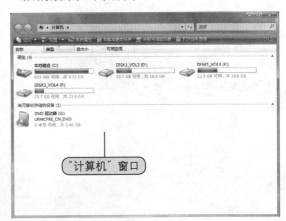

如果程序或驱动程序阻止计算机快速关闭，该如何处理？

**方法二**

单击桌面上的"开始"按钮,在弹出的"开始"菜单中单击"计算机"选项,如下图所示,即可打开"计算机"窗口。

**方法三**

右击桌面上的"计算机"图标,在弹出的快捷菜单中单击"打开"命令,如下图所示,同样也可打开"计算机"窗口。

### "计算机"窗口的组成

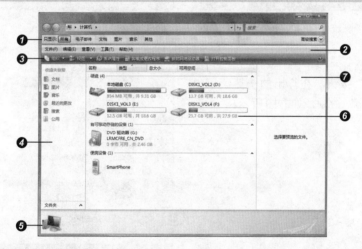

❶ **搜索窗格**:用于搜索相应的所需文件。
❷ **菜单栏**:菜单栏中主要有5个菜单项,选择其中某一个菜单项后即可执行相应的操作任务。
❸ **工具栏**:工具栏位于菜单栏的下方,其中有很多工具按钮,单击相应的按钮即可完成相应的功能。
❹ **导航窗格**:方便用户查找所需的文件或文件夹的路径。
❺ **详细信息面板**:位于窗口的最下方,用于显示工作状态和某个操作对象的提示信息。
❻ **内容窗格**:位于窗口的中间,显示了当前位置的文件系统。
❼ **预览窗格**:方便用户预览选择的文件。

## 2.6.2 资源管理器

在 Windows Vista 中,用户可以使用"资源管理器"来管理文件和文件夹。使用"资源管理器"可以很方便地浏览文件系统的层次结构和文件夹中的内容,并且在这个窗口中对文件的操作也很便捷。对于喜欢以树形结构来查看文件的用户来说,使用"资源管理器"是非常方便的。下面介绍"资源管理器"窗口的组成及启动"资源管理器"的几种方法。

在关机之前关闭该程序或者咨询该程序或驱动程序制造商以获取更新。

# Windows Vista
操作系统从入门到精通

02
Chapter

1
section

2
section

3
section

4
section

5
section

6
section

7
section

8
section

9
section

## 打开"资源管理器"窗口

### 方法一

**01** 打开"资源管理器"窗口。右击桌面上的"计算机"图标,在弹出的快捷菜单中,单击"资源管理器"命令,如下图所示。

**02** 显示"资源管理器"窗口。经过前面的操作后,即打开了"资源管理器"窗口,如下图所示。

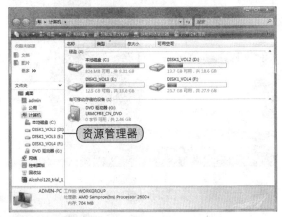

### 方法二

右击"开始"按钮,在弹出的快捷菜单中单击"资源管理器"命令,如右图所示。

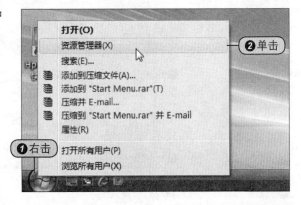

### 方法三

执行"开始 > 所有程序 > 附件 > Windows 资源管理器"命令,如右图所示。

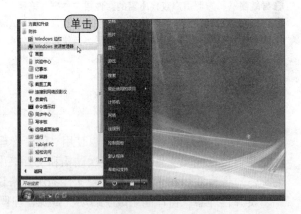

如何获取计算机速度和性能信息?

在 Windows 资源管理器中，可以利用文件夹窗格改变当前驱动器和文件夹。如果在文件夹的左侧有一个 ▷ 符号，表示该文件夹有子文件夹未显示出来，单击 ▷ 或双击该文件夹名，将展开该文件夹中的子文件夹，同时 ▷ 变为 ◢，表示当前已经显示出该文件夹中的内容，如右图所示。如果单击 ◢ 或双击该文件夹名，则子文件夹将被隐藏。

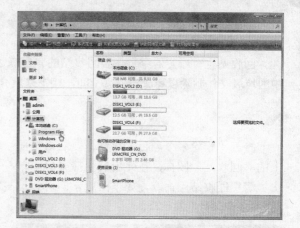

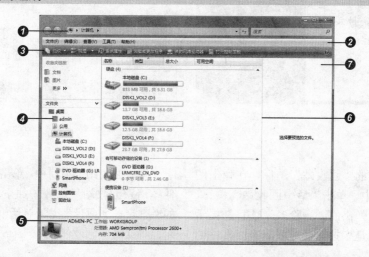

**操作点拨**

在文件夹窗格中，单击某个驱动器或文件夹的名称，可将该驱动器或文件夹设为当前驱动器或文件夹，同时在右侧的内容窗格中将会显示该驱动器或文件夹中的所有内容。

### 资源管理器的组成

❶ **地址栏**：在地址栏中单击右侧的下拉按钮，在弹出的下拉列表中选择一个地址，稍等片刻即可打开相应的窗口。

❷ **菜单栏**：位于地址栏下方，单击菜单命令时会展开一个下拉式菜单，Windows 资源管理器的大部分功能都可通过菜单命令实现。

❸ **工具栏**：包含了一些标准按钮，一些常用功能可通过这些按钮来实现。

❹ **文件夹窗格**：以树形结构显示本地计算机的文件系统。

❺ **详细信息面板**：位于窗口底部，用于显示各种提示信息。

❻ **内容窗格**：显示选定文件夹中的内容。

❼ **预览窗格**：方便用户预览所选择的文件。

**BASIC**

## 2.7　回收站的使用

在系统默认的情况下，用户删除了的文件或文件夹，会被放到回收站中，也就是说回收站是存放用户不需要的文件或文件夹的地方，下面就介绍回收站的使用方法。

打开"性能信息和工具"窗口，基础分数可帮助购买与计算机性能级别匹配的程序，但不反映整体质量。

**Windows Vista**
操作系统从入门到精通

02
Chapter

1
section

2
section

3
section

4
section

5
section

6
section

7
section

8
section

9
section

### 2.7.1 清空回收站

回收站也有一定的容量，当回收站的容量满了时，或者磁盘空间不足时，用户需要将回收站中的垃圾文件删除以释放出磁盘空间，接下来就介绍清空回收站的方法。

#### 方法一

**01** 打开"删除多个项目"对话框。右击桌面上的"回收站"图标，在弹出的快捷菜单中单击"清空回收站"命令，如下图所示即可弹出"删除多个项目"对话框。

**02** 清空回收站中的所有项目。在弹出的"删除多个项目"提示对话框中，单击"是"按钮，如下图所示，即可彻底清空回收站。

#### 方法二

双击桌面上的"回收站"图标，在弹出的"回收站"窗口中，单击"清空回收站"按钮，如下图所示，在弹出的"删除多个项目"提示对话框中单击"是"按钮，即可清空回收站中的项目。

#### 方法三

在"回收站"窗口中，单击菜单栏上的"文件 > 清空回收站"命令，如下图所示，在弹出的"删除多个项目"提示对话框中单击"是"按钮，确认清空回收站。

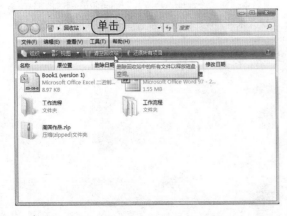

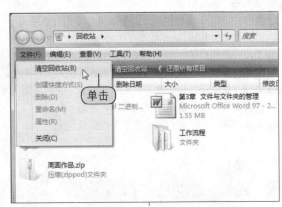

问 什么因素会影响计算机显示的可视外观？

### 2.7.2 设置回收站属性

"回收站"本身也是硬盘上的一块存储空间，有一定的容量，并不是所有删除的文件都会放在回收站中，用户可以通过以下步骤对回收站的属性进行设置。

**01** 打开"回收站属性"对话框。右击桌面上的"回收站"图标，在弹出的快捷菜单中单击"属性"命令，如下图所示，即可打开"回收站属性"对话框。

**02** 设置回收站属性。在"回收站属性"对话框中，用户可在"回收站位置"列表框中选择需要进行设置的磁盘，然后单击"自定义大小"单选按钮，并在"最大值"文本框中设置回收站占有的空间大小，如下图所示，设置完毕后单击"确定"按钮保存设置并退出对话框。

---

**操作点拨**

如果用户勾选了"不将文件移到回收站中。移除文件后立即将其删除。"单选按钮，则用户在执行删除操作后，则直接彻底删除文件。

## BASIC
## 2.8 使用帮助

有些时候，用户很可能会遇到令人不知所措的计算机问题或任务。如果需要解决这些问题，就需要了解如何获得正确的帮助。

### 2.8.1 使用 Windows Vista 的帮助和支持中心

Windows 帮助和支持是 Windows 的内置帮助系统，在这里可以快速获取常见问题的答案、疑难解答提示以及操作执行说明，Microsoft 帮助和支持中心是帮助用户学习使用 Windows Vista 的完整资源，它包括各种实践意见、教程和演示。使用搜索、索引或者目录可以查看所有 Windows Vista 的帮助资源。

---

1
section

2
section

3
section

4
section

5
section

6
section

7
section

8
section

9
section

**01** 打开"Windows 帮助和支持"窗口。单击"开始"按钮，在打开的"开始"菜单中单击"帮助和支持"选项，如下图所示，即可打开"Windows 帮助和支持"窗口。

**操作点拨**

用户还可以打开任意窗口，单击菜单栏上的"帮助 > 查看帮助"命令，如下图所示，同样可以打开"Windows 帮助和支持"窗口。

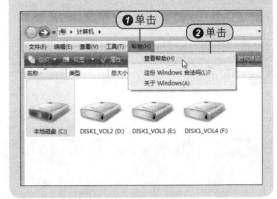

**02** 使用帮助目录。在弹出的"Windows 帮助和支持"窗口中，单击"目录"图标，如下图所示，即可进入"目录"界面。

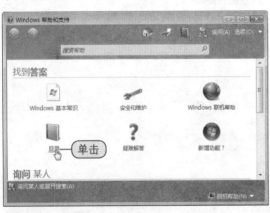

**03** 查看帮助。进入"目录"界面后，在"所有帮助"列表中单击所需查看的帮助选项，如下图所示，即可以获得 Windows 相应的帮助。

### 2.8.2 搜索帮助的内容

　　使用搜索的方法获得帮助的内容，是获得帮助最快捷的方法，也是最常用的方法，搜索帮助内容的具体操作步骤如下。

● **快速搜索帮助内容**

**01** 输入所需查看的帮助的关键词。按照前面介绍的方法打开"Windows 帮助和支持"窗口，然后在"搜索帮助"框中输入关键词，例如输入"边栏"，如下图所示，再单击"搜索帮助"按钮。

**02** 显示搜索结果。经过前面的操作后，用户即可快速获得所有关于边栏的帮助，如下图所示，单击相应帮助选项即可查看详细内容。

用户是否可以自动获得更新？

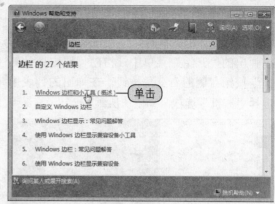

### 询问某人或展开搜索

**01** 打开"获取客户支持或其他类型的帮助"界面。单击"Windows 帮助和支持"窗口左下角的"询问某人或展开搜索"按钮，如下图所示。

**02** 选择获取帮助的类型或方式。进入"获取客户支持或其他类型的帮助"界面后，用户即可选择获取帮助的类型或方式，如下图所示。

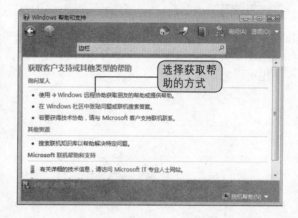

## 2.9 计算机的状态操作

启动和关闭电脑时，打开或关闭电源的顺序是：在启动电脑时，应该先打开电脑的显示器、打印机和扫描仪等外部设备的电源，再打开电脑主机电源；在关闭电脑的时候正好相反，应先关闭电脑主机电源，再关闭外部设备的电源，在退出 Windows Vista 操作系统时，用户还可以根据不同的需要进行不同的退出操作，其中包括重新启动电脑、休眠、待机以及注销等操作。

### 2.9.1 关闭计算机

当长时间不使用电脑时或者工作结束之后，需要退出 Windows Vista 操作系统并关闭电脑，方法是首先关闭所有程序，再自动退出 Windows Vista 操作系统，最后关闭电源即可。

1
section

2
section

3
section

4
section

5
section

6
section

7
section

8
section

9
section

### 方法一

**01** 关闭计算机。单击桌面上的"开始"按钮，在弹出的"开始"菜单中，指向"锁定该计算机"按钮右侧的右三角按钮，在弹出的列表中选择"关机"选项，如下图所示。

**02** 显示关机时的画面。计算机则将自动关闭，如下图所示，显示的是计算机正在关机的界面。

### 方法二

按下快捷键 Ctrl+Alt+Delete，切换至如右图所示的界面，单击右下角"关机"按钮，同样也可以将计算机关闭。

## 2.9.2 重新启动计算机

在安装完某些软件或者电脑处理数据的速度与平时相比较慢时，则需要对电脑进行重新启动，重新启动电脑的方法和关闭电脑的方法相似，具体的操作步骤如下。

### 方法一

单击桌面上的"开始"按钮，在弹出的"开始"菜单中，指向"锁定该计算机"按钮右侧的右三角按钮，在弹出的列表中选择"重新启动"选项，如右图所示。

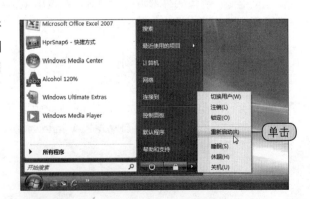

电源计划信息不可用，为什么？

### 方法二

按下快捷键 Ctrl+Alt+Delete，切换至如右图所示的界面，单击右下角的"关机选项"按钮，在弹出的列表中选择"重新启动"选项，也可以重新启动计算机。

## 2.9.3 休眠与睡眠

电脑处于"休眠"状态的时候，电脑处于低功耗但又保持立即可用状态，这样可以快速恢复 Windows 会话状态。通常情况下，应将电脑置于这种待机状态以节省电能，而不是让其长期保持打开状态。

处于睡眠状态的时候，电脑内存中的信息并不保存到硬盘中。如果电脑掉电，内存的信息将会丢掉，所以让电脑进入到睡眠状态时，需要做好保存工作，而休眠则会将当前所有内存中的信息写入硬盘中。

### 使电脑休眠

### 方法一

单击桌面上的"开始"按钮，在弹出的"开始"菜单中，指向"锁定该计算机"按钮右侧的右三角按钮，在弹出的列表中选择"休眠"选项，如右图所示。

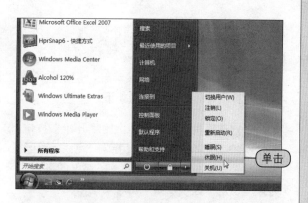

### 方法二

按下快捷键 Ctrl+Alt+Delete，切换至如右图所示的界面，单击右下角的"关机选项"按钮，在弹出的列表中选择"休眠"选项，也可以使计算机进入休眠状态。

答 某些电源管理设置或与这些设置相关联的注册表项被删除或损坏。

1
section

2
section

3
section

4
section

5
section

6
section

7
section

8
section

9
section

### 使电脑睡眠

#### 方法一

单击桌面上的"开始"按钮,在弹出的"开始"菜单中,指向"锁定该计算机"按钮右侧的右三角按钮,在弹出的列表中选择"睡眠"选项,如右图所示。

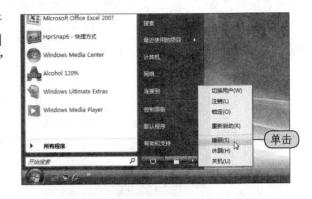

#### 方法二

按下快捷键 Ctrl+Alt+Delete,切换至如右图所示的界面,单击右下角的"关机选项"按钮,在弹出的列表中单击"睡眠"选项,也可以使计算机进入睡眠状态。

## 2.9.4 锁定计算机

如果用户因有急事需要离开,但是又不希望计算机进行系统注销,这时可以将计算机锁定,锁定计算机具体的操作步骤如下。

**01** 锁定计算机。单击桌面上的"开始"按钮,在弹出的"开始"菜单中,指向"锁定该计算机"按钮右侧的右三角按钮,在弹出的列表中选择"锁定"选项,如下图所示。

**02** 显示登录界面。此时,计算机则返回了登录界面,但是系统运行的文档或程序仍然在运行。

台式计算机中插入了不间断电源,但找不到电池图标,该如何处理?

## 2.9.5 切换用户与注销

注销时系统将关闭所有文件和程序，并返回到欢迎界面，以便其他用户能登录电脑，Windows Vista 操作系统还可以进行多用户的切换，其为用户提供了在不影响第一个用户程序运行的情况下，就可以直接切换至其他用户的运行环境的功能，计算机的注销与快速切换用户的具体操作步骤如下。

### ● 切换用户

**01** 在计算机中切换用户。单击桌面上的"开始"按钮，在弹出的"开始"菜单中，指向"锁定该计算机"按钮右侧的右三角按钮，在弹出的列表中选择"切换用户"选项，如下图所示。

**02** 选择用户账户。选择"切换用户"选项后，系统将返回登录界面，选择需要登录的用户即可，如下图所示。

### ● 注销用户

**01** 注销计算机。单击桌面上的"开始"按钮，在弹出的"开始"菜单中，指向"锁定该计算机"按钮右侧的右三角按钮，在弹出的列表中选择"注销"选项，如下图所示。

**02** 选择用户账户。选择"注销"选项后，系统同样将返回登录界面，选择需要登录的用户即可，如下图所示。

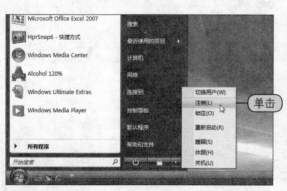

> **操作点拨**
>
> 使用"切换用户"时，当前用户账户中运行的程序或者文档将不会被关闭，如果选择"注销"选项，则系统将关闭所有正在运行的程序。

打开"任务栏和「开始」菜单属性"对话框，切换至"通知区域"选项卡下，勾选"电源"复选框即可。

# Column

## ■ 设置自动播放 ■

当用户插入 U 盘或者将光盘放入光驱中后，如果用户需要设置其自动播放，那么可以进行如下操作。

**01** 打开"默认程序"窗口。双击"控制面板"窗口中的"默认程序"图标，如下图所示，即可打开"默认程序"窗口。

**02** 打开"自动播放"窗口。打开"默认程序"窗口后，单击"更改'自动播放'设置"选项，如下图所示，即可打开"自动播放"窗口。

**03** 设置自动播放类型。在进入到"选择插入每种媒体或设备时的后续操作"界面后，单击"音频 CD"下拉按钮，在弹出的下拉列表中，选择"从 CD 翻录音乐使用 Windows Media Player"选项，如下图所示。

**04** 设置完毕后，单击"保存"按钮即可，如下图所示。此后用户将 CD 放入光驱之后，系统就会使用 Windows Media Player 自动播放 CD 中的音频文件。

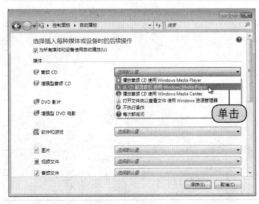

**本章建议学习时间：60分钟**

建议分配 40 分钟熟悉设置个性化的外观、声音操作以及自定义窗口布局和设置状态栏的方法，再分配 20 分钟进行练习。

Chapter

# Windows Vista
# 个性化设置

# 03

## 学完本章后您可以：

- 设置个性化的外观
- 设置个性化的声音
- 使用 Windows Flip 3D
- 自定义窗口布局和设置状态栏

设置个性化的外观

自定义窗口布局

本章多媒体光盘视频链接 ▲

Windows Vista

03
Chapter

在个人计算机中安装了 Windows Vista 后，用户可以根据个人的习惯对系统的外观、颜色等进行个性化的设置，这样可以使用户工作起来更轻松自在。在 Windows Vista 系统中，也专门为用户提供了个性化设置功能，在本章中将详细地介绍 Windows Vista 个性化设置的操作方法，包括设置个性化的外观、个性化的声音、自定义窗口布局和设置状态栏，还讲解了运用 Windows Flip 3D 快速预览所有打开的窗口。

1
section

2
section

3
section

## BASIC

# 3.1　设置个性化的外观和声音

桌面的外观可以随意改变，但是要逐一对颜色、图标、背景、字体、鼠标指针、屏幕保护程序等进行设置，才能使桌面更加美观。同样地，用户还可以根据个人的喜好对系统的声音进行设置。

## 3.1.1　设置 Windows 窗口的颜色和外观

设置外观能够改变 Windows 在显示图标、窗口和对话框时所使用的颜色和字体大小。在默认情况下，系统使用的是被称为"Windows Vista 基本"样式的颜色和字体大小。不过，Windows 也允许用户选择其他的颜色和字体格式搭配方案，或者根据自己的喜好设计自己的方案，以便获得较好的视觉效果。

### ● 设置 Windows 窗口的颜色

如果用户对系统默认的窗口颜色不满意的话还可以对其进行自定义设置，具体的操作步骤如下。

**01** 打开"个性化"窗口。右击桌面空白处，在弹出的快捷菜单中单击"个性化"命令，如下图所示，即可打开"个性化"窗口。

**02** 打开"Windows 颜色和外观"窗口。在弹出的"个性化"窗口中，单击"Windows 颜色和外观"选项，如下图所示，即可打开"Windows 颜色和外观"窗口。

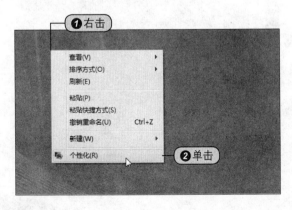

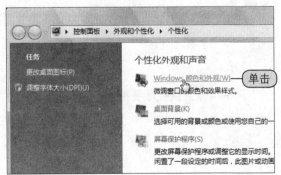

一个设备为何会有多个颜色配置文件？

03 设置 Windows 窗口界面颜色。在打开的"Windows 颜色和外观"窗口中，可选择一种颜色作为窗口、"开始"菜单和任务栏的颜色，如下图所示。

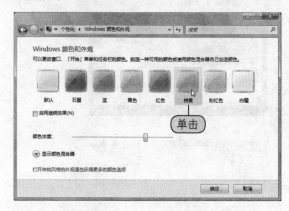

04 设置颜色的浓淡。用户还可以拖动"颜色浓度"滑块以设置颜色的浓淡，如下图所示。

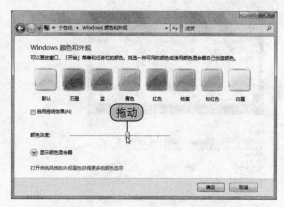

05 设置启用透明效果。如果需要将窗口设置为透明，则可以勾选"启用透明效果"复选框，如下图所示。

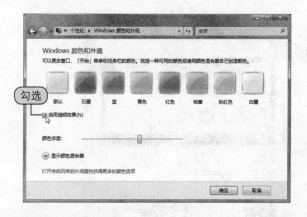

**操作点拨**

用户还可以单击"显示颜色混合器"左侧的折叠按钮，展开"显示颜色混合器"，并设置"色调"、"饱和度"以及"亮度"，如下图所示。

### 设置 Windows 窗口外观

同样地，用户还可以对 Windows 窗口的外观样式进行设置，具体的操作步骤如下。

01 打开"外观设置"对话框。首先打开"Windows 颜色和外观"窗口，然后单击"打开传统风格的外观属性获得更多的颜色选项"选项，如右图所示。

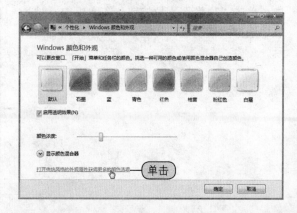

答 任何导致设备的颜色行为发生变化的更改都需要一个单独的配置文件，因此会有多个配置文件。

**02** 选择颜色方案。在弹出的"外观设置"对话框中，选择"颜色方案"列表框中的Windows Aero选项，如下图所示。

**03** 打开"效果"对话框。单击"效果"按钮，如下图所示，即可打开"效果"对话框。

**04** 设置效果。弹出"效果"对话框，如下图所示，在此对话框中可对Windows外观进行设置，设置完毕后，单击"确定"按钮即可。

**05** 打开"高级外观"对话框。单击"确定"按钮后，返回到"外观设置"对话框中，单击"高级"按钮，如下图所示，即可打开"高级外观"对话框。

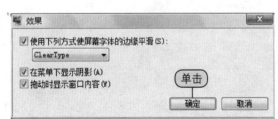

**06** 选择项目。在弹出的"高级外观"对话框中，单击"项目"下拉按钮，在弹出的下拉列表中选择"活动窗口标题栏"选项，如右图所示。

**07** 设置"项目"效果。此时即可对活动窗口标题栏的样式外观、字体、大小以及颜色等进行设置，如下图所示，设置完毕后单击"确定"按钮。

**08** 打开"主题设置"对话框。返回"个性化"窗口，单击"主题"选项，如下图所示，即可打开"主题设置"对话框。

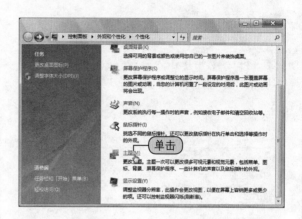

**09** 选择主题。在弹出的"主题设置"对话框中，可在"主题"下拉列表中选择所需的主题，如下图所示，设置完毕后，单击"确定"按钮即可。

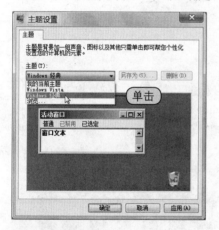

**10** 显示设置外观后的效果。按照前面的方法打开"外观设置"对话框，在"颜色方案"列表框中选择一种所需的样式，如下图所示，设置完毕后，单击"确定"按钮即可。

**操作点拨**

Windows Vista 系统默认的配色方法为 Windows Vista 基本，如右图所示。

**Windows Vista**
操作系统从入门到精通

03
Chapter

1
section

2
section

3
section

## 3.1.2 设置桌面的背景

　　用户能够根据自己的喜爱选择所需的背景，甚至可以将自己的照片或美丽的图片设置为桌面背景，具体操作步骤如下。

### 方法一

**01** 打开"桌面背景"窗口。首先打开"个性化"窗口，然后单击"桌面背景"选项，如下图所示，即可打开"桌面背景"窗口。

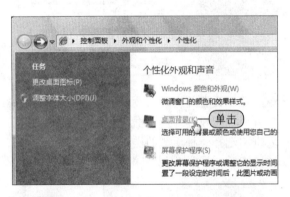

**02** 选择桌面背景图片。在弹出的"桌面背景"窗口中，用户可以选择一张图片作为桌面背景，如下图所示。设置完毕后，单击"确定"按钮即可。

### 方法二

**01** 打开"浏览"对话框。如果用户需要设置自定义桌面背景，则单击"浏览"按钮，如下图所示，即可打开"浏览"对话框。

**02** 选择目标图片的路径。在弹出的"浏览"对话框中，可以单击对话框左侧列表框中的"计算机"选项，并选择目标图片的路径，如下图所示。

**03** 选择目标图片。根据目标图片的路径选择目标图片后，单击"打开"按钮，如下图所示，返回"桌面背景"窗口，然后单击"确定"按钮即可。

**04** 显示设置后的桌面效果。经过前面的操作后，则将目标图片设置为了桌面，设置后的桌面效果如下图所示。

为什么 Windows 不允许用户更改系统设置？

设置桌面背景后的效果

### 3.1.3 设置屏幕保护程序

一般计算机使用的 CRT（阴极射线管）监视器是通过将电子束射到屏幕上的荧光涂层上，使荧光粉发光来显示图像。如果用户长时间不对计算机进行任何操作，使屏幕长时间显示某个画面，会损坏荧光涂层，在屏幕上留下一个永久的黑斑。为了防止这样的屏幕损伤，开发商设计了屏幕保护程序，它的功能就是能够监视屏幕的活动，当屏幕上某图像在一段时间内没有改变时，屏幕保护程序就会自动启动。屏幕保护程序往往是一些由简单的几何图形组合成的有趣动画。

随着监视器制造技术的发展，已经不必担心屏幕会因为长时间显示静止图像而遭到损坏了。现在很多监视器都有自我保护的性能，当监视器上的图像维持一段时间仍未改变时，监视器会自动关闭。

设置屏幕保护程序的具体操作步骤如下。

**01** 打开"屏幕保护程序设置"对话框。按照前面讲解的方法打开"个性化"窗口，然后单击"屏幕保护程序"选项，如下图所示，即可打开"屏幕保护程序设置"对话框。

**02** 选择"屏幕保护程序"样式。在弹出的"屏幕保护程序设置"对话框中，用户可在"屏幕保护程序"下拉列表中选择所需的选项，如下图所示，例如选择"极光"选项。

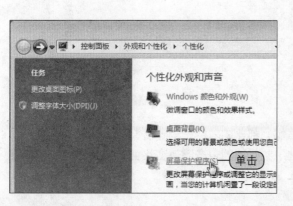

如果用户的计算机是某个组织的网络的一部分，则系统管理员可以通过组策略禁用某些设置。

# Windows Vista
操作系统从入门到精通

03
Chapter

1
section

2
section

3
section

**03** 设置等待时间。在"等待"数值框中输入在鼠标和键盘无操作情况下等待进入屏幕保护程序的时间，例如输入5，如下图所示。

**04** 预览设置的效果。设置完毕后，单击"预览"按钮即可对设置的屏幕保护程序进行预览，如下图所示。

预览设置的效果

**操作点拨**

如果用户需要在恢复时显示登录屏幕，则勾选"在恢复时显示登录屏幕"复选框，如右图所示，设置完毕后，单击"确定"按钮即可。

## 3.1.4 设置系统的声音效果

系统的大多数操作（如弹出菜单、关闭窗口等）都伴随着特定的声音效果，选择一个新的声音方案，可以改变所有的声音，也可以只改变其中某几项的声音，改变桌面声音效果的操作步骤如下。

**01** 打开"声音"对话框。按照前面的方法打开"个性化"窗口，然后单击"声音"选项，如下图所示，即可打开"声音"对话框。

**02** 选择声音。在弹出的"声音"对话框中，切换至"声音"选项卡下，在"程序事件"列表框中选择事件，然后在"声音"下拉列表中选择所需的声音，如下图所示。

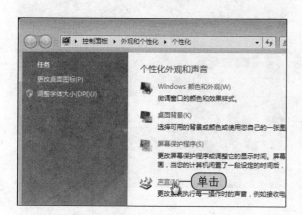

**03** 测试声音。设置完毕后，单击"测试"按钮，即可对所设置的声音进行测试，如右图所示。

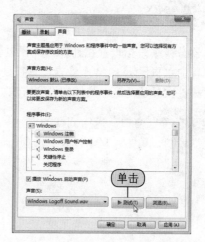

## 3.1.5 设置主题

桌面主题是桌面总体风格的统一，通过改变桌面主题可以同时改变桌面各个条目的外观，其具体操作步骤如下。

**01** 打开"主题设置"对话框。按照前面的方法打开"个性化"窗口，单击"主题"选项，如右图所示，即可打开"主题设置"对话框。

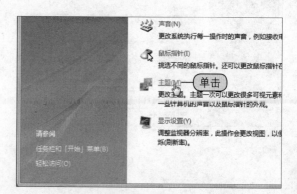

**答** 颜色空间就是一个三维模型，在该模型中用色调、数值和色度绘图以表示设备呈现颜色的能力。

**Windows Vista**
操作系统从入门到精通

03
Chapter

1
section

2
section

3
section

**02** 选择主题。在弹出的"主题设置"对话框中，可在"主题"下拉列表中选择一种主题，如下图所示。

**03** 显示应用主题后的效果。选择主题后，首先单击"应用"按钮，再单击"确定"按钮，即可应用所选择的主题，应用主题后的效果如下图所示。

### 3.1.6　设置分辨率

设定显示器分辨率是指设置在计算机屏幕中显示的像素值，比如将分辨率设置为 1024×768，是指要求在屏幕中水平显示 1024 个像素，垂直显示 768 个像素。较大的显示分辨率可以有效地提高显示清晰度和扩大显示范围，具体的设置方法如下。

**01** 打开"显示设置"窗口。运用同样的方法打开"个性化"窗口，单击"显示设置"选项，如下图所示。

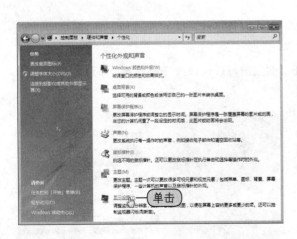

**02** 设置分辨率。单击或者拖动分辨率滑块，设置屏幕显示分辨率，在"颜色"下拉列表中可以选择显示颜色深度，设置完毕后，单击"确定"按钮进行保存，如下图所示。

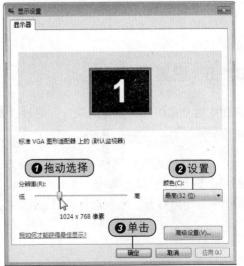

分辨率的设定，受用户显卡规格、显示器规格的控制，一般常用的显示器都有一个最佳分辨率，在此分辨率下显示的效果最好。这里提供的3个表格中列举了常见显示器尺寸对应的最佳分辨率参数表，以供用户参考。

A 类：普通阴极射线管显示器

| 屏幕尺寸 | 最佳分辨率（推荐） |
| --- | --- |
| 15′ | 800×600 |
| 17′ | 1024×768 |
| 19′ | 1280×1024 |

B 类：普通液晶显示器

| 屏幕尺寸 | 最佳分辨率（推荐） |
| --- | --- |
| 15′ | 1024×768 |
| 17′ | 1280×1024 |
| 19′ | 1400×1050 |

C 类：普通液晶宽屏显示器

| 屏幕尺寸 | 最佳分辨率（推荐） |
| --- | --- |
| 17′ | 1400×900 |
| 19′ | 1600×1200 |

## BASIC
## 3.2　使用 Windows Flip 3D

使用 Windows Flip 3D，可以快速预览所有打开的窗口（例如，打开的文件、文件夹和文档）而无须单击任务栏。Flip 3D 在一个"堆栈"中显示打开的窗口。在堆栈顶部，将看到一个打开的窗口。若要查看其他窗口，可以浏览堆栈。

**01** 打开"个性化"窗口。右击桌面空白处，在弹出的快捷菜单中单击"个性化"命令，如下图所示。

**02** 打开"Windows 颜色和外观"窗口。在打开的"个性化"窗口中，单击"Windows 颜色和外观"选项，如下图所示，即可打开"Windows 颜色和外观"窗口。

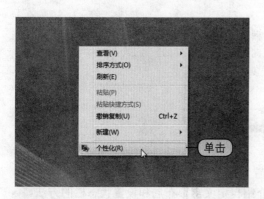

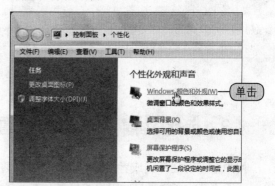

**03** 打开"外观设置"对话框。在打开的"Windows 颜色和外观"窗口中单击"打开传统风格的外观属性获得更多的颜色选项"选项，如右图所示。

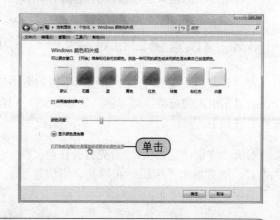

只有在当前设置不能满足特定颜色管理要求时才应更改这些设置，这些选项通常供颜色专业人员使用。

**Windows Vista**
操作系统从入门到精通

03
Chapter

1
section

2
section

3
section

04 选择颜色方案。在弹出的"外观设置"窗口中，单击"颜色方案"列表框中的 Windows Aero 选项，如右图所示，设置完毕后，单击"确定"按钮。

05 显示 Windows Flip 3D 效果。按下键盘上的 Windows 微标键 +Tab 组合键，即可显示如右图所示的效果。

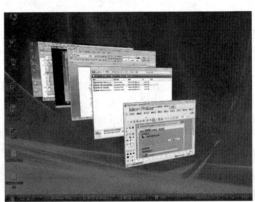

### 操作点拨

还可以通过单击任务栏上的"在窗口之间切换"按钮打开 Flip 3D。单击堆栈中的某个窗口即可显示该窗口，单击堆栈外部即可关闭 Flip 3D（不切换窗口）。

### 操作点拨

使用 Flip 3D 的另一种方法是按组合键 Ctrl+Windows 微标键 +Tab 以保持 Flip 3D 处于打开状态，然后可以按 Tab 键依次切换窗口（还可以按方向键→或←向前或向后循环切换窗口）。按 Esc 键可关闭 Flip 3D。

**BASIC**

## 3.3 自定义窗口布局和设置状态栏

用户在查看文件夹或者文件的时候，可以通过设置窗口布局，然后对选中文件的属性进行预览，或者通过状态栏来显示窗口的信息，本节将详细介绍自定义窗口布局和设置状态栏的方法。

### 3.3.1 设置窗口布局

在"计算机"窗口中的"组织"下拉列表中选择"布局"选项，在展开的子列表中提供了3个没有显示出来的窗格，即"详细信息面板"、"预览窗格"和"导航窗格"，设置窗口布局的具体操作方法如下。

01 打开"详细信息面板"。首先打开任意文件夹窗口，然后单击"组织 > 布局 > 详细信息面板"选项，如下图所示。

02 显示"详细信息面板"。经过前面的操作后，在窗口中显示出了"详细信息面板"，如下图所示。

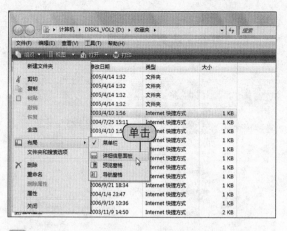

**03** 打开"预览窗格"。单击"组织 > 布局 > 预览窗格"选项，如下图所示。

**04** 显示"预览窗格"。经过前面的操作后，在窗口中就显示出了"预览窗格"，如下图所示。

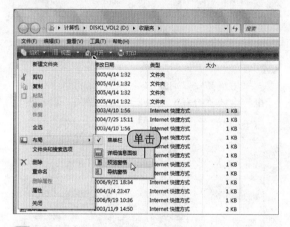

**05** 打开"导航窗格"。单击"组织 > 布局 > 导航窗格"选项，如下图所示。

**06** 显示"导航窗格"。系统自动在窗口中显示出了"导航窗格"，如下图所示。

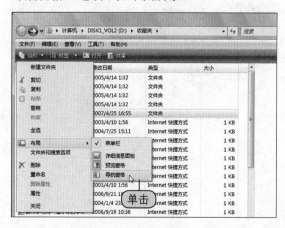

## 3.3.2 显示和隐藏状态栏

如果用户在计算机窗口中没有看见状态栏，那么可以进行相应的操作将状态栏显示出来，当不需要显示状态栏时还可以将其隐藏。

 在"控制面板"中打开"颜色管理"对话框，在此对话框中可以更改计算机的颜色管理设置。

**Windows Vista**
操作系统从入门到精通

03
Chapter

1
section

2
section

3
section

**01** 打开菜单栏。按照前面的方法打开任意文件夹窗口，然后单击"组织 > 布局 > 菜单栏"选项，如下图所示。

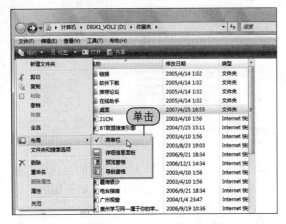

**02** 显示状态栏。显示出菜单栏后，单击菜单栏中的"查看 > 状态栏"命令，如下图所示。

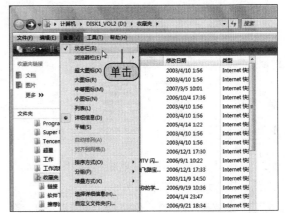

**03** 显示状态栏。窗口的下方显示了状态栏，并显示出当前窗口的信息，如下图所示。

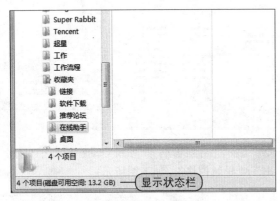

**操作点拨**

如果用户需要取消显示状态栏，则再次单击菜单栏中的"查看 > 状态栏"命令即可，如右图所示。

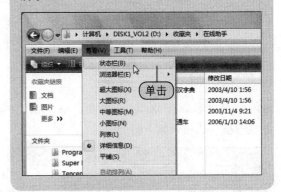

专栏

## ■ 键盘设置 ■

在"控制面板"窗口中单击"硬件和声音"图标，即可打开"硬件和声音"窗口。用户可以在"键盘属性"对话框中更改键盘的重复频率及文本键入时的闪烁频率，具体设置方法如下。

**01** 单击"键盘"选项。打开"硬件和声音"窗口，单击"键盘"选项，如下图所示。

**02** 调整速度。通过拖动滑块可以调节键盘重复频率以及光标闪烁速度，如下图所示。

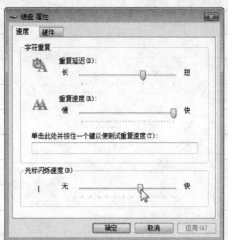

**操作点拨**

测试方法为：单击测试区域文本框将其激活，按下键盘中的任意字母键，观察其重复键入速度，调节到用户满意为止。

读书笔记

建议分配60分钟了解文件与文件夹的区别，熟悉管理文件夹的方法，掌握文件和文件夹的基础操作，再分配30分钟进行练习。

Chapter

# 文件与文件夹的管理

04

## 学完本章后您可以：

- 了解文件与文件夹的区别
- 学会浏览并管理文件夹
- 掌握文件和文件夹的基础操作
- 学会显示或隐藏文件和文件夹

**Windows Vista** 操作系统从入门到精通

设置文件的排序方式

重命名文件或文件夹

本章多媒体光盘视频链接 ▲

Windows Vista

04
Chapter

在 Windows Vista 中可以更加方便、高效地对文件和文件夹进行管理，本章将向用户介绍浏览文件和文件夹、文件和文件夹的基础操作、设置文件和文件夹的属性以及文件和文件夹安全管理等内容，文件和文件夹的使用和管理是计算机操作中最基础的技能，用户应该熟练地掌握这些必备的操作技能，可以节省工作时间，大大提高运用电脑工作的效率。只有这样才能够为以后进一步学习电脑软件打下坚实的基础。

## BASIC

## 4.1 认识文件和文件夹

在计算机系统中，数据都是以文件形式储存在各个磁盘中的，因此需要了解文件系统的管理和操作的方法。和现实的工作一样，在电脑的硬盘中有很多的文件需要进行处理。对于计算机用户来说，掌握文件和文件夹的相关操作知识就显得尤为重要。

### 4.1.1 什么是文件和文件夹

文件是以单个名称在计算机中存储的信息集合，文件夹就是指操作系统为方便用户的操作而组织、管理文件的一种形式，下面就对文件和文件夹进行简单的说明。

### ● 文件

文件非常类似于桌面上看到的打印出来的文档；它包含了相关信息的集合。在计算机中，像文本文档、电子表格、数字图片，甚至歌曲都属于文件，例如：使用数字照相机拍摄的每张照片都是一个单独的文件，音乐 CD 可能包含若干单个的歌曲文件。下图所示为常见的文件图标。

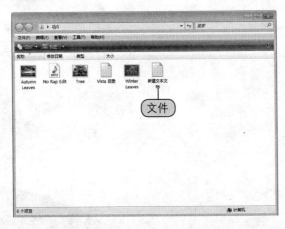

### ● 文件夹

文件夹就像一个容器，可以在其中存储文件。如果在桌子上放置数以千计的纸质文件，要在需要时查看某个特定文件事实上是不可能的，这就是人们时常把纸质文件存储在文件柜的文件夹中的原因。将文件安排到合乎逻辑的组中可以方便查找任意特定文件。文件夹不仅可以容纳文件，而且可以容纳其他文件夹。下图所示为文件夹图标。

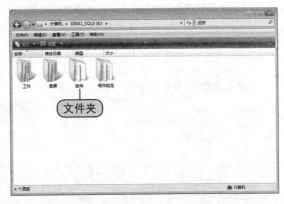

## 4.1.2　文件和文件夹的命名规则

在 Windows 中，用户所使用的文件通常被划分为多种不同的类型。而一个文件的完整文件名则是由文件名和文件的扩展名组成的，例如："金羽的最新日记 .jnt"中，"金羽的最新日记"是文件的文件名，".jnt"是文件的扩展名。打开不同的文件时，计算机就会使用指定的应用程序来打开不同类型的数据文件。如打开扩展名是 .txt 的文本文档就打开记事本；打开 .doc 文件就会打开 Word 程序；打开 .jpg 文件就打开图形软件。在 Windows Vista 中不同类型文件的图标是不同的，下面就简单列举几种不同类型的文件。

| 图标 | 扩展名 | 文件类型 |
| --- | --- | --- |
|  | .sys | 系统文件 |
|  | .exe | DOS应用程序 |
|  | .rar | WinRAR压缩文件 |
|  | .jnt | 日记本文档 |
|  | .jpg | 压缩图像文件 |
|  | .bmp | 位图文件 |
|  | .txt | 文本文件 |
|  | .docx | Word 2007文档文件 |
|  | .xlsx | Excel 2007电子表格文件 |

前面介绍了一个完整的文件名是由文件名和文件扩展名两部分组成的，两部分之间用一个小圆点即分隔符分开，文件名是区分文件的标志，就像人的姓名一样，文件名相当于人的名，文件的扩展名相当于人的姓，用于区分文件的类型，那么对文件的命名也是有要求的，接下来就详细地说明在 Windows 中对文件的名称要求。

在 Windows 中，对文件的名字要求有以下 6 点。

（1）文件名最多可使用 255 个字符。

（2）文件名中除开头外都可以有空格。

（3）在文件名中不能包含以下符号："？"、"\"、"*"、"""、"<"、">"。

（4）文件名并不区分大小写。例如：filename.txt 和 FileName.txt 将被认为是相同的名字。

（5）在同一文件夹中不能有相同的文件名。

（6）以下由系统保留的设备名称不能用作文件名：CON、AUX、CLOCK$、NUL、COM1、COM2、COM3、COM4、COM5、COM6、COM7、COM8、COM9、LPT1、LPT2、LPT3、LPT4、LPT5、LPT6、LPT7、LPT8、LPT9 以及空格，也应该避免使用带有一个扩展名的这些文件名，例如："PRN.AUX"。

## BASIC

# 4.2　浏览和管理文件或文件夹

浏览与显示文件和文件夹的方法有很多种，用户可以通过导航窗格或者资源管理器等来浏览文件或文件夹，同时还可以更改文件或者文件夹的显示、排列、分组和堆叠的方式，接下来就详细地介绍浏览文件的方法。

### 4.2.1 使用导航窗格浏览文件和文件夹

在 Windows Vista 中，用户可以在"计算机"窗口中使用导航窗格来浏览文件或者文件夹，使用导航窗格浏览文件和文件夹的具体操作步骤如下。

**01** 打开"计算机"窗口。双击桌面上的"计算机"图标，如下图所示，即可打开"计算机"窗口。

**02** 选择文件夹。在"计算机"窗口左侧的"导航窗格"中，单击所需浏览的选项，例如单击"图片"选项，如下图所示。

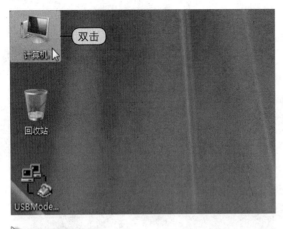

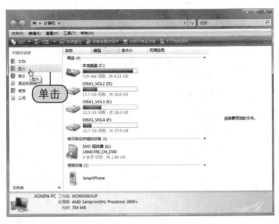

> **操作点拨**
>
> 如果用户在打开"计算机"窗口后，没有看到"导航窗格"，则单击工具栏上的"组织"下拉按钮，在弹出的下拉列表中选择"布局 > 导航窗格"选项即可。

**03** 打开"示例图片"窗口后的效果。在打开的"图片"窗口右侧窗格中，双击"示例图片"图标，则将打开"示例图片"窗口，在该窗口中即可浏览图片文件，如右图所示。

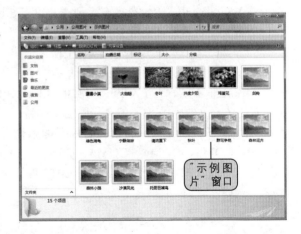

### 4.2.2 设置文件的显示方式

在"计算机"和"资源管理器"的"查看"菜单中提供了 7 种文件图标的显示方式，其中包括：超大图标、大图标、中等图标、小图标、列表、详细信息以及平铺，用户还可以自定义图标的显示方式。可通过"查看"菜单命令来改变文件图标的显示方式。

1
section

2
section

3
section

4
section

5
section

## "超大图标"显示

如果为了更加清晰地查看窗口中的图标，那么可以设置图标为"超大图标"显示，具体的操作步骤如下。

### 方法一

01 选择"超大图标"显示。单击菜单栏上的"查看＞超大图标"命令，如下图所示。

02 显示超大图标的效果。经过前面的操作后，则将窗口中的图标设置为超大图标显示，如下图所示。

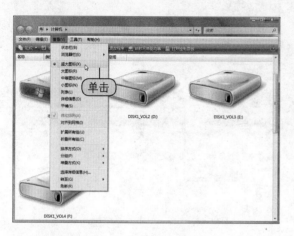

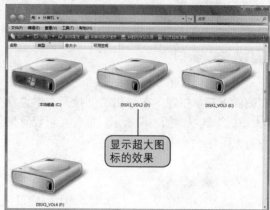

### 方法二

单击工具栏中的"视图"按钮右侧的下三角按钮，在弹出的下拉列表中选择"特大图标"选项，如右图所示，同样可以设置图标为超大图标。

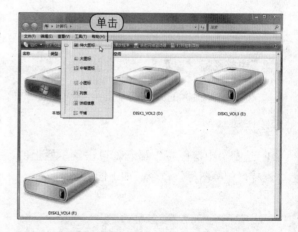

## "大图标"显示

如果用户觉得超大图标过大，那么还可以设置图标为"大图标"显示，具体的操作步骤如下。

### 方法一

01 选择"大图标"显示。单击菜单栏上的"查看＞大图标"命令，如下图所示。

02 显示大图标的效果。系统执行命令后，则将窗口中的图标设置为大图标显示，如下图所示。

备份文件有助于避免文件永久性丢失或者在意外删除、遭受病毒攻击以及软件或硬件故障时被更改。

1
section

2
section

3
section

4
section

5
section

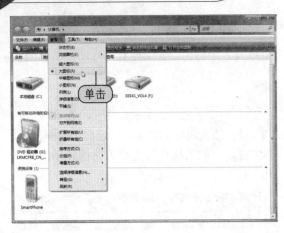

### 方法二

　　用户也可以单击工具栏中的"视图"按钮右侧的下三角按钮，在弹出的下拉列表中选择"大图标"选项，如右图所示，同样可以设置图标为大图标。

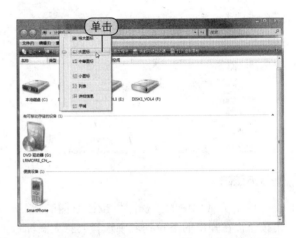

### "中等图标"显示

　　设置中等图标的方法和前面介绍的方法一样，都有两种，具体操作步骤如下。

### 方法一

01　选择"中等图标"显示。单击菜单栏上的"查看 > 中等图标"命令，如下图所示。

02　显示中等图标的效果。系统执行命令后，则将窗口中的图标显示为中等图标，如下图所示。

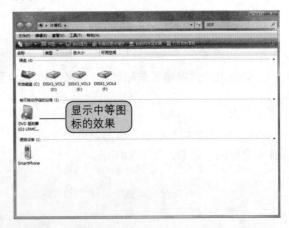

问　应该备份什么文件？

**方法二**

用户也可以单击工具栏中的"视图"按钮右侧的下三角按钮，在弹出的下拉列表中选择"中等图标"选项，如下图所示，同样可以设置为中等图标。

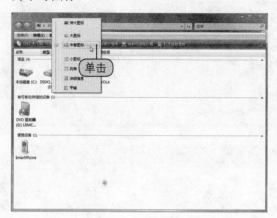

**操作点拨**

用户可以按照同样的方法将窗口中的图标设置为以小图标形式显示，以小图标显示后的效果如下图所示。

## "列表"显示

和在 Windows 的早期版本中一样，用户可以设置图标显示为"列表"形式，具体的操作步骤如下。

**方法一**

01 选择"列表"显示。单击菜单栏上的"查看 > 列表"命令，如右图所示。

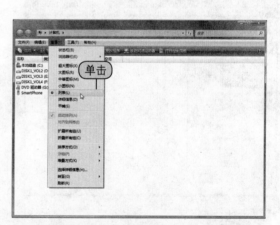

02 查看图标列表显示后的效果。系统执行命令后，则将窗口中的图标设置为列表显示，如右图所示。

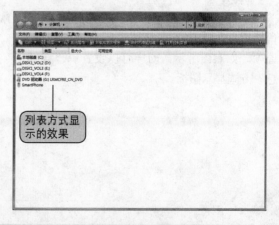

1 section

2 section

3 section

4 section

5 section

### 方法二

单击工具栏中的"视图"按钮右侧的下三角按钮，在弹出的下拉列表中选择"列表"选项，如右图所示，同样可以将图标显示方式设置为列表。

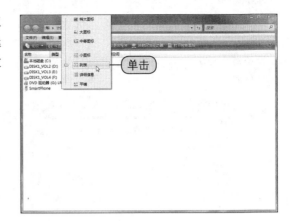

## "详细信息"显示

设置图标显示为"详细信息"的具体操作步骤如下。

### 方法一

01 选择"详细信息"显示。单击菜单栏上的"查看 > 详细信息"命令，如下图所示。

02 查看以"详细信息"方式显示的效果。系统执行命令后，窗口中的图标则以"详细信息"的方式显示，如下图所示。

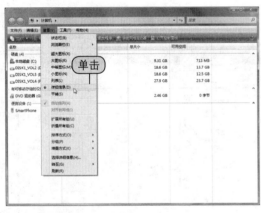

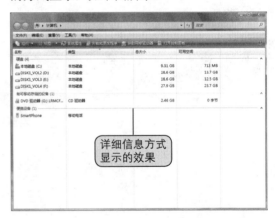

详细信息方式显示的效果

### 方法二

单击工具栏中的"视图"按钮右侧的下三角按钮，在弹出的下拉列表中选择"详细信息"选项，如右图所示，同样可以设置以"详细信息"方式显示图标。

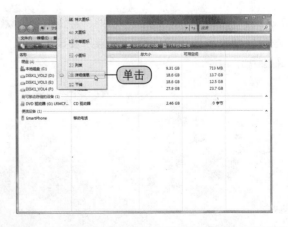

应该每隔多长时间备份一次文件？

## "平铺"显示

按照同样的方法，用户还可以设置图标"平铺"显示，具体的操作步骤如下。

### 方法一

**01** 选择"平铺"显示。单击菜单栏上的"查看 > 平铺"命令，如下图所示。

**02** 查看以"平铺"方式显示图标的效果。系统执行命令后，则将窗口中的图标设置为平铺显示，如下图所示。

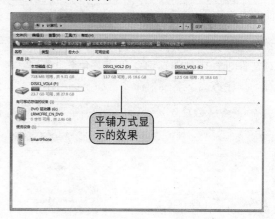

### 方法二

也可以单击工具栏中的"视图"按钮右侧的下三角按钮，在弹出的下拉列表中选择"平铺"选项，如右图所示，同样可以设置为以平铺方式显示图标。

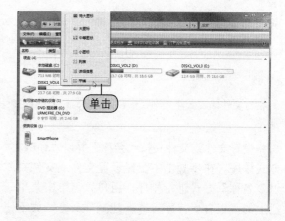

## 自定义图标大小

用户在设置窗口中图标大小的时候，还可以对其进行自定义设置，具体的操作步骤如下。

单击工具栏上的"视图"按钮右侧的下三角按钮，在弹出的下拉列表中，按住列表左侧的缩放滑块，向上或者向下拖动滑块即可设置窗口中图标显示的大小，如右图所示。

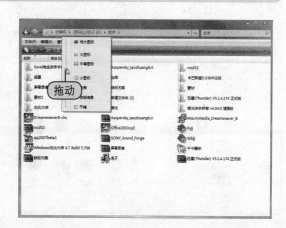

这取决于创建的文件数和创建的频率，最好进行定期的自动备份。

**Windows Vista**
操作系统从入门到精通

04
Chapter

1
section

2
section

3
section

4
section

5
section

## 4.2.3 设置文件的排序方式

为了方便用户对文件或者文件夹的管理，设置文件或文件夹的排序方式是必不可少的，接下来就介绍如何对文件或者文件夹的排序方式进行设置。

### 按名称排序

通常情况下，为了更方便地查找一些文件，用户可以将文件按名称进行排序，按名称排序文件的方法如下。

**01** 选择文件或文件夹的排序方式。打开需要对文件进行排列的窗口，单击菜单栏上的"查看 > 排序方式 > 名称"命令，如下图所示。

**02** 显示排序后的效果。系统执行命令后，则对窗口中的文件和文件夹进行了排序，排序后的效果如下图所示。

排序后的效果

> **操作点拨**
>
> 在对文件或者文件夹进行按名称排序时，是依据文件名中的字母或者拼音声母的顺序进行排序的。

**03** 设置文件或文件夹按"名称"并以"递减"方式排序。在步骤 1 中已经设置文件或文件夹以"名称"方式进行排序，用户只需单击菜单栏上的"查看 > 排序方式 > 递减"命令，如下图所示，即可设置文件或文件夹按"名称"以"递减"方式排序。

**04** 显示排序后的效果。系统执行命令后，则对窗口中的文件或者文件夹按"名称"以"递减"的方式进行了排序，排序后的效果如下图所示。

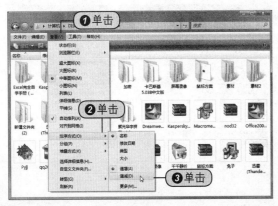

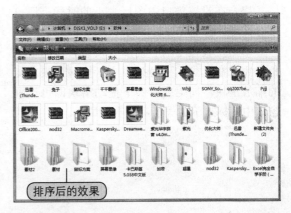

排序后的效果

备份里一般不包含什么文件类型？

### 按修改日期排序

同样地，用户也可以按照修改日期对文件进行排序，具体的操作步骤如下。

**01** 选择文件或文件夹的排序方式。打开需要对文件进行排序的窗口，单击菜单栏上的"查看 > 排序方式 > 修改日期"命令，如下图所示。

**02** 显示排序后的效果。执行命令后，窗口中的文件和文件夹则依照修改日期进行了排序，排序后的效果如下图所示。

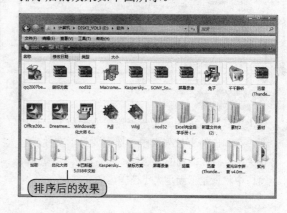

### 按类型排序

如果用户对窗口中的文件类型比较熟悉的话，还可以按类型对文件进行排序，具体操作步骤如下。

**01** 选择文件或文件夹的排序方式。前面介绍了使用菜单命令设置文件或文件夹的排序方式，接下来介绍使用快捷菜单设置文件或文件夹排序方式的方法，右击窗口空白处，在弹出的快捷菜单中单击"排序方式 > 类型"命令，如下图所示。

**02** 显示排序后的效果。窗口中的文件和文件夹则按照类型进行了排序，排序后的效果如下图所示。

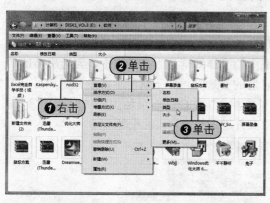

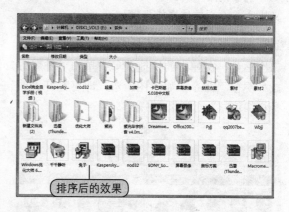

### 按大小排序

在对文件或文件夹进行排序的时候，用户还可以按照大小进行排序，具体的操作步骤如下。

**01** 选择文件或文件夹的排序方式。右击窗口中空白处，在弹出的快捷菜单中单击"排序方式 > 大小"命令，如下图所示。

**02** 显示排序后的效果。窗口中的文件和文件夹则按照大小进行了排序，排序后的效果如下图所示。

已用加密文件系统加密的文件、程序文件，存储在使用 FAT 文件系统格式化硬盘上的文件及回收站文件等。

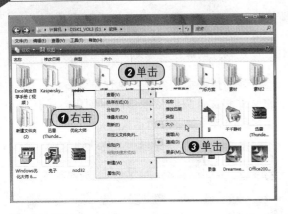

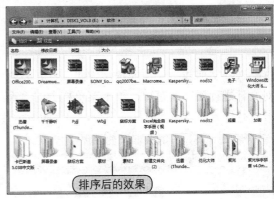

排序后的效果

### 操作点拨

单击工具栏下方的"大小"按钮右侧的下三角按钮，在弹出的下拉列表中勾选需要显示文件或文件夹大小所在范围的复选框，如右图所示，这样，窗口中将只显示满足大小范围内的文件。

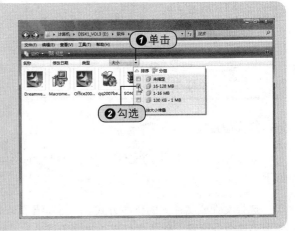

### 按其他方式排序

前面向用户介绍了 4 种常用的对文件或文件夹排序的方法，在 Windows 中，用户还可以自定义排序方式，具体操作步骤如下。

01 打开"选择详细信息"对话框。右击窗口空白处，在弹出的快捷菜单中单击"排序方式 > 更多"命令，如下图所示，即可打开"选择详细信息"对话框。

02 设置详细信息。在"选择详细信息"对话框中的"详细信息"列表框中，勾选所需的信息前的复选框，如下图所示，设置完毕后，单击"确定"按钮，即可运用前面介绍的方法，对文件进行其他方式的排序。

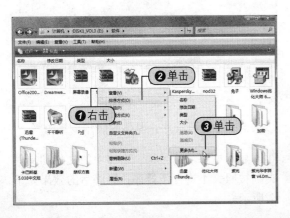

需要多少存储空间才能备份文件？

## 4.2.4　设置文件的分组方式

上一节中向用户介绍了使用排序方式对文件或文件夹进行管理，其实在管理文件时，用户还可以使用 Windows Vista 中新增的"分组"方式来管理文件或者文件夹，设置文件分组方式的具体操作步骤如下。

### 按名称分组

用户在查看文件或文件夹的时候，还可以按照名称对其进行分组，这样也可以方便用户查看文件或文件夹。

#### 方法一

01 按"名称"对文件或文件夹进行分组。打开需要对文件进行分组显示的窗口，单击菜单栏上的"查看 > 分组 > 名称"命令，如下图所示。

02 显示分组后的效果。窗口中的文件或文件夹则按"名称"进行了分组，分组后的效果如下图所示。

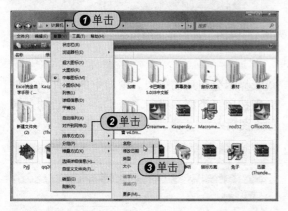

#### 方法二

右击窗口的空白处，在弹出的快捷菜单中单击"分组 > 名称"命令，如右图所示，同样也可以对文件或文件夹按照"名称"进行分组显示。

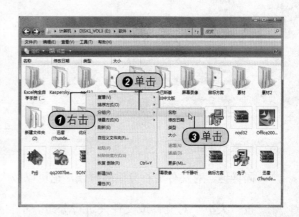

### 按修改日期分组

和按修改日期排序文件一样，用户也可以按照修改文件的时间对文件进行分组，具体的操作步骤如下。

# Windows Vista
## 操作系统从入门到精通

04
Chapter

1
section

2
section

3
section

4
section

5
section

**01** 按"修改日期"对文件或文件夹进行分组。单击菜单栏上的"查看 > 分组 > 修改日期"命令，如下图所示。

**02** 显示分组后的效果。窗口中的文件则按"修改日期"进行了分组，分组后的效果如下图所示。

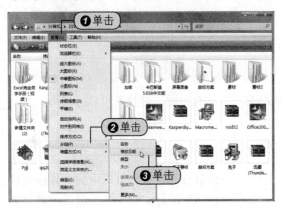

## 按类型分组

前面已经介绍了按照文件类型对文件或文件夹进行排序，接下来介绍按类型对文件或文件夹进行分组。

**01** 按"类型"对文件或文件夹进行分组。单击菜单栏上的"查看 > 分组 > 类型"命令，如下图所示。

**02** 显示分组后的效果。窗口中的文件或文件夹则按照"类型"进行了分组，分组后的效果如下图所示。

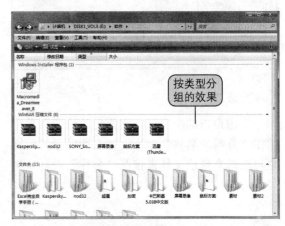

## 按大小分组

同样地，对文件进行分组的时候，也可以按大小进行分组，具体的操作步骤如下。

**01** 按"大小"对文件或文件夹进行分组。单击菜单栏上的"查看 > 分组 > 大小"命令，如下图所示。

**02** 显示分组后的效果。窗口中的文件或文件夹则按"大小"进行了分组，分组后的效果如下图所示。

如果用户不在电脑旁边无法插入光盘，可以备份到 CD 或 DVD 吗？

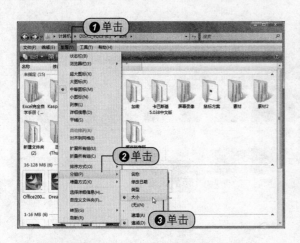

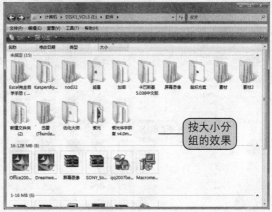

按大小分组的效果

### 删除分组

如果用户不需要对文件进行分组,那么用户可以将分组删除,具体的操作步骤如下。

**01** 删除分组显示。打开需要删除文件分组显示的窗口,单击菜单栏上的"查看 > 分组 >(无)"命令,如下图所示。

**02** 显示删除分组后的效果。这样便删除了对文件或文件夹的分组显示方式,删除分组显示后的效果如下图所示。

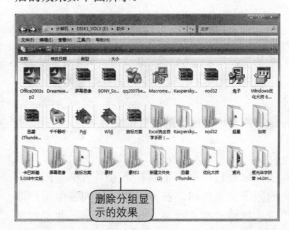

删除分组显示的效果

## 4.2.5 设置文件的堆叠方式

在 Windows Vista 中,还有一种管理文件或文件夹的方法,就是使用堆叠方式管理或查看文件或文件夹,设置文件堆叠方式的具体操作步骤如下。

**01** 选择堆叠方式。按"名称"对文件或文件夹进行堆叠。打开需要对文件进行堆叠显示的窗口,单击菜单栏上的"查看 > 堆叠方式 > 名称"命令,如下图所示。

**02** 显示对文件堆叠后的效果。窗口中的文件或文件夹则进行了堆叠,对文件堆叠后的效果如下图所示。

1
section

2
section

3
section

4
section

5
section

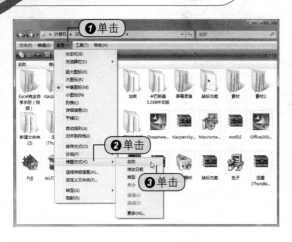

**03** 查看文件或者文件夹。双击所需查看的堆叠显示后的文件夹，即可打开相对应的窗口，用户即可对其中的文件或者文件夹进行查看，如右图所示。

**操作点拨**

用户在对文件执行堆叠操作时，系统将会对当前磁盘中的所有文件或文件夹进行堆叠。

## 查看堆叠显示的文件或文件夹

**01** 选择堆叠后的特定文件夹。用户对文件夹进行堆叠后，单击工具栏下方"名称"按钮右侧的下三角按钮，在弹出的下拉列表中用户即可选择特定的文件夹，如下图所示，并可对其中的子文件或子文件夹进行查看。

**02** 按类型堆叠文件或文件夹。如果用户需要按"类型"对文件或文件夹进行堆叠，则单击工具栏下方的"类型"按钮即可。如果单击"类型"按钮右侧的下三角按钮，在弹出的下拉列表中用户也可以选择特定的文件夹并对其进行查看，如下图所示。

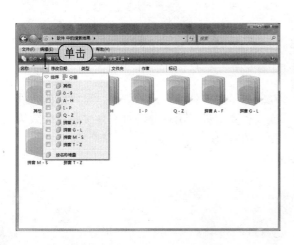

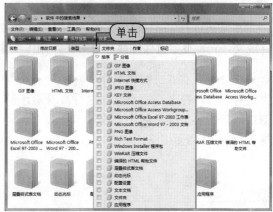

备份期间如果光盘空间不足，该怎么办？

BASIC

## 4.3 操作与设置文件或文件夹

对文件或文件夹的操作包括选定文件或文件夹、创建文件或文件夹、移动和复制文件或文件夹等，本节就需要用户掌握这些对文件或文件夹的基本操作，这样才能够对文件或文件夹进行进一步的管理。

### 4.3.1 选定文件或文件夹

在对文件或文件夹进行操作之前需要首先选定文件或文件夹。下面以在"计算机"窗口为例，简单介绍选定文件或文件夹的方法，具体讲解如下。

● 选定单个对象

在"计算机"窗口中，使用鼠标单击需要选定的对象即可将其选定，如右图所示。

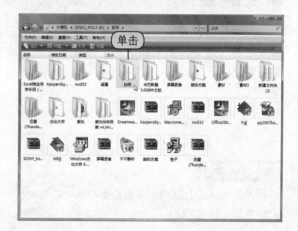

● 选定相邻的多个对象

**方法一**

在文件内容窗格中，首先单击第一个对象，然后在按住 Shift 键的同时单击最后一个对象，中间连续的多个对象即被全部选定了，如下图所示。

**方法二**

在文件内容窗格中按住鼠标左键不放，然后拖动鼠标形成一个虚线方框，此方框中的内容即可被选定，如下图所示。

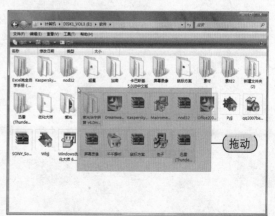

如果备份期间光盘空间不足，可以稍后完成备份。

选定不相邻的多个对象

在文件内容窗格中，按住 Ctrl 键不放，并
依次单击需要选定的对象，如右图所示，即可
选定不相邻的多个对象。

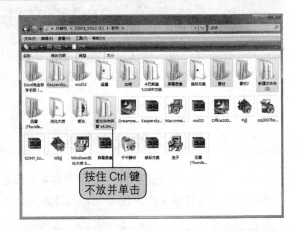

全部选定

在文件内容窗格中，单击菜单栏上的"编
辑 > 全选"命令，如右图所示，即可选定所有
的对象。

操作点拨

用户按下键盘上的 Ctrl+A 组合键，也可以选中
所有的文件或文件夹。

反向选定

反向选定即是选定当前没有被选定的对
象，同时取消已选定的对象。反向选定的方法
是，单击菜单栏上的"编辑 > 反向选择"命令，
如右图所示。

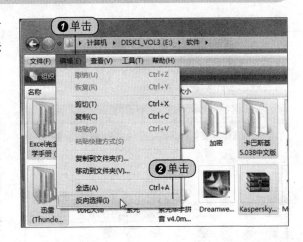

备份文件时可以继续在计算机上工作吗？

### 取消选定

如果是要在多个选定对象上取消个别对象的选定，先按住 Ctrl 键不放，并单击需要取消选定的对象即可，如右图所示。如果要取消对所有对象的选定，在窗口任意空白处单击即可。

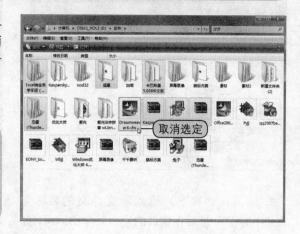

**操作点拨**

也可以利用 Tab 键进行选定。使用 Tab 键或 Shift+Tab 键将焦点移到文件内容窗格中，然后利用↑、↓、←、→、End、Home、PageUp、PageDown 或该对象的首字母等按钮来选定对象。

## 4.3.2　创建文件夹

用户经常需要创建自己的文件，但是仅使用 Windows Vista 提供的几个常用文件夹来组织这些文件是远远不够的，必须创建自己的文件夹来组织文件。

### 在桌面上创建文件夹

下面以在桌面上创建一个名为"工作流程"的新文件夹为例来介绍创建文件夹的方法。

**01** 新建文件夹。右击桌面空白处，在弹出的快捷菜单中单击"新建 > 文件夹"命令，如下图所示。

**02** 输入文件夹名。将新建文件夹的名称设置为"工作流程"，如下图所示，然后在桌面空白处单击即可。

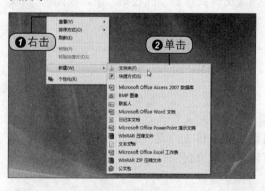

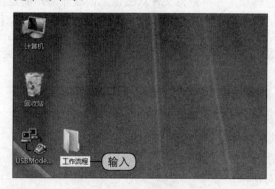

### 在磁盘根目录中创建文件夹

**01** 打开 C 盘根目录窗口。双击桌面上的"计算机"图标，打开"计算机"窗口，然后在内容窗格中双击"本地磁盘（C:）"图标，如下图所示，即可打开 C 盘的根目录窗口。

**02** 新建文件夹。单击菜单栏上的"文件 > 新建 > 文件夹"命令，如下图所示，即可新建文件夹。

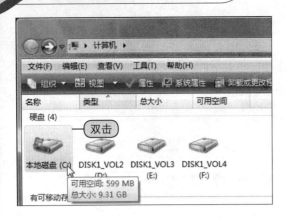

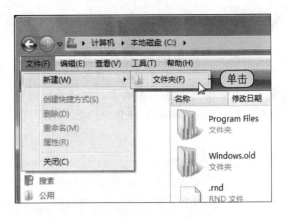

**03** 输入文件夹名。输入新文件夹的名称为"工作流程",最后在窗口的空白处单击即可,如右图所示。

### 4.3.3 删除和恢复文件或文件夹

经过一段时间的使用后,计算机系统中总会出现一些过时的、没有价值的信息,用户需要经常整理文件系统,删除那些已经没有使用价值的文件,以节约磁盘空间。需要注意的是,前面讲的删除,并不是将文件从磁盘上彻底删除,而是将文件或文件夹移到"回收站"中。因此,"回收站"中的文件还可以恢复,本节将介绍一下删除和恢复文件或文件夹的方法。

● **删除文件或文件夹到回收站**

🗡 **方法一**

**01** 打开"删除文件夹"对话框。右击需要删除的文件夹,在弹出的快捷菜单中单击"删除"命令,如下图所示,即可打开"删除文件夹"对话框。

**02** 确定删除文件夹。在弹出的"删除文件夹"对话框中,单击"是"按钮,如下图所示,即可将文件夹放到回收站中。

如果丢失了所有备份光盘,可以还原文件吗?

### 方法二

首先选中需要删除的文件夹，单击菜单栏上的"文件 > 删除"命令，如右图所示，并在弹出的"删除文件夹"对话框中单击"是"按钮，同样可以删除该文件夹。

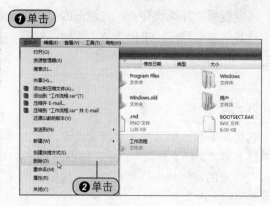

删除文件与删除文件夹的方法相同。

## 从回收站还原文件或文件夹

**01** 打开"回收站"窗口。在桌面上右击"回收站"图标，然后在弹出的快捷菜单中单击"打开"命令，如下图所示。

**02** 恢复删除文件。在"回收站"窗口中右击需要恢复的文件或文件夹，在弹出的快捷菜单中单击"还原"命令，如下图所示，即可恢复该文件或文件夹。

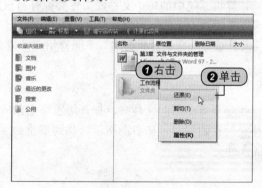

### 操作点拨

双击"回收站"图标，也可打开"回收站"窗口。

## 从回收站中彻底删除文件或文件夹

### 方法一

**01** 打开"删除多个项目"对话框。在"回收站"窗口中选定多个需要删除的文件，然后右击，在弹出的快捷菜单中单击"删除"命令，如右图所示，即可打开"删除多个项目"对话框。

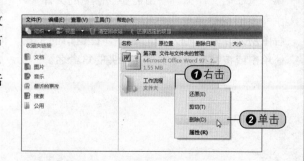

1
section

2
section

3
section

4
section

5
section

**02** 确定删除文件或文件夹。在弹出的"删除多个项目"对话框中，单击"是"按钮，如右图所示，即可确认多个文件的删除。

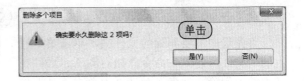

**方法二**

选定需要彻底删除的文件或文件夹，单击菜单栏上的"文件 > 删除"命令，如右图所示，然后在弹出的对话框中，单击"是"按钮，即可彻底删除所选文件。

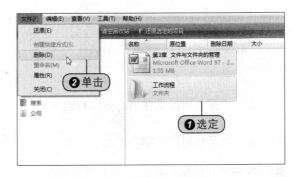

## 4.3.4 重命名文件或文件夹

计算机系统中的每个文件或文件夹都有自己的名字，其中有一部分允许用户重命名，而另一些系统文件则不允许用户随意更改，否则会引起系统安全问题。Windows Vista 系统提供了多种方法为文件或文件夹进行重命名。下面介绍文件或文件夹的更名操作。

### 使用快捷键重命名

**01** 找到要重命名的文件夹。打开需重命名的文件夹所在的窗口，如右图所示，找到要重命名的文件夹。

**02** 重命名文件夹。右击需要重命名的文件夹，在弹出的快捷菜单中单击"重命名"命令，如右图所示，然后输入新的名字，在窗口的空白处单击或按回车键可实现文件夹的重命名。

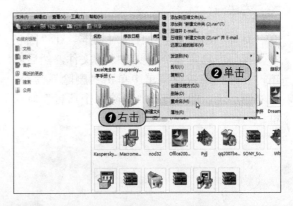

使用备份文件向导备份文件和自己备份文件有何区别？

### 通过两次单击重命名

　　首先单击需要重命名的文件夹，隔几秒之后再次单击该文件夹，即可输入新的名字，单击窗口的空白处完成重命名操作，如右图所示。

### 使用菜单重命名

　　首先选中需要重命名的文件夹，单击菜单栏上的"文件 > 重命名"命令，如右图所示，然后直接输入新的名字，再按下 Enter 键完成重命名该文件夹的操作。

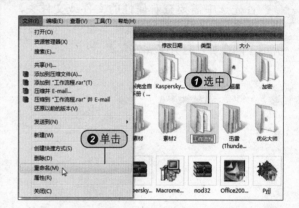

　　重命名文件的方法与重命名文件夹完全相同。

## 4.3.5　查看和设置文件或文件夹的属性

　　如果用户需要对文件或文件夹的属性进行查看，例如查看文件所在的文件夹或者文件的大小等，只需打开"属性"对话框，即可对文件或文件夹的属性进行查看，具体讲解如下。

### 打开"属性"对话框

　　**方法一**

**01** 打开文件夹的属性对话框。右击需要查看属性的文件夹，在弹出的快捷菜单中单击"属性"命令，如右图所示，即可打开文件夹的属性对话框。

　　自己备份文件须手动选择，而使用备份文件向导时，Windows 自动跟踪新的或修改过的文件和文件夹。

**02** 显示文件夹属性对话框。系统执行命令后，则打开了选中文件夹的属性对话框，如右图所示。

**操作点拨**

打开某文件或者文件夹的"属性"对话框后，标题栏会显示出相应文件或文件夹的名称。

**方法二**

首先选中需要查看属性的文件或文件夹，单击菜单栏上的"文件>属性"命令，如右图所示，同样可以打开"属性"对话框。

**设置属性**

**01** 打开属性对话框。选中需要设置属性的文件或者文件夹，单击菜单栏上的"文件>属性"命令，如下图所示，打开文件或文件夹的属性对话框。

**02** 设置文件或文件夹的属性。在弹出的属性对话框中，切换至"常规"选项卡，在"属性"选项组中设置文件或者文件夹的属性，例如勾选"只读"复选框，如下图所示，设置完毕后单击"应用"按钮，再单击"确定"按钮即可。

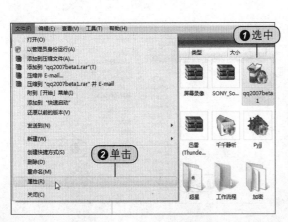

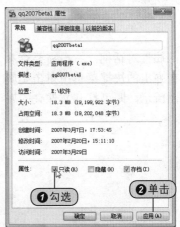

使用备份文件向导时，为什么在选择保存备份的位置时看不到文件的备份位置？

为了定义 Windows Vista 文件和文件夹窗口的显示风格，系统提供了对文件和文件夹选项进行设置的功能，以满足用户个性化需求。如可以给文件夹设置背景图片，设置文件窗口中的文件信息等。

## 自定义文件夹

**01** 单击"自定义文件夹"命令。在"计算机"窗口的 music 文件夹中，单击菜单栏上的"查看 > 自定义文件夹"命令，如下图所示。

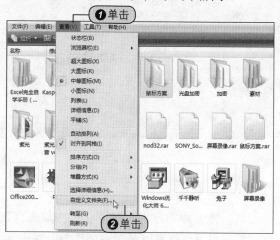

**02** 打开属性对话框。弹出文件夹的属性对话框，系统默认情况下处于"自定义"选项卡，如下图所示。

**03** 更改文件夹图标。在"文件夹图标"选项区域中单击"更改图标"按钮，可打开为该文件夹更改图标的对话框。在"在这个文件中查找图标"文本框中可指定一个含图标的文件来查找图标，这里没有指定文件。在"从以下列表选择一个图标"列表框中选择一张图片作为文件夹图标，如右图所示。设置完毕后单击"确定"按钮。

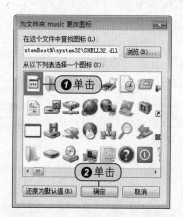

## 设置文件夹选项

如果用户需要对文件夹进行一些高级设置，则需在对文件夹选项进行设置，包括"常规"、"查看"、"搜索" 3 个选项卡。系统默认打开的是"常规"选项卡。

首先打开"资源管理器"或"计算机"窗口，然后单击菜单栏上的"工具 > 文件夹选项"命令，如右图所示，即可打开"文件夹选项"对话框。

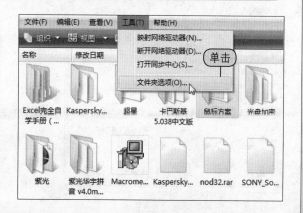

**Windows Vista**
操作系统从入门到精通

04
Chapter

1
section

2
section

3
section

4
section

5
section

"常规"选项卡

（1）任务：单击"使用 Windows 传统的文件夹"单选按钮，文件夹窗口中将不再显示常用的任务栏，即 Windows 的传统风格。

（2）浏览文件夹：单击"在同一窗口中打开每个文件夹"单选按钮，则每次选中的文件夹都在同一个窗口中打开。而单击"在不同窗口中打开不同的文件夹"单选按钮，则系统会重启一个新的窗口。

（3）打开项目的方式：单击"通过单击打开项目（指向时选定）"单选按钮，可在鼠标指向项目时即可将项目选定，单击可打开项目。单击"通过双击打开项目（单击时选定）"单选按钮即为普遍用户使用的方式。

（4）还原为默认值：该按钮可将所有的设置还原为系统默认设置。

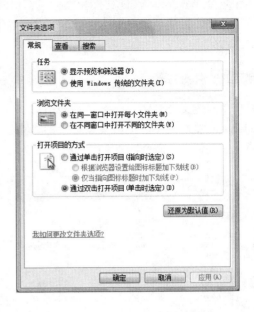

"查看"选项卡

（1）文件夹视图：单击"应用到文件夹"按钮，则此次更改将应用到所有文件夹。单击"重置文件夹"按钮，可恢复系统中默认的视图设置。

（2）高级设置：在此列表框中，用户可以对文件夹和桌面项目进行设置，如"隐藏文件和文件夹"、"显示隐藏的文件和文件夹"等。

（3）还原为默认值：该按钮可将所有的设置还原为系统默认设置。

"搜索"选项卡

（1）搜索内容：用户可以在"搜索内容"选项组中设置在搜索时是搜索文件的内容还是文件名。

（2）搜索方式：用户可以在"搜索方式"选项组中设置文件的搜索方式。

（3）在搜索没有索引是位置时：用户可以在"在搜索没有索引是位置时"选项组中设置搜索文件包括的选项。

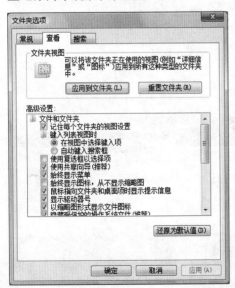

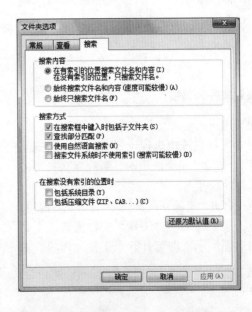

如果用户关闭了计算机，自动备份会运行吗？

## 4.3.6　移动和复制文件或文件夹

有时用户需要调整文件或文件夹的存放位置，在"计算机"和"资源管理器"中都可实现移动文件或文件夹的操作。下面将以移动和复制"工作流程"文件夹到其他文件夹中为例来介绍文件或文件夹的移动与复制操作。

### ● 移动文件夹

**01** 移动文件夹。首先选中"工作流程"文件夹，然后按住鼠标左键不放，拖动该文件夹至"加密"文件夹上，如下图所示。

**02** 打开"加密"文件夹。释放鼠标后双击"加密"文件夹，这时用户即可看见"工作流程"文件夹被移动到了"加密"文件夹中，如下图所示。

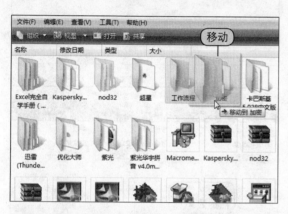

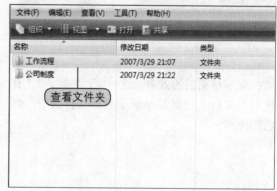

### ● 用鼠标右键拖动文件夹

**01** 用右键拖动文件夹。打开两个窗口，一个是原文件夹所在窗口，另一个是目标文件夹所在窗口，然后按住鼠标右键不放，将文件夹拖动至目标文件夹中，如下图所示。

**02** 选择命令。释放鼠标后会弹出一个快捷菜单，单击"移动到当前位置"命令，如下图所示，即可将原文件夹移动至目标文件夹中。

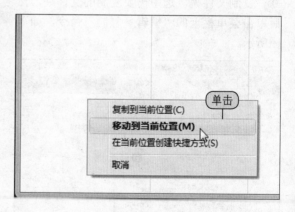

如果计算机在计划的备份时间关闭，自动备份将不会运行。当下次打开计算机时，可以恢复正常的备份计划。

# Windows Vista
操作系统从入门到精通

04
Chapter

1 section

2 section

3 section

4 section

5 section

## 剪切文件夹

**01** 剪切文件夹。选中需要移动的文件夹，单击菜单栏上的"编辑 > 剪切"命令，如下图所示。

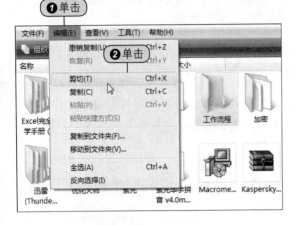

**02** 粘贴文件夹。打开目标文件夹，单击菜单栏上的"编辑 > 粘贴"命令，如下图所示，即可将文件夹移动到目标文件夹中。

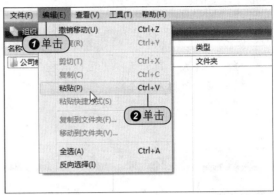

**03** 显示移动后的效果。这时可以发现，"工作流程"文件夹已经移动到了目标文件夹中，如右图所示。

## 复制文件夹

**01** 复制文件夹。选中需要复制的文件夹，然后单击菜单栏上的"编辑 > 复制"命令，如下图所示。

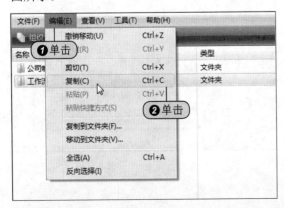

**02** 粘贴文件夹。打开目标文件夹，单击菜单栏上的"编辑 > 粘贴"命令，如下图所示，即可将文件夹复制到目标文件夹中。

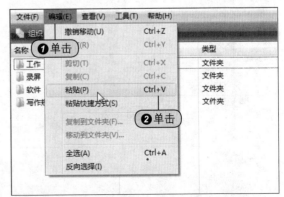

如何删除使用备份文件向导创建的备份？

**03** 显示复制后的效果。打开目标文件夹会发现，"工作流程"文件夹被复制到了目标文件夹中，如右图所示。

## 4.3.7 压缩和解压缩文件或文件夹

压缩文件和文件夹可以减少它的存储空间，同时，压缩文件和文件夹也是一种文件备份方法。在早期的 Windows 操作系统版本中，需另外安装压缩软件才能压缩文件。在 Windows Vista 中，可以使用压缩文件的功能减少文件所占据磁盘空间的大小。

### ● 压缩文件

**01** 压缩文件。选中需要压缩的单个或多个文件或文件夹，然后右击，在弹出的快捷菜单中单击"发送到 > 压缩（zipped）文件夹"命令，如下图所示。

**02** 显示压缩进度。这时，系统即对选中的文件夹进行压缩，并显示压缩进度，如下图所示，如果单击"取消"按钮，即可取消此次压缩。压缩完成后，该对话框自动关闭。

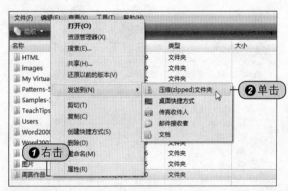

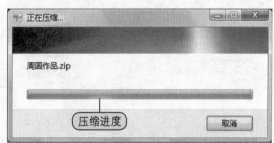

**03** 显示压缩后的效果。选中的文件夹即被压缩了，并在该文件夹中增加一个压缩文件夹图标。在 Windows Vista 系统中，zip 文件可以加密以提高文件的安全性，如右图所示。如果用户希望给 zip 文件加密，则需先双击压缩文件夹图标打开创建的压缩文件夹，然后右击窗口空白处，在弹出的快捷菜单中单击"添加密码"命令，在弹出的"添加密码"对话框中设置密码。注意，不能为空的压缩文件夹添加密码。

> **操作点拨**
>
> 对压缩文件夹的操作可以像使用普通文件夹一样，可以直接选中压缩包中的文件，进行剪切、删除、复制等操作。

如果备份保存在内部或外部磁盘上，则可以执行"删除"命令将备份删除。

● 解压文件

**01** 选择目标文件夹。首先双击需要解压的文件夹，如下图所示。

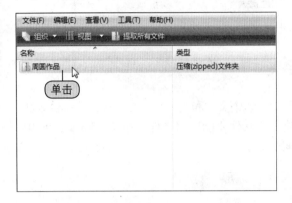

**02** 打开"提取压缩（Zipped）文件夹"对话框。打开压缩文件夹以后，右击窗口中任意位置，在弹出的快捷菜单中单击"全部提取"命令，如下图所示。

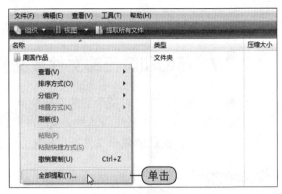

**03** 选择解压目标文件夹。打开"提取压缩（Zipped）文件夹"对话框，在"选择一个目标并提取文件"选项组中，如果需要改变提取后文件的目标地址，则单击"浏览"按钮，如下图所示，即可打开"选择一个目标"对话框。

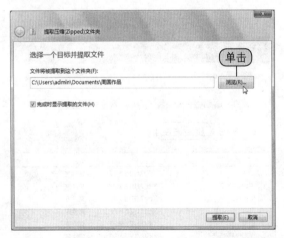

**04** 设置提取文件的路径。在"选择一个目标"对话框中，选择提取文件的路径，如下图所示，选择完毕后，单击"确定"按钮即可。

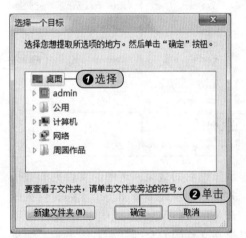

**05** 显示提取文件进度。在提取过程中，系统会显示提取的进度，如右图所示，提取成功后，弹出"提取结束"对话框。

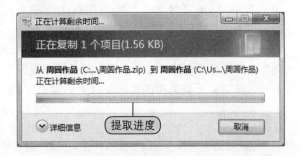

❓问 "最近一次的正确配置"会影响用户的个人文件吗？

## 4.3.8 搜索文件

计算机中有一个庞大的文件系统，有时候用户可能会忘了某个文件的名称或存放的位置，就需要进行查找。如果逐个打开文件夹去查找文件，会费时又费力。Windows Vista 系统提供了很强的搜索功能，不仅可以搜索本地计算机系统上的文档、图片、音乐和视频文件，还可以搜索计算机或人。

### ● 在"搜索"框中搜索文件或文件夹

**01** 打开"开始"菜单。单击桌面上的"开始"按钮，在弹出的"开始"菜单中单击"搜索"命令，如右图所示。

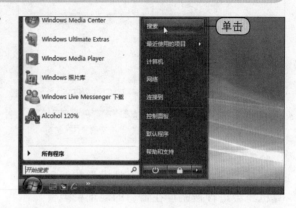

**02** 输入搜索信息。弹出"搜索结果"窗口，在窗口右上角的"搜索"框中输入搜索信息，如下图所示。

**03** 显示搜索结果。计算机即按照所输入的信息搜索出了相应的文件，如下图所示。

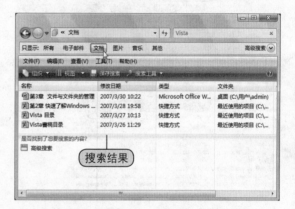

### ● 高级搜索

**01** 展开"高级搜索"窗格。单击"搜索"框下方"高级搜索"字样右侧的折叠按钮，如右图所示，即可展开"高级搜索"窗格。

不会，它只影响系统设置，不会更改计算机上的电子邮件、照片或其他个人数据。

**02** 选择搜索位置。在展开的"高级搜索"窗格中单击"位置"下拉按钮,在弹出的下拉列表中选择搜索文件所在的驱动器或磁盘,如下图所示。

**03** 开始搜索文件。在"名称"文本框中输入搜索信息,如果用户需要更精确的搜索,还可以在"标记"、"作者"等文本框中输入信息,最后单击"搜索"按钮开始搜索,如下图所示。

**04** 显示搜索结果。单击"搜索"按钮后,计算机将会进行搜索,在窗口的地址栏上会显示出搜索进度,在窗口的下方会显示出搜索结果,如下图所示。

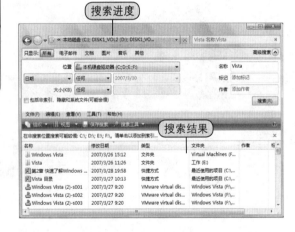

**05** 保存搜索。如果用户需要保存搜索结果,则单击工具栏上的"保存搜索"按钮,并在弹出的"另存为"对话框中,设置适当的文件用于保存搜索选项,输入文件名,然后单击"保存"按钮即可将此次的搜索选项保存,如下图所示。

**06** 显示保存后的结果。这样,此次搜索的结果便被保存下来,用户可到保存的路径下查看保存的文件,如右图所示。

?问 为什么要压缩文件?

## 按文件类型搜索

**01** 输入搜索信息。如果用户忘记了文件名，但记得文件的后缀名，也可以按照文件后缀名来搜索文件。在"搜索"框中输入"*.doc"，如下图所示。

**02** 显示搜索结果。系统会自动将后缀名为.doc的文件都搜索出来了，搜索后的效果如下图所示。

### 操作点拨

在查找的文件名中可以使用通配符"?"代替一个任意字符，用"*"代表多个任意字符，具体参见帮助信息。

## 在开始菜单中进行搜索

**01** 输入搜索信息。单击桌面上的"开始"按钮，并在"开始"菜单中的"搜索"框中输入搜索信息，如下图所示。

**02** 显示搜索结果。输入搜索信息后，系统会自动搜索出相对应的结果并显示在"开始"菜单中，如下图所示。

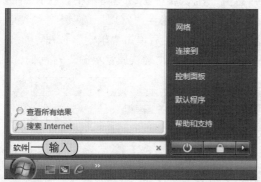

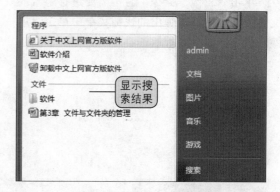

**03** 打开"搜索结果"窗口。单击"查看所有结果"选项，如右图所示，则会弹出"搜索结果"窗口。

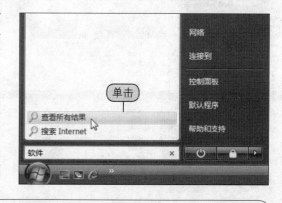

**04** 显示详细的搜索结果。用户即可在弹出的"搜索结果"窗口中查看相关的搜索结果,如右图所示。

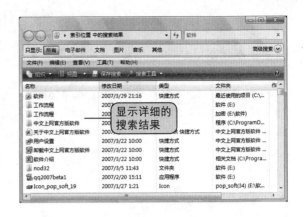

显示详细的搜索结果

## BASIC

## 4.4 隐藏和显示文件或文件夹

如果用户不希望被别的用户查看一些很重要的文件或文件夹,则可以隐藏文件或文件夹设置,隐藏文件或文件夹在一般情况下是不能被看见的,反过来说,如果用户需要查看这些被隐藏的文件或文件夹,则可以取消其隐藏,接下来就介绍隐藏和显示文件或文件夹的方法。

### 4.4.1 隐藏文件或文件夹

隐藏文件或文件夹是在"属性"对话框中通过设置文件或文件夹的属性来实现的,隐藏文件或文件夹的具体操作步骤如下。

**01** 单击"属性"命令。右击需要进行隐藏的文件或文件夹,在弹出的快捷菜单中单击"属性"命令,如下图所示。

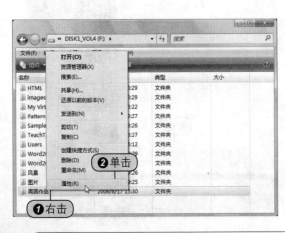

**02** 打开"确认属性更改"对话框。在弹出的属性对话框中,切换至"常规"选项卡下,勾选"隐藏"复选框,然后单击"确定"按钮,如下图所示,即可打开"确认属性更改"对话框。

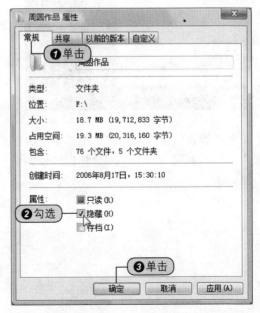

问 Windows 支持的压缩类型有哪些?

**03** 设置属性更改。在弹出的"确定属性更改"对话框中，单击"将更改应用于此文件夹、子文件夹和文件"单选按钮，如下图所示，设置完毕后，单击"确定"按钮即可。

**04** 隐藏文件后的效果。用户关闭窗口，然后再次打开该窗口后，即可发现设置隐藏的文件夹被隐藏了，如下图所示。

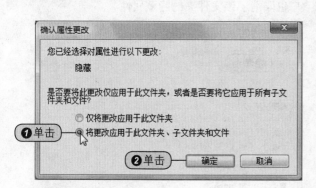

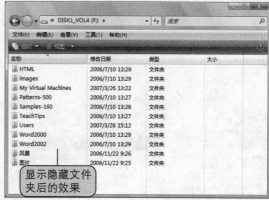

显示隐藏文件夹后的效果

▶ **操作点拨**

用户设置文件夹隐藏后，在未退出该窗口前文件夹的颜色呈半透明色。

## 4.4.2　显示并取消隐藏文件或文件夹

显示隐藏的文件或文件夹是指将隐藏的文件或文件夹显示出来，但是不能取消隐藏文件或文件夹，如果用户还需要取消隐藏文件或文件夹，则还需要对文件或文件夹的属性进行设置。显示并取消隐藏文件或文件夹的具体操作步骤如下。

**01** 打开"文件夹选项"对话框。单击菜单栏上的"工具 > 文件夹选项"命令，如下图所示，即可打开"文件夹选项"对话框。

**02** 显示隐藏文件夹。在弹出的"文件夹选项"对话框中，切换至"查看"选项卡下，单击选中"高级设置"列表框中的"显示隐藏的文件和文件夹"单选按钮，如下图所示，设置完毕后，单击"确定"按钮即可。这样便将隐藏的文件夹显示出来了，但是并没有取消文件夹的隐藏属性。

# Windows Vista
## 操作系统从入门到精通

04
Chapter

1
section

2
section

3
section

4
section

5
section

**03** 打开属性对话框。右击显示出来的隐藏文件夹，在弹出的快捷菜单中单击"属性"命令，如下图所示，即可打开属性对话框。

**04** 取消隐藏文件。在弹出的属性对话框中，切换至"常规"选项卡下，取消勾选"隐藏"复选框，然后单击"确定"按钮，如下图所示，即可打开"确认属性更改"对话框，同时，用户也取消了该文件夹的隐藏属性。

**05** 确认属性更改。设置属性更改。在弹出的"确定属性更改"对话框中，单击选中"将更改应用与此文件夹、子文件夹和文件"单选按钮，如下图所示，设置完毕后，单击"确定"按钮即可。当用户再次打开该窗口时，则可以看见隐藏的文件夹显示出来了。

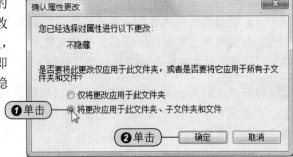

## BASIC

## 4.5 创建并设置快捷方式图标

　　桌面上的图标通常有系统程序图标（如"计算机"、"回收站"等）和快捷方式图标，两者的区别是图标的左下角是否有一个弯曲的箭头。在桌面上放置常用程序的快捷方式图标后，只需双击快捷方式图标即可启动该应用程序。因此，很多应用程序在安装时会自动把本身的快捷方式图标放置在桌面上，以便快速启动该程序。

### 4.5.1 创建快捷方式图标

　　用户可以根据需要在桌面上创建快捷方式图标，它们可以是一个应用程序、文件夹文档或者图片。

从可移动存储设备中删除的文件会不会放入回收站中？

**01** 创建快捷方式图标。首先选定需要创建快捷方式的文件，然后右击此文件，在弹出的快捷菜单中单击"发送到 > 桌面快捷方式"命令，如下图所示。

**02** 显示创建的快捷方式。返回到桌面中，可发现在桌面上创建了一个快捷方式图标，如下图所示。

## 4.5.2 设置快捷方式属性

用户创建了快捷方式后，如果对快捷方式图标不满意，还可以对其进行修改，接下来就向用户介绍修改快捷方式属性的方法。

### 打开文件夹位置

**01** 打开属性对话框。右击桌面上的快捷方式图标，在弹出的快捷菜单中单击"属性"命令，如下图所示，即可打开该快捷方式的属性对话框。

**02** 打开文件夹位置。在弹出的属性对话框中，切换至"快捷方式"选项卡下，单击"打开文件位置"按钮，如下图所示。

**03** 查看文件。这样系统将自动打开该文件夹窗口，即可对该文件夹进行操作，如右图所示。

### 更改图标

**01** 打开"更改图标"对话框。在快捷方式的属性对话框中切换至"快捷方式"选项卡下，单击"更改图标"按钮，如下图所示，即可打开"更改图标"对话框。

**02** 选择快捷方式图标。弹出"更改图标"对话框，在"从以下列表选择一个图标"列表框中选择一个图标作为快捷方式的图标，如下图所示，设置完毕后，单击"确定"按钮即可。

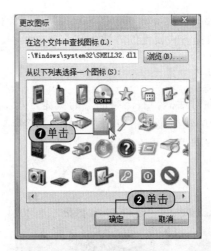

**03** 显示更改图标后的效果。返回桌面后会发现，桌面上的快捷方式图标已更改为选中的图标样式，如右图所示。

DNS 命名有什么作用？

## 4.5.3　删除无用的图标

对于一些不需要的快捷方式图标，可以将其删除，删除暂时不需要的快捷方式图标的具体操作步骤如下。

**01** 删除快捷方式图标。右击桌面上需要删除的快捷方式图标，在弹出的快捷菜单中单击"删除"命令，如下图所示。

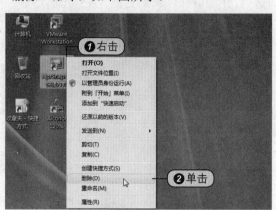

**02** 确定删除文件。在弹出的"删除文件"对话框中，单击"是"按钮，如下图所示，确定删除该文件。

# Column

## ■ 向索引添加文件类型 ■

　　用户在搜索文件时，有时会使用索引来搜索文件，遇到一些特殊的文件系统不能识别出来时，用户就需要向索引添加文件类型，具体的操作步骤如下。

**01** 打开"索引选项"对话框。双击"控制面板"窗口中的"索引选项"图标，如下图所示，即可打开"索引选项"对话框。

**02** 打开"高级选项"对话框。在弹出的"索引选项"对话框中，单击"高级"按钮，如下图所示，即可打开"高级选项"对话框。

**03** 输入文件类型。在弹出的"高级选项"对话框中，切换至"文件类型"选项卡下，在"添加新扩展"按钮左侧的文本框中输入文件扩展名，如下图所示，然后再单击"添加新扩展"按钮。

**04** 选择索引此文件的方式。单击选中"为属性和文件内容添加索引"单选按钮，如下图所示，设置完毕后，单击"确定"按钮即可。

**本章建议学习时间：80分钟**

建议分配 20 分钟熟悉安装输入法操作和设置输入法的方法，并掌握微软拼音输入法的使用方法，再分配 60 分钟进行练习。

Chapter

# 05

# 输入法基础知识

**Windows Vista** 操作系统从入门到精通

## 学完本章后您可以：

- 学会安装输入法
- 学会设置输入法
- 掌握微软拼音输入法的使用
- 学会安装字体

中文输入法的安装

微软拼音输入法的使用

**本章多媒体光盘视频链接** ▲

对于计算机用户来说，文字的处理是离不开文字的输入的。Microsoft 公司开发了一系列的中文版 Windows 系统，并推出了方便的中文输入。Windows Vista 和其他各种版本的 Windows 中文版一样，其主要用途就是在操作系统中运行众多的中、英文软件，而这些软件几乎都涉及到了中文的输入与操作。本章就针对输入法的安装和设置以及对汉字的输入进行详细的介绍。

BASIC

## 5.1 安装与设置输入法

对文字的处理是计算机一个很重要的用途，对于不同的操作者使用的文字处理输入法也是不同的，这就需要用户对输入法的安装和使用有一些了解，本节将简单地介绍输入法与语言栏的基础知识，并详细地介绍输入法的安装和设置方法以及键盘的使用等。

### 5.1.1 中文输入法简介

中文输入法主要包括音码输入和形码输入两种。音码输入主要是以汉语拼音为基准进行编码，如 Microsoft 公司提供的微软拼音输入法和全拼输入法，通过输入拼音字母来输入汉字。对于学习过汉语拼音的人来说，拼音输入法简单易学并且不需要经过专门的培训；但缺点是重码太多，不能够处理生字。这种输入法不适合于专业的打字员，但是很适合普通的计算机使用者。

形码输入法是根据汉字的形态信息，赋予每个字或词一个代码，称为汉字的字形编码，就是所谓的形码。形码输入法使用偏旁、部首、字根和笔画对汉字进行编码，并与键盘上的键相对应，输入的时候只需要输入字形键即可，这种输入法的优点是重码低，不受语言发音的影响。常见的形码输入法有五笔输入法、郑码输入法等，这种输入法适合于专业的打字员。

### 5.1.2 认识语言栏

语言栏是一种工具栏，添加文本服务时，它会自动出现在桌面上，例如：输入语言、键盘布局、手写识别、语言识别或输入法编辑器（IME）。语言栏提供了从桌面快速更改输入语言或键盘布局的方法。可以将语言栏移动到屏幕的任何位置，也可以将其最小化到任务栏或隐藏它。语言栏上显示的按钮和选项集可根据所安装的文本服务和当前处于活动状态的软件程序而更改。

**①** CH中文(中国) **📖** 中文(简体) - 美式键盘 **?** ▼ **②**

**①**"输入语言"按钮：用户单击该按钮，可以选择所需的输入法。
**②**"键盘布局"按钮：用户单击该按钮，可以选择所需的键盘布局。

### 5.1.3 还原和显示语言栏

在默认的情况下，语言栏是显示在任务栏中的，如果用户需要将语言栏显示在桌面上，那么

用户安装了一种字体后在程序的字体菜单中看不到它，该如何处理？

可以将其还原，具体讲解如下。

### 还原语言栏

还原语言栏，能够方便用户对输入法进行设置，其具体的操作步骤如下。

#### 方法一

01 还原语言栏。单击任务栏中语言栏的"还原"按钮，如下图所示，即可将语言栏还原。

02 显示还原后的语言栏。执行命令后，语言栏即被还原，效果如下图所示。

#### 方法二

右击语言栏，在弹出的快捷菜单中单击"还原语言栏"命令，如右图所示。

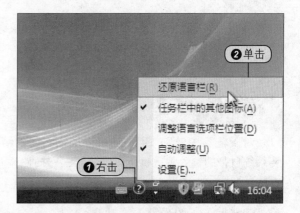

### 显示语言栏

如果发现语言栏没有显示在桌面窗口中，也没有显示在任务栏中，那么就需要在控制面板中进行设置。

01 打开"区域和语言选项"对话框。首先打开"控制面板"窗口，然后双击"区域和语言选项"图标，如下图所示，即可打开"区域和语言选项"对话框。

02 打开"文本服务和输入语言"对话框。在弹出的"区域和语言选项"对话框中，切换至"键盘和语言"选项卡下，单击"更改键盘"按钮，如下图所示，即可打开"文本服务和输入语言"对话框。

答　如果在安装该字体时，程序处于打开状态，则程序可能没有注册该字体。尝试关闭程序，然后重新打开它。

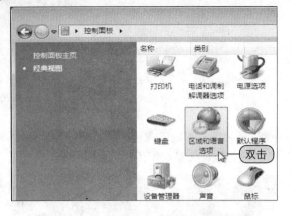

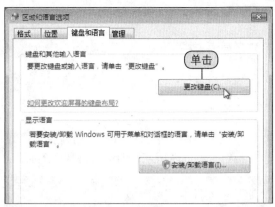

**03** 设置语言栏。在弹出的"文本服务和输入语言"对话框中，切换至"语言栏"选项卡下，单击选中"语言栏"选项区域中的"停靠于任务栏"单选按钮，设置完毕后，单击"确定"按钮即可。经过设置后语言栏将显示在任务栏上。

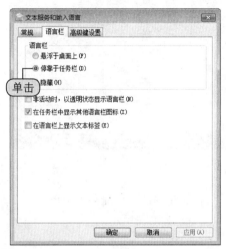

## 5.1.4 中文输入法的安装

对于输入法来说，用户还可以根据不同的情况来选择安装自己习惯使用的输入法，可以安装系统自带的输入法，也可以安装第三方插件输入法，接下来就详细介绍安装中文输入法的具体方法。

### 安装系统中的输入法

如果用户需要添加系统自带的输入法，可以进行如下的操作。

**01** 打开"文本服务和输入语言"对话框。右击桌面上的语言栏，在弹出的快捷菜单中单击"设置"命令，如右图所示，即可打开"文本服务和输入语言"对话框。

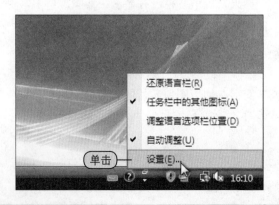

**02** 打开"添加输入语言"对话框。在弹出的 "文本服务和输入语言"对话框中，切换至"常规"选项卡下，单击"添加"按钮，如下图所示，即可打开"添加输入语言"对话框。

**03** 选择添加的输入语言。在弹出的"添加输入语言"对话框中，单击"中文（中国）"选项左侧的折叠按钮，再展开"键盘"选项，勾选需要添加的输入法前的复选框，如下图所示，设置完毕后，单击"确定"按钮即可。

**04** 显示添加的输入法。这样，便安装了"简体中文全拼"输入法，如右图所示。

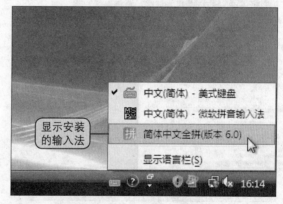

### 安装第三方插件输入法

如果用户不习惯使用 Windows 自带的输入法，那么还可以安装第三方插件输入法，下面以安装清华紫光 3.0 输入法为例，详细讲解安装第三方插件输入法的操作。

**01** 打开"紫光拼音输入法 3.0"对话框。首先打开输入法安装文件的文件夹，并双击安装文件 Setup 图标，如右图所示。

计算机中的字体可能在使用的打印机上不可用，一种办法是将字体文件更改为 TrueType 字体。

## Windows Vista
### 操作系统从入门到精通

05
Chapter

1
section

2
section

3
section

**02** 同意许可协议。在弹出的"许可协议"界面中,单击选中"同意"单选按钮,然后单击"下一步"按钮,如右图所示。

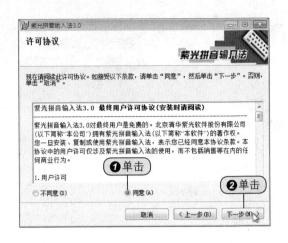

**03** 设置允许安装该程序。单击"下一步"按钮后,系统会弹出"用户账户控制"窗口,并询问用户是否同意允许安装该程序,直接单击"允许"按钮即可,如下图所示。

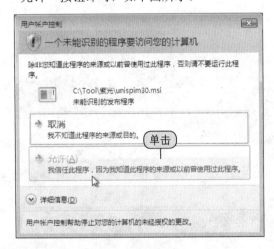

**04** 显示安装进度。系统则会对输入法进行自动安装,并显示安装进度,如下图所示。

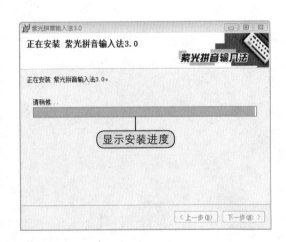

**05** 完成安装。安装完毕后,会切换至"安装完成"界面,单击"关闭"按钮退出安装,如下图所示。

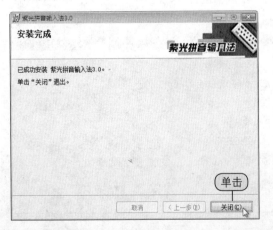

**06** 查看安装的输入法。安装完毕后,用户按下 Ctrl+Shift 组合键,可以切换输入法,并可以查看安装的紫光输入法。

尝试以不同的字号大小打印字体,但是打印出来的效果与屏幕上显示出来的效果不一样,该如何处理?

## 5.1.5　输入法的设置

　　安装了输入法之后，用户可能对新的输入法使用起来不习惯，那么就需要对输入法进行设置，下面就以微软拼音输入法为例，简单地介绍一下输入法设置的方法。

**01**　打开"文本服务和输入语言"对话框。右击桌面上的语言栏，在弹出的快捷菜单中单击"设置"命令，如右图所示，即可打开"文本服务和输入语言"对话框。

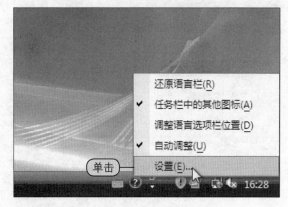

**02**　打开输入选项对话框。在弹出的"文本服务和输入语言"对话框中，切换至"常规"选项卡下，选中需要进行属性设置的输入法，例如选中"微软拼音输入法"选项，然后单击"属性"按钮，如右图所示，即可打开"Microsoft微软拼音输入法输入选项"对话框。

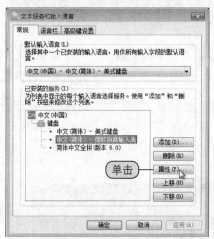

**03**　设置"常规"选项。在弹出的"Microsoft微软拼音输入法输入选项"对话框中，切换至"常规"选项卡下，用户即可对输入法的"输入风格"、"拼音方式"和"中英文输入切换键"进行设置，如下图所示。

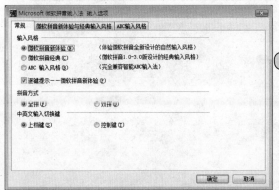

**04**　打开"模糊拼音设置"对话框。切换至"微软拼音新体验与经典输入风格"选项卡下，单击"拼音风格"选项区域中的"模糊拼音设置"按钮，如下图所示，即可打开"模糊拼音设置"对话框。

---

**答**　若是字体问题，则尝试打印另一个文件中的相同字体。如果字体仍然不正确，则尝试重新安装字体。

**Windows Vista**
操作系统从入门到精通

05
Chapter

1
section

2
section

3
section

**05** 设置模糊音。在弹出的"模糊拼音设置"对话框中，用户即可在列表框中设置模糊拼音的方案，如下图所示，设置完毕后，单击"确定"按钮即可。

**06** 设置词频调整。返回"Microsoft 微软拼音输入法输入选项"对话框后，勾选"输入设置"选项区域中的"词频调整"复选框，如下图所示，设置完毕后，单击"确定"按钮即可。

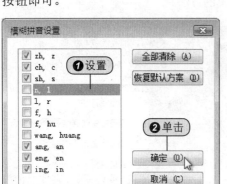

## 5.1.6 软键盘的介绍及使用

用户在输入文本的时候，不仅仅可以通过这些输入法来输入，还可以通过输入法中自带的软键盘来输入一些特殊的字符，下面就介绍软键盘的使用方法。

**01** 切换输入法。单击语言栏上的输入法图标，在弹出的列表中单击"中文（简体）- 微软拼音输入法"选项，如下图所示，即可切换至"微软拼音输入法"。

**02** 打开软键盘。单击"功能菜单"按钮，在弹出的列表中单击"软键盘 > 特殊符号"选项，如下图所示，即可打开特殊符号软键盘。

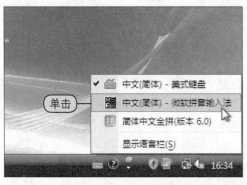

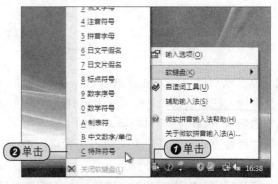

**03** 输入特殊符号。首先，单击文档中需要插入特殊符号的位置，然后在弹出的"特殊符号"软键盘中单击所需插入的特殊符号，如右图所示，即可插入该符号。

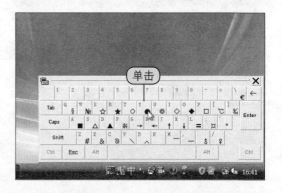

**？问** 当用户试图打印文本时，该操作关闭要打印的页面，该如何处理？

## BASIC

## 5.2 微软拼音输入法的使用

在前面的小节中，向用户介绍了输入法的安装与设置方法，接下来就以微软拼音输入法为例，详细地介绍输入法的使用方法。

### 全拼方式输入

**01** 输入拼音。如果用户需要在记事本中输入词语"今天"，则首先输入拼音"jintian"，如下图所示。

**02** 确定输入词语。输入完拼音后，按下空格键，则在词条中显示出了相对应的词语，即"今天"，如下图所示，确定输入后，再次按下空格键即可将"今天"输入到记事本中。

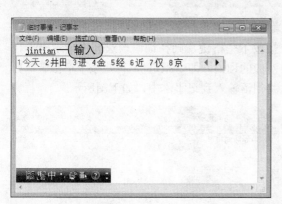

### 简拼方式输入

**01** 输入拼音的首字母。以简拼方式输入词语的时候，只需要输入每个字拼音的第一个字母即可，例如：输入词语"新闻"，只需输入"xw"，如右图所示。

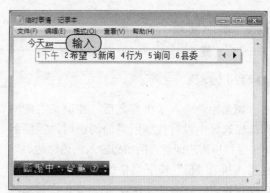

**02** 确定输入词语。输入完拼音后，按下空格键，则在词语候选区中显示出了相对应的词语，这里有很多候选词，用户在候选区中找到需要输入的词语，即"新闻"并单击此词语，如右图所示。

**03** 将词语输入到记事本中。单击该词语后，该词语便被输入到记事本中，用户也可以直接按下键盘上的数字键 3（即词语对应的序号），同样也可以输入该词语，在记事本中输入词语后的效果如右图所示。

### 混拼方式输入

**01** 输入拼音。对于一些特定的名词，用户可以使用混拼方式快速输入，例如：输入词语"报道"，首先输入拼音"bdao"，如下图所示。

**02** 确定输入词语。输入完拼音之后，用户直接按下空格键，则在词语候选区中显示出了相对应的词语，即"报道"，再次按下空格键即可将词语输入到记事本中，如下图所示。

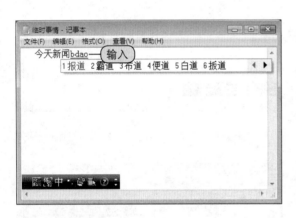

### 翻页输入

如果用户输入了拼音之后，在词条右侧的词语候选区中没有找到所需的词语时，需要翻页来寻找所需的词语，例如想输入词语"边界"，在输入拼音"bj"按下空格键之后，在第一页中没有找到所需词"边界"，则需要单击候选区右侧的右三角按钮，翻页后再进行词语选择。

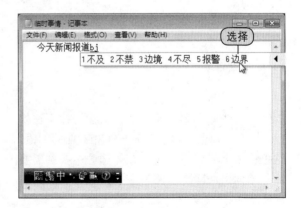

**操作点拨**

用户在翻页选择需要输入的词语时，还可以按下键盘上的"＋"或者"－"键，在下一页或者上一页中选择词语，同样地，按下 Page Up 或者 Page Down 键也可以进行翻页。

为什么在另一台计算机上打开文件时，文件中的字体看上去不一样？

● 快速输入英文

**01** 输入英文单词。用户需要在文档中快速地输入英文单词，例如输入"Hello"，如下图所示。

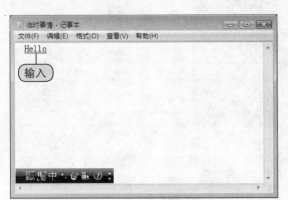

**02** 确定输入单词。输入完毕后，用户直接按下 Enter 键即可，如下图所示，在记事本中即可输入英文单词。

**操作点拨**

如果用户使用的是紫光输入法或者是拼音加加输入法，则只需要输入英文单词后，直接按下 Enter 键即可输入单词。

## BASIC

## 5.3 安装并查看字体

用户在使用输入法将文本输入到文档中后，还可以对其字体格式进行设置，Windows Vista 系统为用户提供了多种字体，本节将向用户介绍设置系统字体的一些操作方法。

### 5.3.1 安装新字体

字体和输入法一样都是可以安装的，用户可以根据需要来选择安装一些字体，下面就介绍新字体的安装方法。

**01** 打开"控制面板"窗口。单击桌面上的"开始>控制面板"命令，如右图所示，即可打开"控制面板"窗口。

可以在文件中嵌入一些 TrueType 字体，这样不论使用哪台计算机查看文件都会保留文件的原始外观。

**02** 打开"字体"窗口。双击"控制面板"窗口中的"字体"图标,如右图所示,即可打开"字体"窗口。

**03** 打开"添加字体"对话框。右击"字体"窗口的空白处,在弹出的快捷菜单中单击"安装新字体"命令,如右图所示,即可打开"添加字体"对话框。

**04** 安装新字体。在弹出的"添加字体"对话框中,单击"驱动器"下方的下三角按钮,在弹出的下拉列表中选择字体所在的磁盘,并在左侧的"文件夹"列表框中选择字体所在的目标文件夹,然后在"字体列表"列表框中选择所需安装的字体,然后单击"安装"按钮即可,如右图所示。

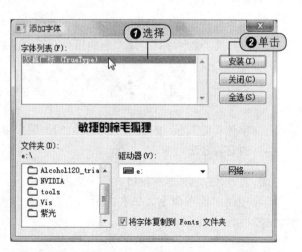

**05** 正在安装字体。单击"安装"按钮后,系统会弹出"Windows Fonts 文件夹"提示框,并显示出当前正在安装的字体与安装进度,如右图所示,如果用户需要取消对该字体的安装,可以单击"取消"按钮。

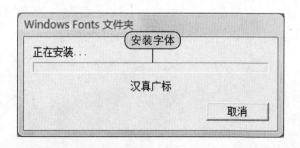

## 5.3.2 查看字体的属性

同样地，用户也可以对安装后的字体属性进行查看，查看字体属性的具体操作步骤如下。

**01** 打开"属性"对话框。右击"字体"窗口中需要查看属性的字体的图标，在弹出的快捷菜单中单击"属性"命令，如下图所示。

**02** 查看字体属性。在弹出的字体属性对话框中，即可查看目标字体的属性，如下图所示。

---

# Column

## ■ 删除字体 ■

对于一些不经常使用或者根本不使用的字体，用户是可以将其删除的，删除不需要的字体的具体操作步骤如下。

**01** 删除字体。首先按照前面介绍的方法打开"字体"窗口，然后右击需要删除的字体的图标，在弹出的快捷菜单中单击"删除"命令，如下图所示。

**02** 确定删除字体。单击"删除"命令后，系统会弹出"删除文件"对话框，并询问用户是否确定删除文件，如果用户确定删除该字体，则单击"是"按钮，如下图所示。

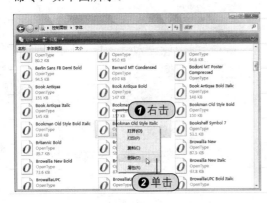

建议分配 60 分钟熟悉 Tablet PC 输入面板，
学会使用 Windows 日记本，了解粘滞便笺，
再分配 30 分钟进行练习。

Chapter

# Tablet PC 输入面板
# 与日记本

# 06

**Windows Vista** 操作系统从入门到精通

## 学完本章后您可以：

- 认识 Tablet PC 输入面板
- 熟练使用 Tablet PC 输入面板
- 认识 Windows 日记本
- 了解粘滞便笺

使用 Tablet PC 输入面板

设置粘滞便笺

**本章多媒体光盘视频链接** ▲

Tablet PC 输入面板和日记本都是 Windows Vista 系统的新增功能，Tablet PC 是一种移动的 PC，具有可以通过 Tablet 笔在其上写入或进行交互的屏幕。在有些 Tablet PC 上，还可以进行手指与屏幕交互。Windows 日记本也是通过使用 Tablet 笔或者鼠标来输入的，本章就针对 Tablet PC 输入面板与日记本的使用和设置方法进行详细的介绍，并要求用户也要了解粘滞便笺与其他程序的交互使用方法。

**BASIC**

## 6.1 Tablet PC 输入面板

Tablet PC 输入面板是一种可以通过 Tablet 笔或者鼠标而不是标准键盘来输入文本的附件，它包括用来将手写内容转换为输入文件的书写板和字符板以及用来输入单个字符的屏幕键盘。

### 6.1.1 使用 Tablet PC 输入面板

接下来就以使用 Tablet PC 在写字板上输入文本为例，详细介绍 Tablet PC 输入面板的使用方法。

● 使用 Tablet PC 输入面板输入文本

■ 方法一

01 打开"写字板"窗口。单击桌面上的"开始 > 所有程序 > 附件 > 写字板"命令，如下图所示，即可打开"写字板"窗口。

02 打开 Tablet PC 输入面板。单击桌面上的"开始 > 所有程序 > 附件 > Tablet PC > Tablet PC 输入面板"命令，如下图所示，即可打开 Tablet PC 输入面板。

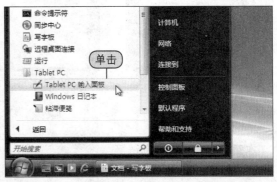

03 显示 Tablet PC 输入面板。用户则打开了 Tablet PC 输入面板，如下图所示。

04 书写文字。将鼠标指针移动到 Tablet PC 输入面板中，这时鼠标指针呈一个点状，然后用户按住鼠标左键不放，拖动鼠标，在 Tablet PC 输入面板中可输入文本，如下图所示。

问 什么是 Tablet 按钮？

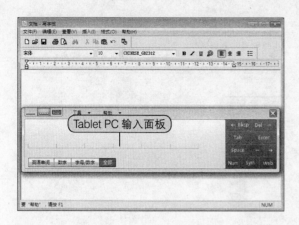

Tablet PC 输入面板

输入

**05** 系统识别文本。输入完毕后，将鼠标指针移开，这时系统将会自动识别出文本，如下图所示，然后单击"插入"按钮。

**06** 显示插入文本的效果。这样，用户就利用Tablet PC 输入面板向写字板中输入了文本，输入文本后的效果如下图所示。

输入文字

单击

操作点拨

用户还可以在 Tablet PC 输入面板中一次性输入多个文本，然后再单击"插入"按钮一次性插入到写字板中，示例效果如右图所示。

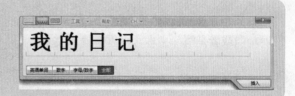

我 的 日 记

方法二

**01** 单击"书写板"按钮，切换至"书写板"界面中，如右图所示。

**02** 输入文本。然后按照前面介绍的方法在Tablet PC 输入面板中一次性输入所有文本，如右图所示。

**03** 系统识别文本。输入完毕后，将鼠标指针移开，这时系统将会自动识别出文本，如右图所示，然后单击"插入"按钮。

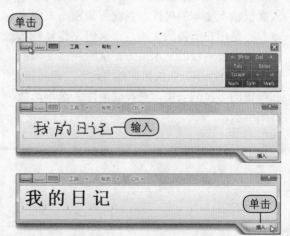

单击

输入

我 的 日 记

单击

答 Tablet PC 上的按钮称为 Tablet 按钮，可以使用它执行一些常用任务。

06.
Chapter

**Windows Vista**
操作系统从入门到精通

06
Chapter

1
section

2
section

3
section

04 显示插入文本的效果。这样，用户就利用 Tablet PC 输入面板向写字板中输入了文本，输入文本后的效果如右图所示。

### 使用键盘输入英文字符

单击 Tablet PC 输入面板中的"屏幕键盘"按钮，这时 Tablet PC 输入面板将切换至键盘界面，用户可以使用鼠标直接单击需要输入的英文字母，如右图所示，即可将其输入到写字板中。

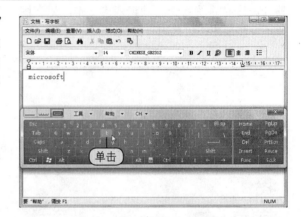

## 6.1.2 更正文本

如果用户 Tablet PC 输入面板中输入了错误的文本，那么可以使用 Tablet PC 输入面板的更正错误功能或者是清除文本，再重新输入文本。

### 清除文本

01 清除文本。如果用户在使用 Tablet PC 输入面板输入文本的时候，系统所识别出来的文本并不是用户所需的文本，那么用户将鼠标指针指向需要清除的文本下方，这时在该文本下方会出现一个下三角按钮，单击此下三角按钮，在弹出的下拉列表中，选择"清除"选项，如右图所示。

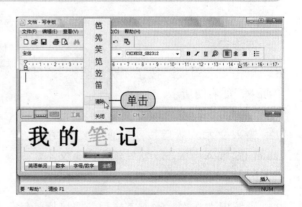

如何查看可自定义的 Tablet 按钮？

**02** 显示清除文本后的效果。这样，用户便将目标文本清除了，清除文本后的效果如右图所示，然后用户即可再次进行文本的输入。

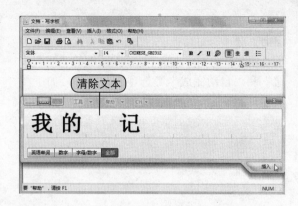

### 更正文本

**01** 更正文本。如果用户在使用 Tablet PC 输入面板输入文本的时候，系统所识别出来的文本并不是用户所需的文本，那么用户将鼠标指针指向需要更正的文本下方，这时在该文本下方会出现一个下三角按钮，单击该下三角按钮，在弹出的下拉列表中选择正确的文本，如下图所示。

**02** 显示更正文本后的效果。这样，用户则更正了错误的文本，更正文本后的效果如下图所示。

## 6.1.3　设置 Tablet PC 输入面板选项

如果用户在使用 Tablet PC 输入面板的时候，感觉不习惯的话，还可以对 Tablet PC 输入面板选项进行设置，以方便用户的使用。

### Tablet PC 输入面板常规选项设置

**01** 打开"选项"对话框。首先打开 Tablet PC 输入面板，然后单击"工具"下拉按钮，在弹出的下拉列表中选择"选项"选项，如右图所示，即可打开"选项"对话框。

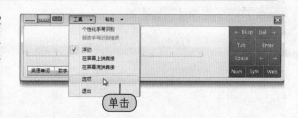

打开"Tablet PC 设置"对话框，切换至"按钮"选项卡，可自定义的 Tablet 按钮将显示在"Tablet 按钮"列表中。

1
section

2
section

3
section

02 在"设置"选项卡下设置相应选项。在弹出的"选项"对话框中,切换至"设置"选项卡下,用户即可对 Tablet PC 输入面板的"插入按钮"和"自动完成"等选项进行设置,如下图所示。

03 设置"打开方式"选项。切换至"打开方式"选项卡下,用户可以对"打开'输入面板'的操作"和"'输入面板'图标和选项卡"相关选项进行设置,如下图所示。

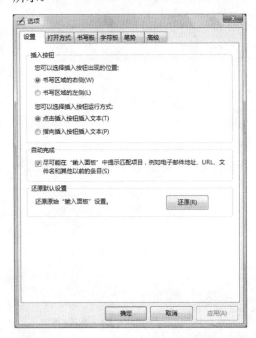

04 设置"书写板"选项。切换至"书写板"选项卡下,用户即可对书写时的墨迹粗细、自动插入文本的方式和书写时的字符间距等进行设置,如下图所示。

05 设置"字符板"选项。切换至"字符板"选项卡下,用户即可对字符板中文本的墨迹粗细和书写时暂停后自动识别书写为文本的时间长短进行设置,如下图所示。

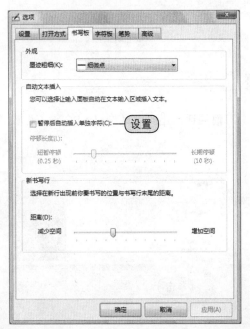

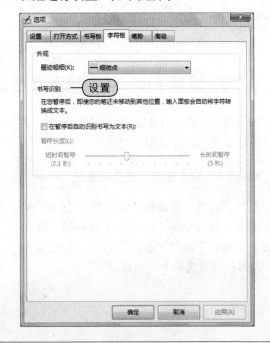

为什么无法将多种操作分配给某个 Tablet 按钮?

**06** 设置"笔势"选项。切换至"笔势"选项卡下，用户可以对输入文本时在 Tablet PC 输入面板中的笔势进行设置，如右图所示。

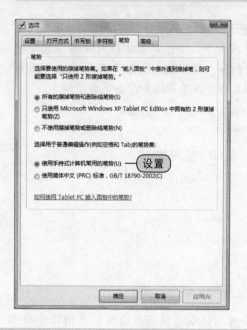

## Tablet PC 设置和笔的设置

**01** 打开"Tablet PC 设置"对话框。首先打开"控制面板"窗口，然后双击"Tablet PC 设置"图标，如右图所示，即可打开"Tablet PC 设置"对话框。

**02** 设置"左右手使用习惯"选项。在弹出的"Tablet PC 设置"对话框中切换至"常规"选项卡下，即可设置左右手的使用习惯，如下图所示。

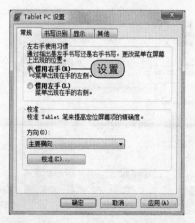

**03** 设置"显示"选项。切换至"显示"选项卡下，用户即可对 Tablet PC 的屏幕方向进行设置，如下图所示。

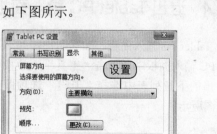

有时只能向某些 Tablet 按钮分配一种操作。

# Windows Vista
## 操作系统丛入门到精通

06
Chapter

1
section

2
section

3
section

**04** 打开"笔和输入设备"对话框。切换至"其他"选项卡下，单击"笔和输入设备"选项组中的"转到'笔和输入设备'"选项，如下图所示，即可打开"笔和输入设备"对话框。

**05** 设置笔选项。在弹出的"笔和输入设备"对话框中，切换至"笔选项"选项卡下，用户即可对"笔操作"和"笔按钮"进行设置，如下图所示。

**06** 设置指针动态反馈。切换至"指针选项"选项卡下，用户即可在"动态反馈"选项组中，对指针动态反馈进行设置，如下图所示。

**07** 对笔的敏感度进行设置。切换至"笔势"选项卡下，用户即可在"敏感度"选项组中对笔的敏感度进行设置，如下图所示，设置完毕后，单击"确定"按钮。

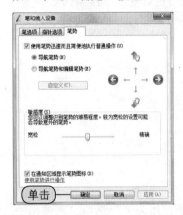

## 6.1.4 退出 Tablet PC 输入面板

退出 Tablet PC 输入面板。如果用户需要退出 Tablet PC 输入面板，则单击"工具"下拉按钮，在弹出的下拉列表中选择"退出"选项即可，如右图所示。

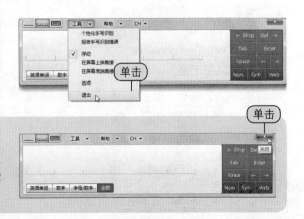

> **操作点拨**
>
> 用户单击 Tablet PC 输入面板右上角的"关闭"按钮，如右图所示，是不能退出 Tablet PC 输入面板的。单击"关闭"按钮后，系统将隐藏 Tablet PC 输入面板。

Tablet PC 输入面板中"工具"下拉列表中的"个性化手写识别"选项不可用，怎么办？

## BASIC

## 6.2　Windows 日记本

Windows Vista 系统还专门为喜爱写日记的用户提供了 Windows 日记本功能，用户可以通过上一节讲解的 Tablet PC 输入面板来制作个性化的日记，接下来就详细地介绍 Windows 日记本的使用方法。

### 6.2.1　写日记

以前用户使用电脑写日记的时候，都是利用键盘才能输入文本的，在 Windows Vista 操作系统中，用户可以利用写字板和手写板来完成日记的录入，具体的操作方法如下。

01　打开"Windows 日记本"窗口。单击桌面上的"开始 > 所有程序 > 附件 > Tablet PC > Windows 日记本"命令，如下图所示，即可打开"Windows 日记本"窗口。

02　写日记。在打开的"Windows 日记本"窗口中，用户可以像在 Tablet PC 输入面板中一样输入所需文本，输入文本后的效果如下图所示。

03　打开"笔和荧光笔设置"对话框。单击笔形按钮右侧的下三角按钮，在弹出的下拉列表中选择"笔设置"选项，如下图所示，即可打开"笔和荧光笔设置"对话框。

04　对笔颜色和样式进行设置。在弹出的"笔和荧光笔设置"对话框中，切换至"笔设置"选项卡下，在"当前笔"列表框中选择笔的墨迹粗细，然后在"颜色"下拉列表中选择一种颜色作为笔的墨迹颜色，如下图所示，设置完毕后，单击"确定"按钮即可。

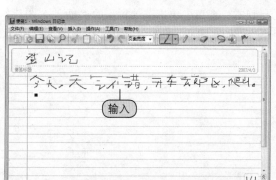

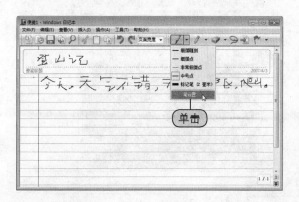

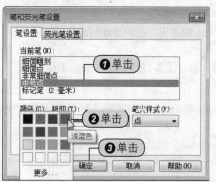

答　首先应确保 Tablet PC 输入面板使用的语言可用于个性化手写识别工具。

**05** 使用设置后的笔输入文本。返回到"Windows 日记本"窗口中，用户继续输入文本后，则会发现输入文本的墨迹粗细和颜色已经进行了更改，输入后的效果如右图所示。

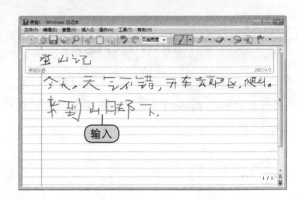

## 6.2.2 在日记本中插入图片和图标

用户在写日记的时候，还可以插入漂亮的图片来美化日记，或者是插入图标来强调日记中的特殊段落，在日记本中插入图片和图标的具体操作方法如下。

**01** 打开"插入图片"对话框。在"Windows 日记本"窗口中单击菜单栏上的"插入 > 图片"命令，如右图所示，即可打开"插入图片"对话框。

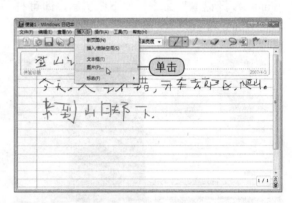

**02** 选项目标图片。在弹出的"插入图片"对话框中的"查找范围"下拉列表中选择目标图片的路径，然后选中目标图片，设置完毕后，单击"插入"按钮即可，如下图所示。

**03** 设置插入的图片的大小。日记本中则插入了图片，单击插入的图片，在图片的边框上会出现 8 个方形的控点，将鼠标指针移动到左上角的控点处，当鼠标指针呈双箭头形状时，按住鼠标左键不放，并向右下角拖动，如下图所示，当鼠标指针移动到目标位置后，释放鼠标即可。

为什么无法更改"Tablet PC 设置"对话框中"书写识别"选项卡上的设置？

04 移动图片。单击"选择工具"按钮，然后单击图片，将鼠标光标移动到图片中，当指针变为✥时，按住鼠标左键不放并拖动图片，如下图所示，即可在日记本中设置图片的位置。

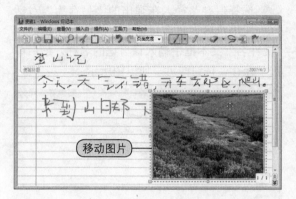

06 设置标志的位置。用户可以按照步骤4介绍的方法来设置标志的位置，在此不再赘述，移动标志到目标位置，如下图所示。

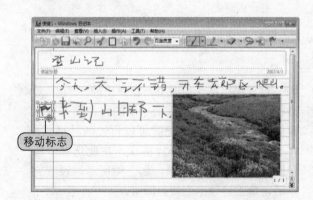

08 擦除文本。选择橡皮擦后，将鼠标指针移动到需要擦除的文本处，单击鼠标即可擦除错误的文本或者不满意的文本，擦除文本后的效果如右图所示。

▶ 操作点拨

如果用户在写日记时写错了文本或者对书写的文本效果不满意，还可以单击工具栏上的"撤销"按钮来撤销刚刚书写的文本。

05 插入标志。如果用户需要在日记中插入一些符号来强调此处的内容，可通过插入标志的方法来实现，单击菜单栏上的"插入 > 标志 > 红"命令，如下图所示，即可在日记中插入一个红颜色的标志。

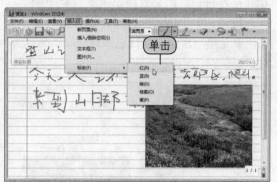

07 选择橡皮擦。如果用户需要删除错误的文本或不满意的文本，那么可以使用橡皮擦功能擦除这些文本，单击工具栏中的"橡皮擦"按钮右侧的下三角按钮，在弹出的下拉列表中选择橡皮擦的大小，如下图所示。

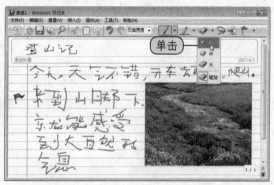

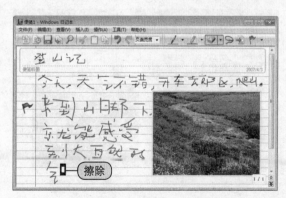

06
Chapter

## 6.2.3 保存日记

用户编辑完日记后，接下来就要将写好的日记保存到磁盘中，以便日后阅览，保存日记的具体操作方法如下。

**01** 保存日记。用户直接单击工具栏上的"保存"按钮，如下图所示，即可保存该日记，如果用户是第一次保存该日记,则会弹出"另存为"对话框。

**02** 选择保存路径。在弹出的"另存为"对话框中，用户可设置该日记保存的路径，然后在"文件名"文本框中输入该日记的名称，最后单击"保存"按钮即可，如下图所示。

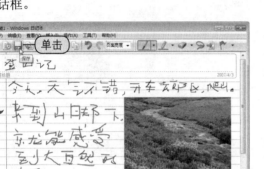
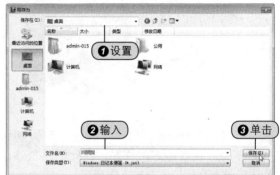

## 6.2.4 导出文件

用户编辑完日记后，也可以将文件导出为 Web 存档格式或者 .tif 图片格式，导出文件的具体操作方法讲解如下。

**01** 打开"导出"对话框。单击菜单栏上的"文件 > 导出为"命令，如下图所示，即可打开"导出"对话框。

**02** 设置保存路径和类型。在弹出的"导出"对话框中，用户可设置日记导出的路径和文件保存的格式。在导出日记时可以设置两种格式：Web 存档格式和 .tif 图片格式，在此选择"标记图像文件格式"选项，如下图所示，设置完毕后，单击"导出"按钮即可。

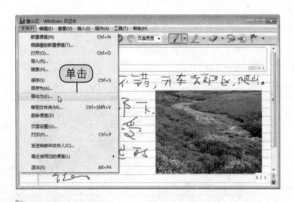

> **操作点拨**
>
> 如果用户保存为图像文件格式，那么保存的图片的效果是为黑白的。

为什么手写识别器没有学习用户输入的词汇或书写方式?

## 6.2.5 导入文件

如果用户需要继续编辑保存为 .tif 格式的图片日记，只需将图片导入到日历中即可，导入文件的具体操作方法如下。

**01** 打开"导入"对话框。首先打开"Windows 日记本"窗口，然后单击菜单栏上的"文件 > 导入"命令，如下图所示，即可打开"导入"对话框。

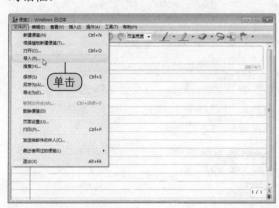

**02** 导入文件。在弹出的"导入"对话框中，选择需要导入的文件，例如：选中在上一节中保存的图片文件，如下图所示，选择完毕后，单击"导入"按钮。

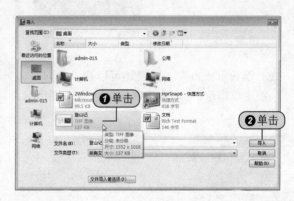

**03** 显示导入的文件的效果。经过前面的操作后，则将前面保存的 .tif 格式的图片导入到日记本中，效果如右图所示。

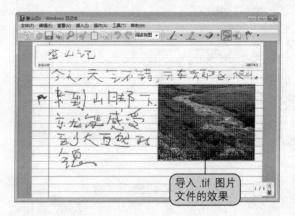

导入 .tif 图片文件的效果

## 6.2.6 页面设置

用户在写日记的时候，如果对日记默认的页面设置不满意，还可以对页面进行设置，设置日记本页面的具体步骤如下。

**01** 打开"页面设置"对话框。单击菜单栏上的"文件 > 页面设置"命令，如下图所示，即可打开"页面设置"对话框。

**02** 设置纸张大小。在弹出的"页面设置"对话框中切换至"纸张"选项卡下，单击"纸张"下拉按钮，在弹出的下拉列表中设置纸张的大小，例如选择 A4 纸，如下图所示。

如果 Windows 搜索索引有问题，则会影响自动学习功能，手写个性化也并非对所有语言均可用。

**Windows Vista**
操作系统从入门到精通

06
Chapter

1
section

2
section

3
section

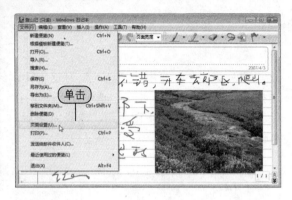

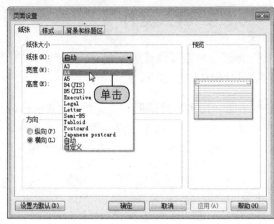

**03** 设置纸张方向。用户还可以在"方向"选项组中单击选中"纵向"单选按钮,如下图所示。

**04** 设置纸张样式。切换至"样式"选项卡下,用户即可对线条的颜色、间距、粗细等选项进行设置,如下图所示。

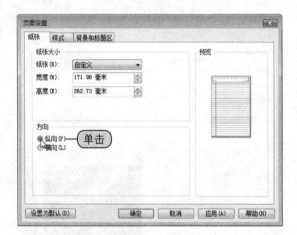

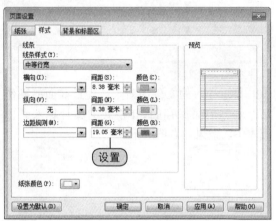

**05** 设置背景样式。切换至"背景和标题区"选项卡下,单击"背景"选项组中的"浏览"按钮,如下图所示,即可打开"打开"对话框。

**06** 选择目标图片。弹出"打开"对话框,在"查找范围"下拉列表中选择目标图片的路径,并选择目标图片,设置完毕后,单击"打开"按钮即可,如下图所示。

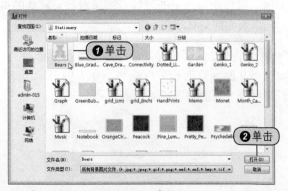

在粘滞便笺中,转到上一个便笺的快捷键是什么?

**07** 设置背景图片的位置。返回"页面设置"对话框，单击"位置"下拉按钮，在弹出的下拉列表中选择"平铺"选项，如下图所示，设置完毕后，单击"确定"按钮即可。

**08** 显示设置页面背景后的效果。这样，用户则对日记本的方向、背景和纸张大小等进行了设置，设置后的效果如下图所示。

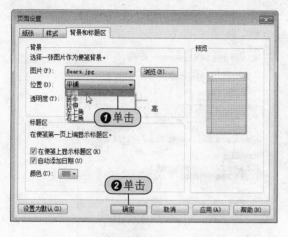

## 6.2.7　打印日记

如果用户喜欢查看纸稿形式的日记，那么用户可以将写入到日记本中的日记打印出来，打印日记的具体操作步骤如下。

**01** 打开"打印"对话框。单击菜单栏上的"文件 > 打印"命令，如下图所示，即可打开"打印"对话框。

**02** 设置打印选项。在弹出的"打印"对话框中，切换至"常规"选项卡下，用户即可选择打印机并设置打印份数，设置完毕后，单击"打印"按钮即可，如下图所示。

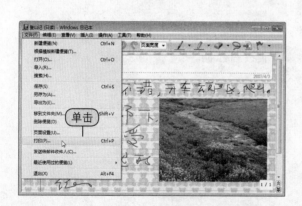

## 6.2.8　设置日记本选项

如果用户对日记本的默认设置不满意或者不习惯，还可以对日记本的选项进行设置，以满足用户的需求，具体的操作步骤如下。

**Windows Vista**
操作系统从入门到精通

06
Chapter

1
section

2
section

3
section

**01** 打开"选项"对话框。单击菜单栏上的"工具 > 选项"命令，如下图所示，即可打开"选项"对话框。

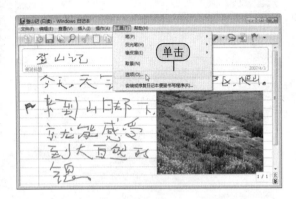

**02** 设置便笺格式。在弹出的"选项"对话框中，切换至"便笺格式"选项卡下，用户即可设置日记本的"信纸"格式、"字体"样式和一些辅助功能的设置，如下图所示。

**03** 设置"查看"选项。切换至"查看"选项卡下，用户可以对日记本的"查看"方式"便笺列表"和插入选项进行设置，如下图所示。

**04** 设置其他选项。切换至"其他"选项卡下，用户可以对日记本的"自动保存"功能、"手写识别"和"笔势"选项进行设置，如下图所示。

## 6.3 粘滞便笺

用户常常为了提醒自己要完成一些事务，而将注意事项写在一张小便笺上，贴于电脑的显示器边上。Windows Vista 系统就为用户提供了粘滞便笺功能，粘滞便笺就类似于办公中常使用的小便笺。

### 6.3.1 创建粘滞便笺

粘滞便笺的使用方法很简单，下面就向用户详细地介绍创建粘滞便笺的具体操作方法。

在粘滞便笺中，转到下一个便笺的快捷键是什么？

**01** 打开"粘滞便笺"窗口。单击桌面上的"开始 > 所有程序 > 附件 >Tablet PC > 粘滞便笺"命令，如下图所示，即可打开"粘滞便笺"窗口。

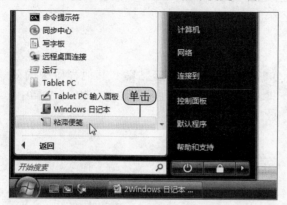

**02** 显示打开的"粘滞便笺"窗口。这样，用户则打开了"粘滞便笺"窗口，如下图所示。

**03** 在便笺中输入内容。与在 Tablet PC 输入面板中输入文本的方法一样，用户可以在粘滞便笺中输入一些简短的内容，如下图所示。

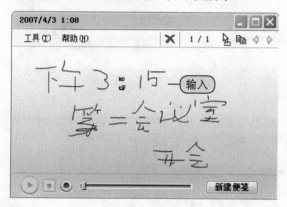

**04** 新建便笺。如果用户需要再插入一个粘滞便笺，则可以单击"新建便笺"按钮，如下图所示。

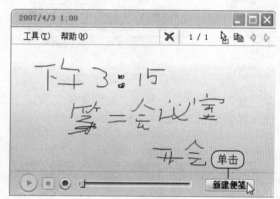

**05** 输入内容。用户可以按照前面介绍的方法，在新建的便笺中输入内容，如下图所示。

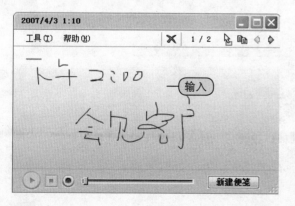

**06** 查看便笺。如果用户需要查看便笺，则单击"粘滞便笺"窗口中的"上一个便笺"或"下一个便笺"按钮，如下图所示。

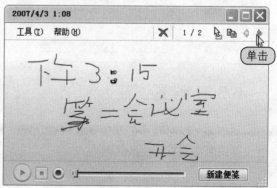

是快捷键 Alt＋键盘上的向右方向键→。

## 6.3.2 粘滞便笺与其他程序交互使用

粘滞便笺还可以与其他程序交互使用，以便于提醒用户，下面以粘滞便笺与 Word 2007 交互使用为例，介绍其使用的方法。

### 方法一

**01** 拖动便笺。首先打开 Word 2007 文档，然后单击"粘滞便笺"窗口中的"拖放"按钮，并按住鼠标左键不放，将其拖动至 Word 文档中，如下图所示。

**02** 显示将粘滞便笺粘贴到其他程序中的效果。用户则将粘滞便笺粘贴到了 Word 文档中，效果如下图所示。

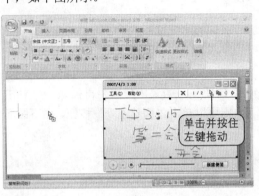

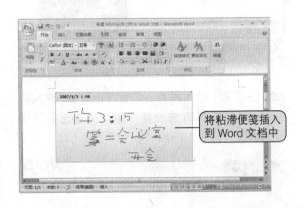

### 方法二

**01** 复制粘滞便笺。单击"粘滞便笺"窗口中的"复制"按钮，如下图所示。

**02** 显示粘贴粘滞便笺后的效果。然后切换至 Word 文档中，按下键盘上的 Ctrl+V 组合键，将粘滞便笺粘贴到 Word 文档中，如下图所示。

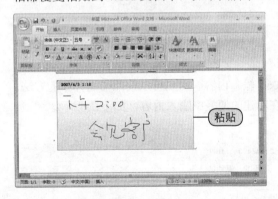

## 6.3.3 设置便笺

用户还可以对粘滞便笺的格式进行设置，例如：设置启动计算机时自动打开粘滞便笺，还可以设置粘滞便笺显示在最前面。

### 设置启动时打开

如果用户需要在开机后自动显示粘滞便笺，以提醒自己，那么用户可以进行如下的设置。

在粘滞便笺中，在标题栏上打开粘滞便笺快捷菜单的快捷键是什么？

单击菜单栏上的"工具 > 选项 > 启动时打开"命令，如右图所示，这样以来，用户在重新启动计算机后将会自动启动"粘滞便笺"程序。

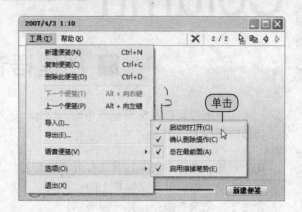

### 设置粘滞便笺显示在最前面

如果用户需要将粘滞便笺显示在任意程序的最前面，可以进行如下操作。

单击菜单栏上的"工具 > 选项 > 总在最前面"命令，如右图所示，这样以来，"粘滞便笺"窗口就会显示在最前面，不会被其他程序的窗口挡住。

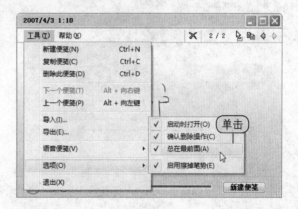

## 6.3.4　退出粘滞便笺

如果用户需要退出粘滞便笺，那么可以采用以下两种方法中的任意一种来退出粘滞便笺，具体的操作如下。

### 方法一

单击菜单栏上的"工具 > 退出"命令，如下图所示，即可关闭"粘滞便笺"窗口，并退出"粘滞便笺"程序。

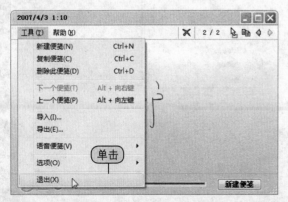

### 方法二

单击"粘滞便笺"窗口右上角的"关闭"按钮，如下图所示，同样可以退出"粘滞便笺"程序。

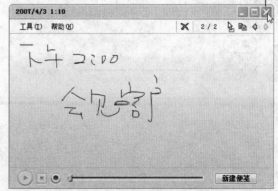

按下快捷键 Alt＋空格键即可快速打开快捷菜单。

# Column

## ■ 创建语音便笺 ■

　　用户不仅可以在粘滞便笺中输入文本，还可以在粘滞便笺中插入声音，创建语音便笺，具体的操作方法如下。

**01** 开始录制语音便笺。首先打开"粘滞便笺"窗口，然后单击菜单栏上的"工具 > 语音便笺 > 记录"命令，如下图所示。

**02** 输入声音。然后用户将需要记录的事件用语音的方式输入到"粘滞便笺"程序中，如下图所示。

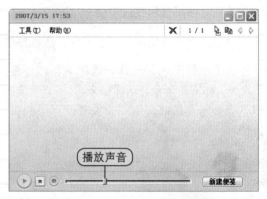

### ▶ 操作点拨

用户还可以直接单击"粘滞便笺"窗口中的"录音"按钮来开启录音功能。

**03** 播放记录的声音。单击"粘滞便笺"窗口中的"播放"按钮，如下图所示，"粘滞便笺"窗口即可播放记录的声音便笺。

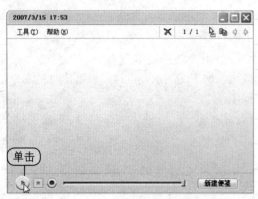

### ▶ 操作点拨

如果用户需要删除不需要的便笺，则切换至目标便笺下，然后单击菜单栏上的"工具 > 删除此便笺"命令，如下图所示。

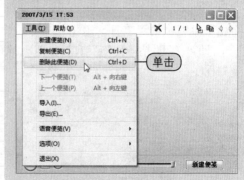

本章建议学习时间：90分钟

建议分配60分钟了解写字板、画图的操作界面，并掌握写字板、画图的使用方法，再分配30分钟进行练习。

Chapter

# 07

# Windows 附件的使用

## 学完本章后您可以：

- 掌握写字板的使用
- 了解"画图"程序
- 熟悉计算器的使用
- 学会使用放大镜和屏幕键盘

在写字板中编辑文本

使用放大镜

本章多媒体光盘视频链接 ▲

在 Windows Vista 系统中自带了很多附加的小程序，例如：写字板、画图工具、计算器、放大镜和屏幕键盘等，这些附带的小程序免去了用户安装第三方插件的过程，给用户的工作带来更多的便利，熟练地使用这些附件程序可以让用户感觉到 Windows Vista 的贴心之处。本章主要讲解了写字板的使用方法，"画图"程序的基本操作，计算器的基本操作方法以及如何使用放大镜和屏幕键盘。

**BASIC**

## 7.1 写字板

"写字板"是 Windows Vista 系统自带的一种简单且功能齐全的字处理应用程序。使用"写字板"可以写文章、建立备忘录、写信、写报告以及进行其他文字处理操作等。

### 7.1.1 认识写字板

写字板是 Windows 自带的一个输入文本的工具，其功能强大，方便易用，本节就针对写字板进行详细的介绍。

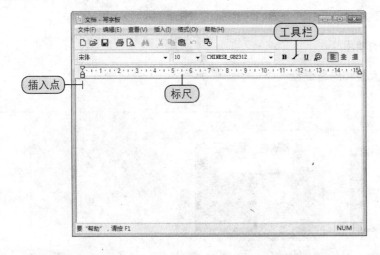

单击"开始 > 所有程序 > 附件 > 写字板"命令，弹出"写字板"窗口，窗口主要由以下几部分组成。

标题栏：显示出当前文件的名称。

菜单栏：位于标题栏下方，是"写字板"程序的命令菜单集合。

工具栏：位于菜单栏下面，工具栏中放置了一些常用命令的快捷按钮。如果看不到工具栏，可在菜单栏上单击"查看 > 工具栏"命令，使这个选项前带上复选标记"√"。

格式栏：位于工具栏下面，可设置字体大小、字符编码等。如果看不到标尺，可在菜单栏上单击"查看 > 格式栏"命令，使这个选项前带上复选标记"√"。

标尺：位于格式栏的下面。标尺表明了当前页面设置的尺寸，还可用于设置段落的缩进量。如果看不到标尺，可在菜单栏上单击"查看 > 标尺"命令，使这个选项前带上复选标记"√"。

文件编辑区：在此编辑文件内容。

状态栏：位于写字板窗口底部。当鼠标指针指向某个菜单命令、工具按钮或格式栏上的按钮时，状态栏中将显示出关于所指对象的功能说明。

插入点：在"写字板"窗口空白工作区内有一个不停闪烁的短竖线，叫做"插入点"，用户都会从插入点开始输入文本。

## 7.1.2 输入文本

在前面的小节中，我们向用户详细介绍了写字板的功能和操作界面，接下来就向用户介绍如何在写字板中输入文本。

**01** 打开"写字板"窗口。单击"开始 > 所有程序 > 附件 > 写字板"命令，如下图所示，打开一个空白的写字板文本窗口。

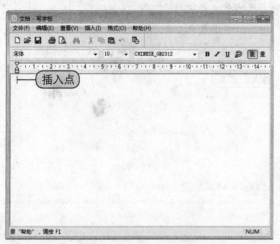

**02** 选择一种汉字输入法，进行汉字的输入。输入的每个字符都显示在插入点处，而插入点自动向后移动，如下图所示。

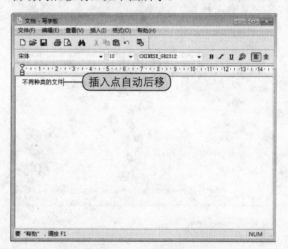

**03** 自动换行。如果输入的字符已经到了行末，用户不用考虑按回车键或进行其他操作，由于"写字板"有自动换行的功能，插入点会自动移到下一行的开头，如下图所示。

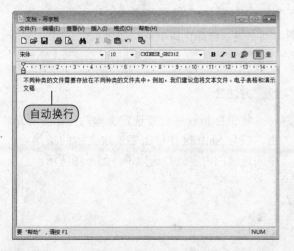

**04** 开始新的段落。如果用户已经输入完一段文字，按回车键就可将插入点移到下一行的开头处，如下图所示。

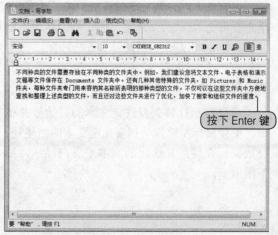

写字板是一个可用来创建和编辑文档的文本编辑程序。写字板文档可以包括复杂的格式和图形。

### 7.1.3 编辑文本

当用户输入一段文本之后，可能会发现该文本有很多不如意的地方，需要进行修改和调整。"写字板"中提供了很多文本编辑的功能，例如剪切、复制、粘贴、删除、查找和替换、撤销等功能，利用这些功能，用户可以很方便地对文本进行编辑，从而避免了很多重复性的工作。

● 插入文本

下面以在文本的开始处插入一段文字为例来说明插入文本的使用，具体操作步骤如下。

**01** 将插入点移至开始处。将鼠标指针移到文本的开始处并单击，如下图所示，可将插入点移动到文本的开始处。

**02** 输入文本内容。从插入点开始处输入需插入的文本内容，如下图所示。

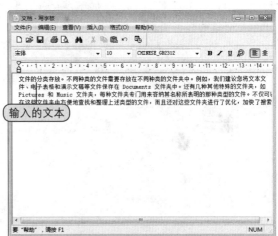

🖰 操作点拨

除了使用鼠标定位插入点外，还可以使用方向键"↑""↓""→""←"、Home、End、PageUp、PageDown 和 Ctrl 等键定位插入点。

● 选定文本

编辑文本时，用户有时需要对文本中的一个或多个字符、一行或多行文本进行操作，这就必须先要将文本选定。"选定"操作是为移动、复制、删除等其他操作做准备的操作。

（1）选定连续的文本

📌 **方法一**

将鼠标指针移到要选定文本的开始处并单击，按住鼠标左键拖动到要选定文本的结尾处，释放鼠标左键后，选定的文本呈反白显示，如下图所示。

📌 **方法二**

将鼠标指针移到要选定文本的开始处并单击，按住 Shift 键并单击要选定文本的结尾处，中间连续的内容就被选定了，如下图所示。

❓问　如何打印写字板文档？

07
Chapter

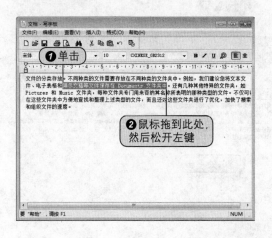

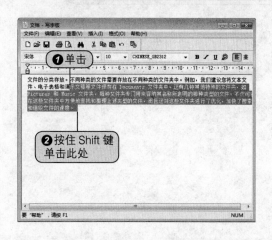

（2）选定一行文本

将鼠标指针移到该行的左侧，当鼠标指针变成右向箭头时单击，即可选定该行文本，如下图所示。

（3）选定多行文本

将鼠标光标移到该段的左侧，当鼠标变成右向箭头时双击，即可选定该段文本，如下图所示。

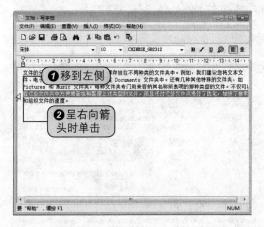

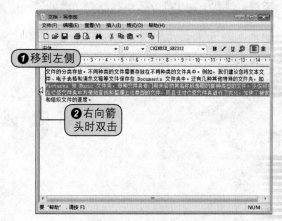

（4）选定整个文本

**方法一**

在菜单栏上单击"编辑 > 全选"命令，即可将整个文本选定，如下图所示。

**方法二**

用户还可以按下键盘上的 Ctrl+A 组合键，快速选中整个文本，如下图所示。

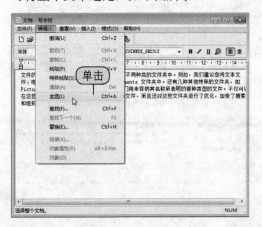

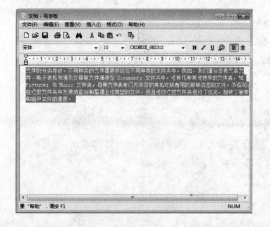

单击"文件 > 打印"命令，在"打印"对话框中选择所需的打印机和首选项，单击"打印"按钮。

# Windows Vista
## 操作系统从入门到精通

07
Chapter

1
section

2
section

3
section

4
section

（5）取消选定

如果用户想取消先前选定的内容，只需在空白处单击即可，如右图所示。

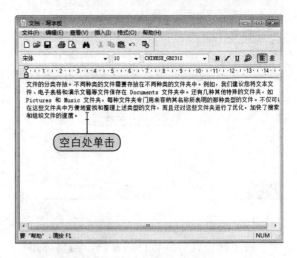

## 移动文本

用户可将某个选定的文本块移动到文本的其他位置，移动文本的具体操作步骤如下。

**01** 剪切选定文本。首先选定要移动的文本，在菜单栏上单击"编辑 > 剪切"命令，如右图所示，或者直接在工具栏上单击"剪切"按钮 💥。

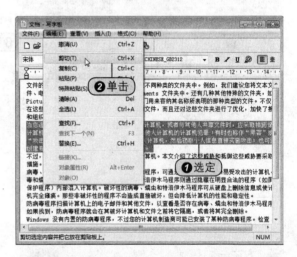

**02** 粘贴选定文件。将插入点移到要插入文本的位置处，在菜单栏上单击"编辑 > 粘贴"命令，或者在工具栏上单击"粘贴"按钮 🔳，也可以右击插入点处，在快捷菜单中单击"粘贴"命令，如右图所示，即可将文本移动到指定位置。

### 操作点拨

用户也可以使用快捷键 Ctrl+X 和 Ctrl+V 进行文本的移动。

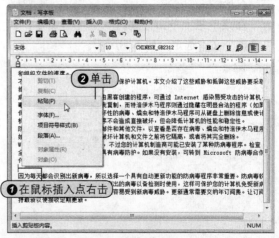

❓问 在打印之前，如何能够看到文档外观？

### 复制文本

**01** 复制选定文本。首先选定被复制的文本，在菜单栏上单击"编辑 > 复制"命令，如下图所示，或在工具栏上单击"复制"按钮。

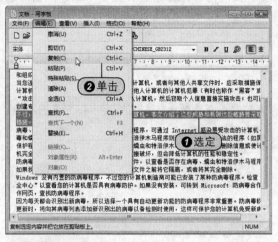

**02** 粘贴选定文本。将插入点移到要复制文本的位置，在菜单栏上单击"编辑 > 粘贴"命令，如下图所示，或在工具栏上单击"粘贴"按钮，即可将文本复制到指定位置。

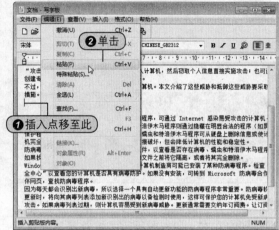

### 操作点拨

用户也可以使用快捷键 Ctrl+C 和 Ctrl+V 实现复制文本的操作。

### 删除文本

（1）删除单个字符

将插入点放置到要删除字符的右边或左边，也可以将该字符选定。如果插入点在要删除字符的右边则按 BackSpace 键，否则按 Delete 键，如下图所示，即可删除单个字符。

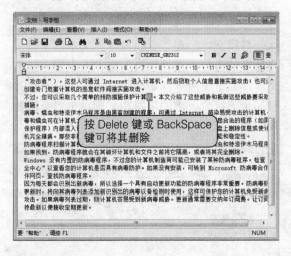

（2）删除连续的文本

先选定需删除的文本，按 Delete 键或 Back-Space 键删除选定的连续文本，如下图所示。

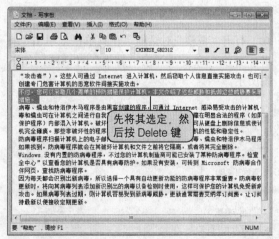

# Windows Vista
操作系统从入门到精通

07
Chapter

1
section

2
section

3
section

4
section

### 查找文本

当编辑的文档比较长时，人工查找某个字符或字符串就变得十分困难。用户利用写字板提供的"查找"功能可大大节省时间和精力。

**01** 打开"查找"对话框。在菜单栏上单击"编辑 > 查找"命令，弹出"查找"对话框，如下图所示。

**02** 查找内容。在"查找内容"文本框中输入要查找的内容。如果要查找整个词词，则勾选"全字匹配"复选框；如果查找的是英文单词，且要区分大小写，则勾选"区分大小写"复选框。单击"查找下一个"按钮开始查找，如下图所示。

**03** 显示查找的结果。在写字板中会反白显示查找到的文本，如右图所示，如果需要查找下一个匹配的文字，可单击"查找下一个"按钮继续查找。查找完毕后，单击"查找"对话框的"取消"按钮退出。

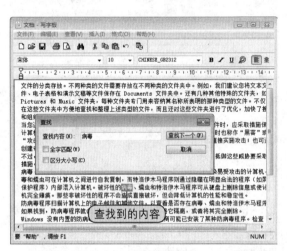

### 替换文本

**01** 打开"替换"对话框。在菜单栏上单击"编辑 > 替换"命令，弹出"替换"对话框，如下图所示。

**02** 替换文本。在"查找内容"文本框中输入要替换的内容，在"替换"文本框中输入新的文本，如下图所示，如果用户希望自动查找并替换全部符合要求的字符串，则单击"全部替换"按钮。

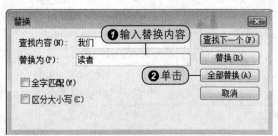

如何在文档中插入当前日期和时间？

**03** 完成搜索。弹出"写字板"对话框，提示
"写字板"已经完成搜索，单击"确定"按钮确
认即可，如右图所示。

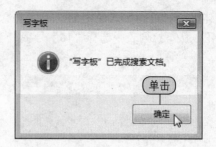

## 7.1.4 设置文本格式

和在 Microsoft Office Word 程序中一样，用户也可以对文档中的文本进行格式上的设置，具
体的操作步骤如下。

### 设置字符格式

用户在编辑文档时，可以先设置好字符格式，然后再输入文字，也可以在输入完文字后，对
选定的文字进行格式的设置。下面以设置标题的文字格式为例来学习设定文本格式的方法，要求
字体为华文琥珀，字号为 16，并且为加粗、斜体、加下划线的青色字。

**01** 选中目标文本。选定该文本的标题"文件
的分类存放"，如右图所示。

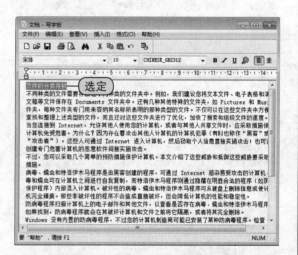

**02** 设置字体格式。单击格式栏中的"字体"下
拉按钮，从下拉列表中选择"华文琥珀"选项，
如右图所示。

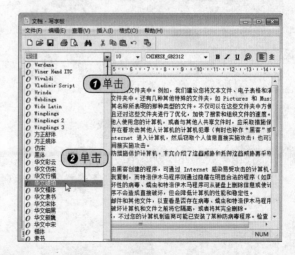

**Windows Vista**
操作系统从入门到精通

07
Chapter

1
section

2
section

3
section

4
section

03 设置字体大小。单击格式栏中的"字体大小"下拉按钮，从下拉列表中选择"16"号字，如下图所示。

04 设置字型。单击格式栏中的"粗体"、"斜体"和"下划线"按钮，可设置字体格式，如下图所示。

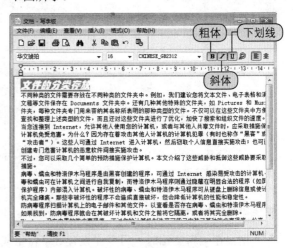

05 设置字体颜色。单击格式栏中的"颜色"按钮，在展开的面板中选择"青色"选项，如下图所示。

06 显示设置后的效果。单击窗口的空白处，取消文字的选中状态，可看到文字格式的设置结果，如下图所示。

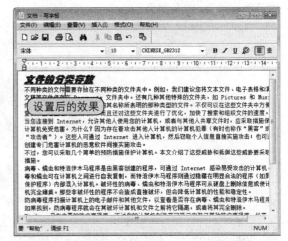

**操作点拨**

用户也可以通过"字体"对话框来设置字体格式，在菜单栏上单击"格式 > 字体"命令，即可打开"字体"对话框。

**设置段落格式**

段落格式允许控制整个段落内所有字符的格式以及段落在页面中的位置。下面以设置整个文本的段落格式为例来说明设置段落格式的具体步骤。

文档中的文本超出屏幕右边缘，在不滚动的情况下，如何能够看到所有文本？

（1）设置标题格式

**01** 打开"段落"对话框。将插入点置于标题栏中，然后在菜单栏上单击"格式＞段落"命令，如右图所示，即可弹出"段落"对话框。

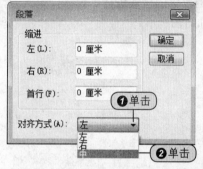

**02** 设置段落格式。单击"对齐方式"下拉按钮，在打开的下拉列表中选择"中"选项，如右图所示，然后单击"确定"按钮将该设置应用于标题。

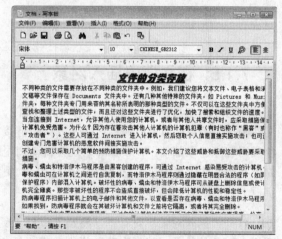

**03** 显示设置后的段落格式。经过前面的操作后，用户则设置了选中段落的格式，效果如右图所示。

（2）设置正文格式

用户在写文章正文时，通常每个段落的首行需要空两个字的空格，此种格式称为段落的首行缩进。"写字板"不仅可以设置首行缩进，还可以设置左右缩进。用户不仅可以利用"段落"对话框来设置段落格式，还可通过拖动标尺来设定选定段落的缩进距离。下面以标尺的使用为例来说明。

**01** 拖动左缩进游标。选定需要改变段落格式的文本内容，如下图所示，拖动左缩进游标到适当的位置后释放鼠标。

**02** 拖动首行缩进游标。拖动首行缩进游标到适当的距离，然后释放鼠标，如下图所示。

在菜单栏中单击"视图＞选项"命令，在"自动换行"下，单击所需的选项。

# Windows Vista
操作系统从入门到精通

07
Chapter

1 section

2 section

3 section

4 section

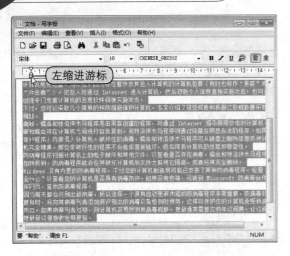

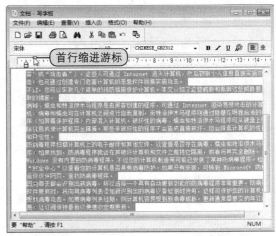

**03** 查看设置效果。运用同样的方法依次调整，用户则对文档段落的格式进行了设置，设置完毕后的效果如右图所示。

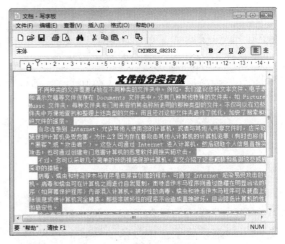

## 7.1.5 在文档中插入对象

在写字板中可插入很多信息，如图像文件、MIDI 序列对象包和 QuickTime 电影等。在打开文件中插入信息的方式有两种：嵌入方式和链接方式。采用嵌入方式，可以在一个文件中使用多种应用程序建立部件，Windows 系统会自动调用这些应用程序来编辑这些部件。而链接方式是指如果在源文件中更改了信息，新的文件会自动更新。用户可按照以下步骤把对象嵌入或链接到写字板上。

**01** 打开"插入对象"对话框。将插入点置于要插入对象的位置，然后在菜单栏上单击"插入＞对象"命令，如下图所示，即可打开"插入对象"对话框。

**02** 选择插入的对象。弹出"插入对象"对话框，若要建立对象，则选中"新建"单选按钮；如果插入的对象已经存在，则单击"由文件创建"单选按钮。这里选中的是"新建"单选按钮，然后从"对象类型"列表框中选择对象的类型，如下图所示，然后单击"确定"按钮。

在写字板内嵌入对象和链接对象之间的区别是什么？

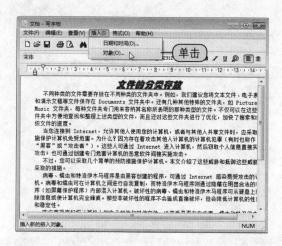

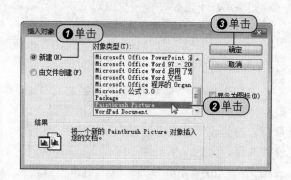

**03** 启动选择的应用程序。写字板即立刻启动该对象的应用程序，用户使用该应用程序创建对象，如右图所示，创建完成之后，在写字板的编辑区的空白处单击，即可返回到写字板中。

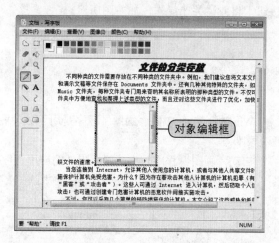

## 7.1.6　保存文档

用户正在编辑的文档内容实际上是存储在内存中的，但是系统一旦发生故障或断电就会丢失文档，因此，用户应该养成及时将文档保存到磁盘上的好习惯。保存文档的具体操作步骤如下。

**01** 打开"保存为"对话框。单击菜单栏上的"文件 > 另存为"命令，如下图所示，打开"保存为"对话框。

**02** 另存文件。在"文件名"文本框中输入文件名，在"保存类型"下拉列表中选择一种保存格式，然后单击"保存"按钮，如下图所示。

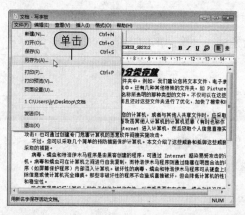

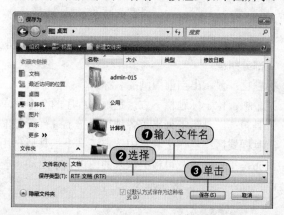

答　对嵌入到文档中的对象进行更改不会反映在原始对象中，而对链接对象进行的更改则会反映在原始对象中。

### 7.1.7 关闭文档

如果用户不需要在写字板中对文本进行编辑了，那么可以关闭并退出文档，具体的操作步骤如下。

单击"写字板"窗口右上角的"关闭"按钮 ⊠，或在菜单栏上单击"文件 > 退出"命令，即可关闭当前正在编辑的文档。

如果关闭文档前对打开的文档进行了修改，将弹出"写字板"提示框，提示是否要保存所做的修改。单击"保存"按钮将保存所做修改并保存文档；单击"不保存"按钮，将仅关闭文档，不保存所做的修改；单击"取消"按钮，将取消关闭操作，如右图所示。

## 7.2 画图

Windows Vista 中的"画图"程序是用于处理图形和图片的工具，利用它可以查看、创建和编辑图形文件等。

启动"画图"程序与启动其他附件的应用程序的方法一样，单击"开始 > 所有程序 > 附件 > 画图"命令，这时屏幕上会出现一个空白的"画图"窗口。

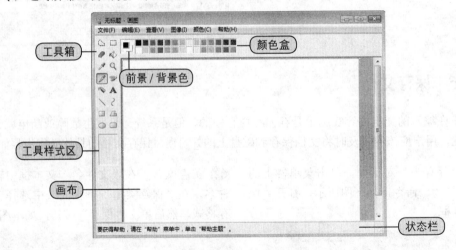

"画图"窗口以菜单和按钮的形式提供了功能强大的绘制和处理图形的功能。窗口主要由以下几部分组成。

标题栏：显示出当前图画的名称。

菜单栏：位于标题栏下方，是画图程序的命令菜单集合。

工具箱：工具箱中列出了各种在画布上进行绘画的工具。

工具样式区：当在工具箱中选定了某个工具后，用户还可以进一步选择该工具的不同样式。

画布：工作区域，可根据调入的图形大小自动调整。

颜色盒：列出了 28 种基本颜色。

问 Windows Vista 系统中的辅助工具管理器和辅助功能向导在哪里？

前景/背景色：定义图画的前景色和背景色。

状态栏：显示当前状态下工具按钮功能及光标在画布上的坐标。

## 调整画布大小

01 打开"属性"对话框。单击菜单栏上的"图像>属性"命令，如下图所示，即可打开"属性"对话框。

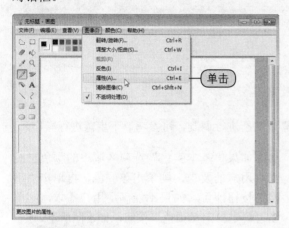

02 设置属性。在"宽度"和"高度"文本框中输入具体的数值，这些数值与"单位"中的选项是对应的，然后在"单位"选项组中选择度量单位，如下图所示，单击"确定"按钮。

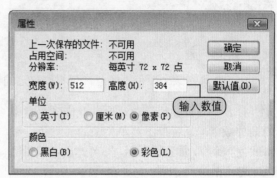

### 操作点拨

如果在"画图"窗口中可以看见整块画布，则可以看到画布边缘处有小的蓝色控点，使用鼠标拖动某个控点同样也可以调整画布的大小。

## 颜色操作

如果用户对当前的颜色不满意，可以很便捷地更改系统默认的前景色和背景色。在"前景/背景色"框中有两个重叠的方块，如右图所示，上面方块的颜色表示前景色，下面方块的颜色表示背景色。如果用户想要更改前景色和背景色，可参照以下方法进行。

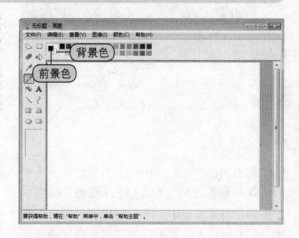

（1）更改前景色

单击工具箱中的"取色"按钮，用鼠标单击被取颜色的图形，可以将该对象的颜色复制到前景色，如下图所示。

（2）更改背景色

用鼠标右键单击"颜色盒"中的颜色，可以将该颜色复制到背景色，如下图所示。

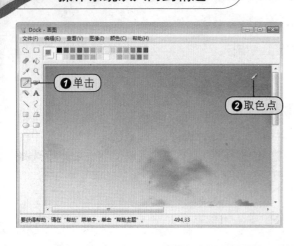

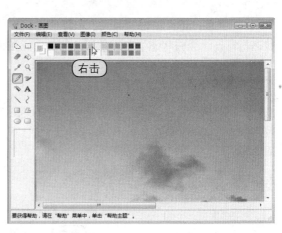

### 颜色的调制

用户如果对某个颜色不满意，可根据自己的喜好重新进行调制，可参考以下步骤进行操作。

**01** 打开"编辑颜色"对话框。双击颜色盒中的某种颜色，或者单击菜单栏上的"颜色 > 编辑颜色"命令，如下图所示，即可弹出"编辑颜色"对话框。

**02** 如果"基本颜色"选项区域中的颜色已经满足用户的要求，则单击该颜色，再单击"确定"按钮即可。如果不能满足用户需求，则单击"规定自定义颜色"按钮，如下图所示。

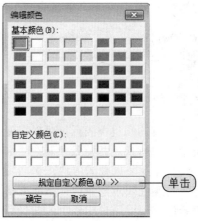

**03** 调整颜色。拖动调色板上的标志点和右侧的滑块可调整颜色，在"颜色|纯色"框中显示出调色结果，单击"添加到自定义颜色"按钮，如右图所示，则刚调整出的颜色便添加到了"自定义颜色"选项区域中，单击"确定"按钮即可关闭该对话框。

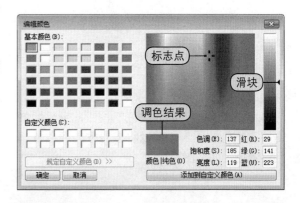

### 键入或编排文字

如果用户需要在图片中添加一些文字说明，那么用户可以进行如下的操作。

**01** 绘制文字框。单击"工具箱"中的"文本"按钮，在画布上按住鼠标左键拖动形成虚线围成的文本框，如下图所示。

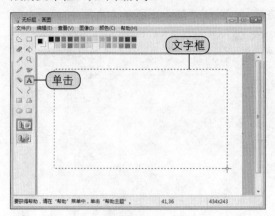

**02** 打开"字体"工具栏。在菜单栏上单击"查看 > 文本工具栏"命令，如下图所示，即可打开"字体"工具栏。

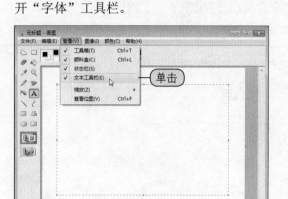

**03** 设置字体格式。在弹出的"字体"工具栏中，可以设置字体格式，如下图所示。

**04** 输入文本。将插入点置于文本框内部，然后输入文字，如下图所示。

**05** 设置文本框大小。拖动文字框的控点改变文字框的大小，如下图所示。

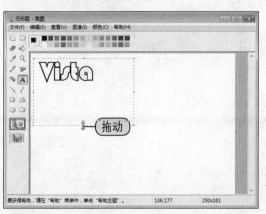

**06** 设置字体颜色。单击颜色盒中的颜色即可设置文本颜色，如下图所示。

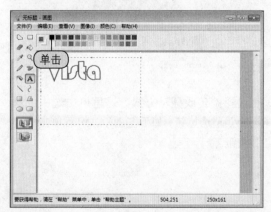

 按住 Shift 键 8 秒钟即可启用筛选键。

● 擦除操作

在绘制图画时，如果有不满意的地方，可以用"画图"程序中的擦除功能将图画中不需要的地方擦除掉。

**01** 选择橡皮擦工具。单击工具箱中的"橡皮／彩色橡皮擦"按钮，如下图所示。

**02** 选择橡皮大小。在工具样式区中选择橡皮的大小，按住鼠标左键拖动，则橡皮经过的地方均被擦除了，如下图所示。

● 图形的特殊处理

（1）翻转或旋转图形

**01** 选择目标区域。单击"选定"工具，选定要翻转或旋转的图形区域，如下图所示。

**02** 打开"翻转和旋转"对话框。单击菜单栏上的"图像＞翻转／旋转"命令，如下图所示，即可弹出"翻转和旋转"对话框。

**03** 选择旋转或翻转方式。这里单击选中"垂直翻转"单选按钮，如下图所示，然后单击"确定"按钮。

**04** 显示翻转图片后的效果。返回到"画图"程序窗口，可看到翻转后的效果，如下图所示。

在使用屏幕键盘时，启用高对比度的快捷键是什么？

07
Chapter

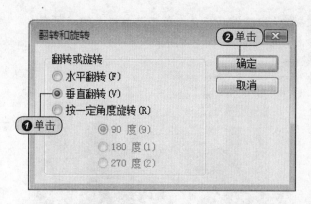

（2）拉伸或扭曲图形

**01** 选择目标区域。单击工具箱中的"选定"工具，选定要拉伸或扭曲的图形区域，如下图所示。

**02** 打开"调整大小和扭曲"对话框。单击菜单栏上的"图像 > 调整大小 / 扭曲"命令，如下图所示，可弹出"调整大小和扭曲"对话框。

**03** 设置相关参数。设置拉伸的百分比和扭曲度数等，这里在"扭曲"选项组的"水平"文本框中输入 45，如下图所示，设置完毕后，单击"确定"按钮。

**04** 显示设置后的效果。返回到"画图"程序窗口，可看到扭曲后的效果，如下图所示。

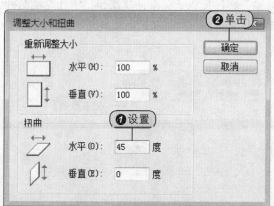

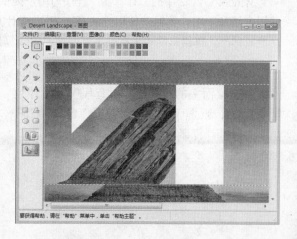

按左 Alt+ 左 Shift+Print Screen（或 Prtscrn）键。

（3）反色

**01** 选择目标区域。运用"选定"工具选定要
进行反色的图形区域，如下图所示。

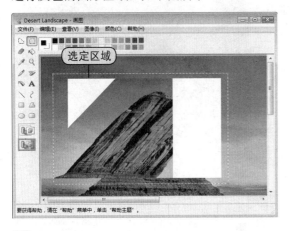

**02** 设置图片反色。单击菜单栏上的"图像 >
反色"命令，如下图所示。

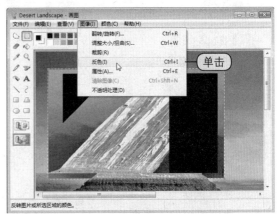

**03** 显示设置反色后的效果。返回"画图"程
序窗口中，可看到反色后的效果，如右图所示。

## 7.3 计算器

Windows Vista 中的"计算器"程序为用户提供了一个进行算术统计以及科学计算的工具。它的
使用方法和常用计算器的使用方法基本相同。"计算器"程序提供了标准计算器和科学计算器两种
功能。标准计算器只能用于标准运算，而科学计算器不仅有很强的计算功能，还具有统计功能等。

（1）标准计算器

单击桌面上的"开始 > 所有程序 > 附件 >
计算器"命令，即可打开"计算器"窗口，右图
所示为标准计算器界面。

在使用屏幕键盘时，启用鼠键的快捷方式是什么？

（2）科学计算器

**01** 单击相关命令。在标准计算器界面中，单击菜单栏上的"查看＞科学型"命令，如下图所示。

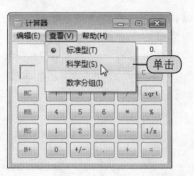

**02** 显示科学型计算器界面。即可将标准计算器切换到科学型计算器，如下图所示。

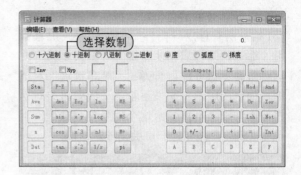

## 7.4　使用轻松访问

如果用户在生理上有某种障碍，如视力较差，则可以在轻松访问中通过设置相关选项来方便自己的操作。当然，普通用户也可以体验 Windows Vista 带来的便利。

### 7.4.1　放大镜

如果用户看不清楚某些图片中很小的字体，那么这时用户可以借助于放大镜来帮助查看。

**01** 启用放大镜程序。单击桌面上的"开始＞所有程序＞附件＞轻松访问＞放大镜"命令，即可启动放大镜程序。如果是第一次启动放大镜程序，会弹出"Microsoft 放大镜"对话框，如下图所示。如果用户不希望下次弹出该窗口，则勾选"不再显示这个消息"复选框，然后单击"确定"按钮，退出该对话框。

**02** 选择放大倍数。弹出"放大镜"对话框，用户可在此设置放大镜的有关选项，如放大倍数、外观设置等，如下图所示，设置完毕后单击"确定"按钮。

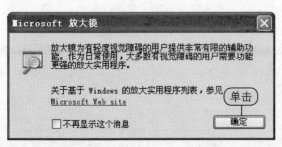

### 7.4.2 屏幕键盘

屏幕键盘用于在屏幕上显示虚拟键盘，方便行动有障碍的用户输入数据。同时，对于不会使用键盘的用户也比较有用处。下面介绍屏幕键盘的启动和设置。

**01** 打开"屏幕键盘"对话框。单击桌面上的"开始 > 所有程序 > 附件 > 轻松访问 > 屏幕键盘"命令，即可启动屏幕键盘。如果是第一次启动屏幕键盘程序，会弹出"屏幕键盘"对话框，如下图所示。如果不希望下次弹出该对话框，则勾选"不再显示这个消息"复选框，再单击"确定"按钮，即可关闭该对话框。

**02** 设置屏幕键盘选项。弹出"屏幕键盘"界面，用户可利用"设置"菜单来设置屏幕键盘选项，可更改的属性主要有"前端显示"、"使用单击声响"、"键入模式"和"字体"，如下图所示。

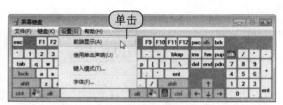

# ■ 将"运行"命令移动到开始菜单中 ■

很多用户都喜欢单击"开始"按钮后，在弹出的"开始"菜单中就直接能够单击"运行"命令，但是在 Windows Vista 系统中，"运行"命令是放在"附件"里面的，用户使用起来十分不方便，下面就向用户介绍将"运行"命令移动到开始菜单中的方法。

**01** 拖动"运行"命令。单击桌面上的"开始>所有程序>附件"命令，在展开的"附件"选项中，将光标移动至"运行"命令处，然后按住鼠标左键不放，如下图所示。

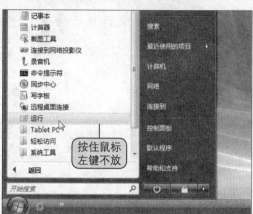

**02** 拖动至目标位置。然后拖动鼠标左键至"开始"按钮处，单击"开始"菜单显示出此命令后，可再拖动"运行"命令至目标位置，如下图所示。

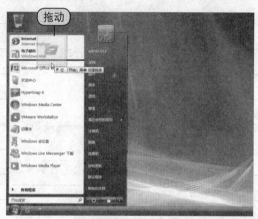

**03** 显示移动后的效果。释放鼠标后，用户就将"运行"命令移动到了"开始"菜单界面中了，如右图所示。

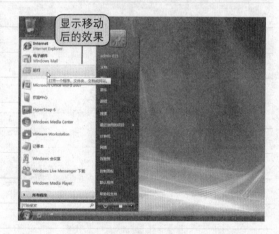

读书笔记

本章建议学习时间：120分钟

建议分配 90 分钟熟悉 Windows Media Player 11、Windows DVD Maker 、Windows Media Center 的使用方法,再分配30分钟进行练习。

Chapter

# 08

## 多媒体与游戏

**Windows Vista** 操作系统从入门到精通

### 学完本章后您可以：

- 学会使用 Windows Media Player 11
- 学会使用 Windows DVD Maker
- 了解 Windows Media Center
- 设置 Windows 照片库

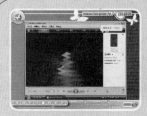

播放音乐

设置 Windows 照片库选项

本章多媒体光盘视频链接 ▲

Windows Vista

目前计算机已经不仅仅是人们工作的工具，更多地成为了一种休闲工具，所以 Windows 集成了大量的多媒体工具和游戏。安装了 Windows Vista 可以使用户的计算机成为一个多媒体中心，这与 Windows Vista 中自带的多媒体工具是分不开的，其中包括"使用 Windows Media Player 11"、"使用 Windows Media Center"和"使用 Windows DVD Maker"等，本章将详细介绍各种多媒体软件的使用方法。

BASIC

## 8.1 使用 Windows Media Player 11

Windows Media Player 是 Windows Vista 自带的一种功能强大的播放器，通过强大的扩展性以及在线升级的特性，能够播放很多种媒体文件，在此就以 Windows Media Player 11 为例，详细地对 Windows Media Player 的使用进行介绍。

### 8.1.1 安装并启动 Windows Media Player 11

用户要使用 Windows Media Player，则首先需要安装 Windows Media Player，在安装 Windows Media Player 时，用户可以选择"快速设置"安装和"自定义设置"安装，接下来就向用户介绍安装并启动 Windows Media Player 11 的方法。

● **快速设置** Windows Media Player 11

**01** 选择 Windows Media Player 11 初始设置。单击桌面上的"开始 > 所有程序 > Windows Media Player"命令，打开 Windows Media Player 11 窗口，单击选中"快速设置"单选按钮，如下图所示。

**02** 启动 Windows Media Player 播放器。设置完毕后，单击"完成"按钮，即可启动 Windows Media Player 播放器，如下图所示。

Windows Media Player 播放器

**?问** 用户无法听到计算机发出的声音，该如何处理？

## 自定义 Windows Media Player 11

**01** 选择 Windows Media Player 11 初始设置。打开 Windows Media Player 11 窗口，单击选中"自定义设置"单选按钮，如下图所示，设置完毕后，单击"下一步"按钮。

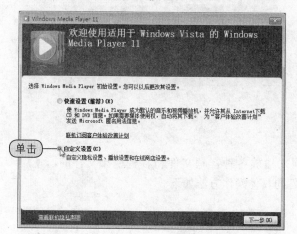

**02** 设置隐私选项。进入"选择隐私选项"界面后，切换至"隐私选项"选项卡下，用户即可对隐私选项进行设置，如下图所示，设置完毕后，单击"下一步"按钮。

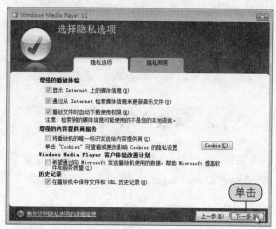

**03** 自定义安装选项。进入到"自定义安装选项"界面后，用户可以选择适当的选项来配置桌面，设置完毕后，单击"下一步"按钮。

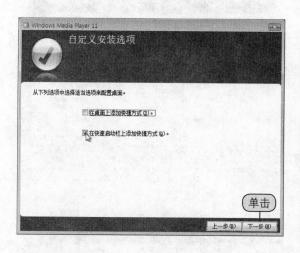

**04** 选择默认的音乐与视频播放机。进入到"选择默认的音乐与视频播放机"界面后，系统会询问用户如何使用 Windows Media Player 11，单击所需的单选按钮，如下图所示，设置完毕后，单击"完成"按钮即可。

**05** 设置文件关联。单击"完成"按钮后，则将打开"设置程序的关联"窗口，勾选"全选"复选框，如下图所示，设置完毕后，单击"保存"按钮。

**06** 启动 Windows Media Player 11 播放器。这样，用户就可以启动 Windows Media Player 11 播放器了，如下图所示。

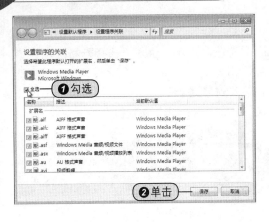

1
section

2
section

3
section

4
section

5
section

6
section

7
section

8
section

## 8.1.2 播放音乐

Windows Media Player 11 的主要功能就是用来播放各种音频文件和各种视频文件的，使用 Windows Media Player 11 播放音频文件和视频文件的具体操作方法如下。

### 方法一

**01** 打开"打开"对话框。打开 Windows Media Player 11 播放器后，单击菜单栏上的"文件 > 打开"命令，如下图所示，即可打开"打开"对话框。

### 操作点拨

如果没有看见菜单栏，则单击 Windows Media Player 播放器中的"布局'选项'"按钮，在弹出的列表中选择"显示经典菜单"选项，如下图所示。

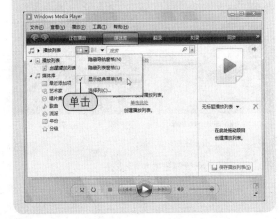

**02** 选择目标文件。在弹出的"打开"对话框中，用户可以选择目标文件夹，并选中需要播放的文件，然后单击"打开"按钮即可，如右图所示。

扬声器发出劈啪声或被扭曲的声音，是怎么回事？

**03** 显示播放进度。这样，用户便打开了选定的目标文件，并显示出该文件的播放进度，如右图所示。

### 方法二

**01** 打开媒体库。按照前面的方法，打开 Windows Media Player 播放器，并单击"媒体库"选项左侧的折叠按钮，如下图所示。

**02** 选择目标文件。展开媒体库各选项后，单击选择窗口左侧"媒体库"展开的选项，右击需要播放的音乐文件，在弹出的快捷菜单中单击"播放"命令即可，如下图所示。

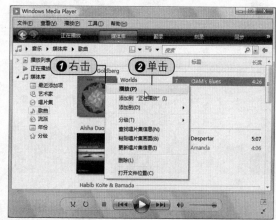

## 8.1.3 创建与管理媒体库

在 Windows Media Player 播放器中，自带了多个媒体库，媒体库主要用于将一些多媒体文件进行分类，用户还可以根据自己的情况创建新的媒体库以对自己的媒体文件进行分类，接下来就向用户介绍媒体库的创建与管理。

**01** 打开"媒体库"窗格。首先打开 Windows Mcdia Playcr 播放器，单击"媒体库"标签，在弹出的下拉列表中选择"创建播放列表"选项，如下图所示，即可打开"媒体库"窗格。

**02** 输入播放列表名称。播放器右侧则弹出了"媒体库"窗格，用户可在其文本框中输入创建媒体库的名称，如下图所示。

1
section

2
section

3
section

4
section

5
section

6
section

7
section

8
section

**03** 向媒体库中添加媒体文件。然后，用户可在左侧的媒体库中选中文件并拖动至新建的媒体库播放列表中，如下图所示。

**04** 删除媒体库中的文件。如果用户需要删除新建媒体库中的文件，则右击需要删除的文件，在弹出的快捷菜单中单击"从播放列表中删除"命令即可，如下图所示。

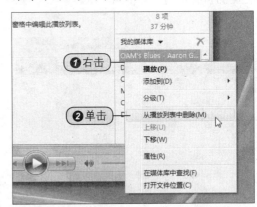

## 8.1.4 创建和编辑播放列表

用户可以自己创建并编辑播放列表来达到一次播放多个文件的目的，创建和编辑播放列表的方法如下所示。

**01** 将媒体文件加入播放列表。在 Windows Media Player 窗口的右侧可以看到正在播放的文件列表，将需要播放的文件直接拖进播放列表栏中，就可以将媒体文件加入播放列表，如右图所示。

问 如果 DV 摄像机不支持 DV In，会产生什么问题？

**02** 设置播放列表。可以单击播放列表中的"无标题播放列表"下拉按钮，在下拉列表中进行"清除列表"、"排序"等设置，还可以对播放列表进行编辑或者保存，如下图所示。

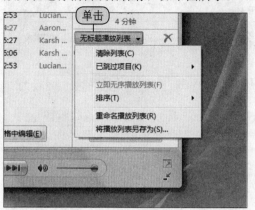

**03** 编辑播放列表。在媒体库里直接将文件拖入播放列表栏，同样可以实现播放列表的修改，如下图所示。

## 8.1.5　播放 Internet 上的流媒体文件

Windows Media Player 11 还具有播放网络上流式音频文件和视频文件的功能，播放 Internet 上的流媒体文件的方法如下。

在网页上找到可以在线播放的音频文件或视频文件，然后直接单击"试听"按钮即可使用 Windows Media Player 播放。用户可以在网上的各个音乐网站寻找可以在线播放的流式音频和视频文件进行尝试，如右图所示。

## 8.1.6　通过 Internet 收听广播

Windows Media Player 还有一个功能就是播放网络上各式各样的电台，通过 Internet 收听广播的具体操作步骤如下。

**01** 打开"打开 URL"对话框。首先打开 Windows Media Player 播放器，然后单击菜单栏上的"文件 > 打开 URL"命令，如下图所示。

**02** 输入 URL 路径。弹出"打开 URL"对话框，在"打开"文本框中输入需要打开媒体文件的 URL 或者路径，如下图所示，输入完毕后，单击"确定"按钮即可。

某些摄像机不支持 DV In，这意味着无法从计算机或其他设备将发布的电影发送到 DV 摄像机中。

1
section

2
section

3
section

4
section

5
section

6
section

7
section

8
section

### 8.1.7 更改播放器的外观

如果用户对 Windows Media Player 播放器的外观样式不满意，还可以对其进行更换，更换播放器外观的具体操作步骤如下。

**01** 查看外观选择器。单击菜单栏上的"查看 > 外观选择器"命令，如下图所示。

**02** 选择外观形式。在"外观选择器"窗口中，用户可以在外观选择栏中选择需要的外观，并且在右侧的外观预览区中预览其效果，如果对选择的外观满意，则单击"应用外观"按钮，如下图所示。也可以单击"更多外观"按钮，到网上下载更多的外观。

**03** 切换到完整模式。单击"应用外观"按钮后，Windows Media Player 的外观则会更改为选择的外观模式。如果用户对选择的外观不满意，可以在播放器上右击鼠标，在弹出的快捷菜单中单击"切换到完整模式"命令，还原成完整模式，如右图所示。

用户无法将电影发送到摄像机中，原因是什么？

## BASIC

# 8.2 Windows DVD Maker

用户可以使用 Windows DVD Maker 将音频和视频从数字摄像机捕捉到自己的计算机中，然后在电影中使用已捕捉的内容，还可以将现有的音频、视频或静态图片导入到 Windows DVD Maker 中，用于创建的电影。

在 Windows DVD Maker 中编辑音频和视频内容（其中可以包括添加的片头、视频过渡或效果）之后，就可以将最终电影保存，然后与用户的家人和朋友共享。

Windows DVD Maker 可以将制作的电影保存到计算机上，也可以保存到可写入的 CD 或者可重复读写的 CD 上，还可以通过电子邮件附件的形式发送电影或将其发送到 Web 上以便和其他人分享。

## 8.2.1 制作 DVD 影片

用户在制作 DVD 影片时，首先需要的是将要编辑的一段视频文件导入到 Windows DVD Maker 中，然后对其进行编辑等操作，制作 DVD 影片的具体操作步骤如下。

**01** 打开 Windows DVD Maker 窗口。单击桌面上的"开始 >Windows DVD Maker"命令，如下图所示。

**02** 打开"将项目添加到 DVD"对话框。在弹出的 Windows DVD Maker 窗口中，单击"添加项目"按钮，如下图所示，即可打开"将项目添加到 DVD"对话框。

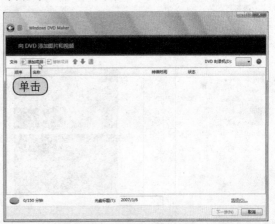

**03** 选择目标文件。在弹出的"将项目添加到 DVD"对话框中，单击选择目标文件，如右图所示，然后单击"添加"按钮即可。

答 DV 摄像机中可能没有磁带，应将可写入的 DV 磁带插入摄像机，然后再尝试将电影录制到磁带中。

**Windows Vista**
操作系统从入门到精通

08
Chapter ▶

1 section

2 section

3 section

4 section

5 section

6 section

7 section

8 section

**04** 显示添加的文件。这样，用户则将选择的文件添加到了 Windows DVD Maker 窗口中，如下图所示，设置完毕后，单击"下一步"按钮，如下图所示。

**05** 设置编辑文本。进入到"准备好刻录光盘"界面中，单击"编辑文本"按钮，如下图所示。

**06** 更改 DVD 菜单文本。进入"更改 DVD 菜单文本"界面后，用户可在"字体"下拉列表中设置字体格式，并对其他选项进行更改，如下图所示。

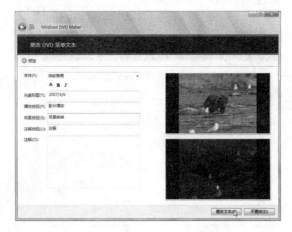

**07** 打开"自定义光盘菜单样式"界面。返回"准备好刻录光盘"界面，单击"自定义菜单"按钮，如下图所示，即可进入"自定义光盘菜单样式"界面。

**08** 自定义光盘菜单样式。用户可以在"自定义光盘菜单样式"界面中设置光盘菜单的样式，首先单击"字体"文本框下方的"字体颜色"按钮，如右图所示。

**09** 选择颜色。在弹出的"颜色"对话框中，可以选择一种颜色作为菜单中字体的颜色，设置完毕后，单击"确定"按钮即可，如下图所示。

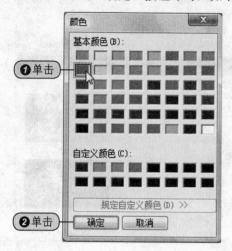

**10** 添加前景视频。返回"自定义光盘菜单样式"界面，单击"前景视频"文本框右侧的"浏览"按钮，如下图所示，即可打开"添加前景视频"对话框。

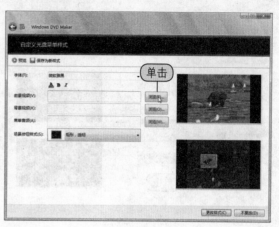

**11** 选择目标文件。在弹出的"添加前景视频"对话框中，可以选择一个视频作为前景视频，如下图所示，设置完毕后，单击"添加"按钮即可。

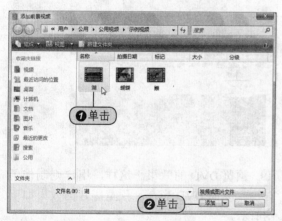

**12** 添加菜单音频。按照同样的方法，单击"菜单音频"右侧的"浏览"按钮，如下图所示，即可打开"将音频添加到菜单"对话框。

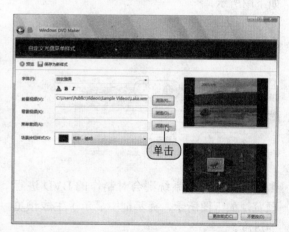

**13** 选择音频文件。在弹出的"将音频添加到菜单"对话框中，选择一个音频文件，如右图所示，设置完毕后，单击"添加"按钮。

因为摄像机在开始录制时磁带速度不够快而导致的，可在开头添加文本颜色和背景色相同的片头。

1 section

2 section

3 section

4 section

5 section

6 section

7 section

8 section

14 设置场景按钮样式。单击"场景按钮样式"下拉按钮，在弹出的下拉列表中选择一种按钮样式，并可以在右侧预览所选场景按钮的效果，如下图所示。

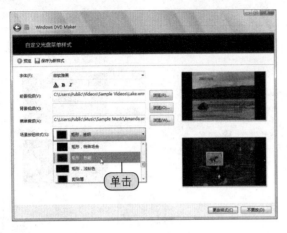

15 保存样式。设置完毕后，单击"保存为新样式"按钮，如下图所示，即可打开"保存为'新样式'"对话框。

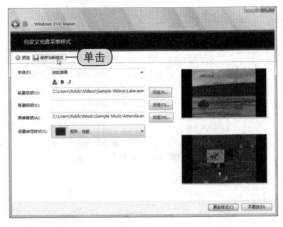

16 输入新样式名称。在弹出的"保存为'新样式'"对话框中，在"样式名称"文本框中输入样式的名称，设置完毕后，单击"确定"按钮，如下图所示。

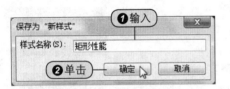

17 预览制作的 DVD 影片。返回到"准备好刻录光盘"界面，单击"预览"按钮，如下图所示。

18 生成预览。系统则会对制作的 DVD 进行预览，如下图所示，提示框中显示了生成预览的进度。

19 预览 DVD 的效果。这样，用户则制作了自己喜爱的 DVD 影片，预览影片的效果如下图所示。

用户如何获取将电影发布到 DVD 的权限？

**20** 刻录 DVD。如果用户需要将制作好的影片刻录成 DVD，则在"准备好刻录光盘"界面中单击"刻录"按钮即可，如右图所示。

**操作点拨**

用户在刻录 DVD 的时候，需要使用 DVD 刻录光驱。

**操作点拨**

如果用户单击"文件 > 另存为"命令，如右图所示，则可以将制作好的 DVD 文件另存在自定义的文件夹中。

## 8.2.2 设置幻灯片放映

制作了 DVD 影片之后，接下来就向用户介绍幻灯片的放映设置，具体的设置方法如下。

**01** 打开"更改幻灯片放映设置"界面。按照前面介绍的方法，进入"准备好刻录光盘"界面，单击"放映幻灯片"按钮，如下图所示，即可打开"更改幻灯片放映设置"界面。

**02** 幻灯片放映设置。进入"更改幻灯片放映设置"界面后，单击"添加音乐"按钮，如下图所示。

如果系统管理员启用了组策略阻止刻录 DVD 的设置，要查看和更改组策略，必须具有相应的管理员权限。

# Windows Vista
操作系统从入门到精通

08
Chapter

1
section

2
section

3
section

4
section

5
section

6
section

7
section

8
section

**03** 选择幻灯片播放时的音乐。在弹出的"将音乐添加到幻灯片放映"对话框中，选择目标音频文件，然后单击"添加"按钮，如下图所示。

**04** 设置音乐时间与幻灯片时间同步。返回"更改幻灯片放映设置"界面，勾选"更改幻灯片放映长度与音乐长度匹配"复选框，如下图所示。

## 8.2.3　设置 Windows DVD Maker 选项

用户在使用 Windows DVD Maker 制作影片的时候，还需要对视频的格式进行设置，例如：对 DVD 播放、DVD 的纵横比进行设置。

**01** 打开"DVD 选项"对话框。打开 Windows DVD Maker 对话框，单击"选项"选项，如下图所示，即可打开"DVD 选项"对话框。

**02** 设置 DVD 选项。在弹出的"DVD 选项"对话框中，用户即可设置 DVD 相关的选项，如下图所示，设置完毕后，单击"确定"按钮即可。

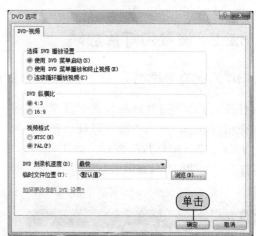

## BASIC

## 8.3　Windows Media Center

Windows Media Center 可以处理各种多媒体内容，可以观看电视或录制的电视，聆听数字音乐，查看图片和个人视频，玩游戏，刻录 CD 和 DVD，收听调频广播电台和 Internet 广播电台，或者访问联机服务内容，还可以使用 Windows Media Center 制作自己的音乐 CD。

## 8.3.1　安装 Windows Media Center

在使用 Windows Media Center 之前，用户需要对其进行安装，这样才能够使用，接下来首先介绍 Windows Media Center 的安装。

**01** 打开 Windows Media Center 窗口。单击桌面上的"开始 >Windows Media Center"命令，如下图所示，即可打开 Windows Media Center 窗口。

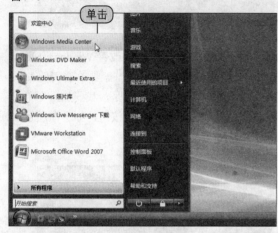

**02** 选择安装选项。在弹出的 Windows Media Center 窗口中，单击选中"自定义安装"单选按钮，如下图所示，然后单击"确定"按钮即可。

**03** 进入欢迎界面。进入"欢迎使用 Windows Media Center"界面后，单击"下一步"按钮，如下图所示。

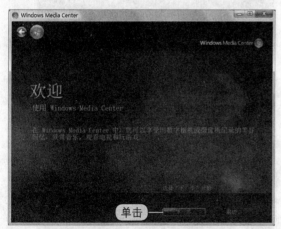

**04** 进入设置界面。进入 Windows Media Center 设置界面后，同样单击"下一步"按钮，如下图所示。

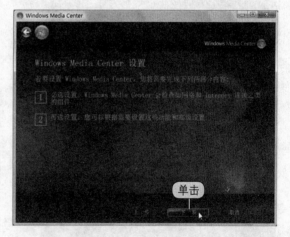

**05** 设置"'持续'的 Internet 连接"。进入"'持续'的 Internet 连接"界面后，单击选中"是"单选按钮，如下图所示，再单击"下一步"按钮即可。

**06** 测试 Internet 连接。如果用户需要对 Internet 连接进行测试，则单击"测试"按钮，如果不需要测试则直接单击"下一步"按钮即可，如下图所示。

---

主要原因是红外（IR）遥控电缆在机顶盒前部的放置位置不正确或者根本就没有连接。

1
section

2
section

3
section

4
section

5
section

6
section

7
section

8
section

**07** 查看联机隐私声明。进入"Windows Media Center 隐私声明"界面后，如果用户需要查看联机隐私声明，则单击"查看联机隐私声明"按钮，如果不需要，则单击"下一步"按钮，如下图所示。

**08** 改善设置。进入"帮助改善 Windows Media Center"界面后，如果用户需要改善 Windows Media Center，则单击选中"是，我要加入"单选按钮，然后单击"下一步"按钮，如下图所示。

**09** 设置定期连接。进入"充分利用 Windows Media Center"界面后，如果用户需要定期连接到 Internet，下载此内容以提高 Windows Media Center，则单击选中"是"单选按钮，如下图所示，然后单击"下一步"按钮。

**10** 设置必选组件。进入"已设置必选组件"界面后，系统便成功设置了所需的组件，设置完毕后，单击"下一步"按钮即可，如下图所示。

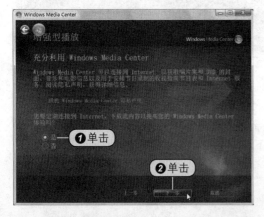

为什么图片未在 Windows Media Center 中显示？

**11** 进行可选设置。进入"可选设置"界面后，如果用户希望自定义 Windows Media Center，则单击选中相应的单选按钮，如果不需要自定义，则单击"已完成"单选按钮，设置完毕后，单击"下一步"按钮，如右图所示。

**12** 完成设置。进入"已完成"界面，这样，用户便对 Windows Media Center 进行了设置，单击"完成"按钮即可，如下图所示。

**13** 显示安装后的 Windows Media Center。计算机中便显示出了 Windows Media Center 的按钮，效果如下图所示。

## 8.3.2 查看录制的节目

安装了 Windows Media Center 之后，接下来向用户介绍使用 Windows Media Center 查看录制界面的方法。

**01** 选中播放选项。打开 Windows Media Center 窗口，选中"电视＋电影"选项，如右图所示，即可进入录制的电视界面。

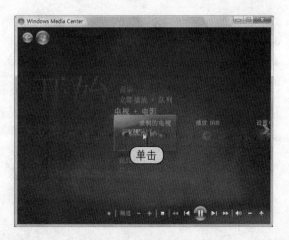

Windows Media Center 不支持该图片文件类型；文件类型更改为不受支持的文件类型损坏。

# Windows Vista
操作系统从入门到精通

08

Chapter

1
section

2
section

3
section

4
section

5
section

6
section

7
section

8
section

**操作点拨**

如果用户需要选中其他的选项，则单击如下图所示的向上或向下按钮即可。

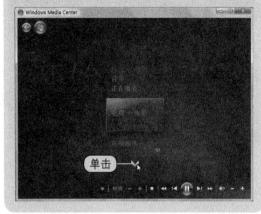

**02** 选择录制的电视。进入"录制的电视"窗口，并选择一个需要查看的电影，如下图所示。

**03** 播放视频。然后单击"播放"按钮，如下图所示，开始播放影片。

**04** 显示正在播放的影片。这时系统开始播放选中的影片，如下图所示，如果用户需要退出播放，则单击"停止"按钮即可。

**05** 完成Windows Media Center安装。返回Windows Media Center窗口，单击"完成"按钮，如右图所示，就完成了对Windows Media Center的安装。

**操作点拨**

单击 Windows Media Center 窗口中的 按钮，如
右图所示，即可进入全屏播放模式。

08
Chapter

# BASIC

## 8.4　设置多媒体选项

在使用 Windows Vista 带来的各种多媒体功能以前，还需要对系统的多媒体功能进行设置，使
其更符合使用的习惯，发挥更大的作用。

### 8.4.1　语音设置

在多媒体应用中，系统可以将文字读出来并合成为语音再输出，接下来就简单介绍一下语音
的调节方法。

**01** 打开"控制面板"窗口。单击桌面上的"开
始 > 控制面板"命令，如下图所示，即可打开
"控制面板"窗口。

**02** 打开"语音属性"对话框。在弹出的"控
制面板"对话框中，双击"文本到语音转换"图标，
如下图所示，即可打开"语音属性"对话框。

**答** 当使用修饰功能更改并保存文件时，将会压缩该文件，重复更改并保存图片会降低图片质量。

**03** 设置语音识别选项。在弹出的"语音属性"对话框中，切换至"语音识别"选项卡下，用户即可对"语音识别"选项进行设置，如下图所示。

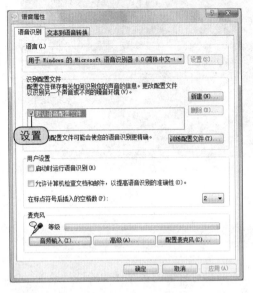

**03** 设置文本到语音转换选项。切换至"文本到语音转换"选项卡下，用户可以选择用来播放语音合成片断的噪音，并且可以调试语音合成的速度以及预听合成的语音，如下图所示。

## 8.4.2 使用合成器

在 Windows Vista 中，对音量设置的功能中新增加了一个"音量合成器"功能，用户可以根据习惯对其进行设置，下面就简单地介绍一下音量合成器的使用方法。

**01** 打开"音量合成器"对话框。单击桌面右下角的音量图标 ，如下图所示，在弹出的面板中单击"合成器"选项，即可打开"音量合成器"对话框。

**02** 设置音量。在弹出的"音量合成器"对话框中，用户即可对"扬声器"、"Windows 声音"和"开始"的音量进行设置，设置完毕后，单击"关闭"按钮 即可，如下图所示。

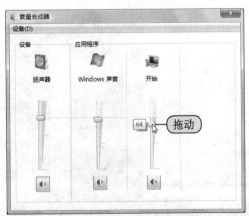

▶ 操作点拨

如果用户需要设置静音，则单击面板下方的 按钮即可。

？问 为什么无法播放视频文件？

### 8.4.3 硬件设置

在前面的章节中已经对硬件设置的方法进行了简介，在这里就简单介绍一下如何查看多媒体设备的属性。

**01** 打开"系统"窗口。右击桌面上的"计算机"图标，在弹出的快捷菜单中单击"属性"命令，如下图所示，即可打开"系统"窗口。

**02** 打开"设备管理器"窗口。在弹出的"系统"窗口中，单击左侧的"设备管理器"选项，如下图所示，即可打开"设备管理器"窗口。

**03** 查看多媒体设备。在弹出的"设备管理器"对话框中，展开目录树中的"声音、视频和游戏控制器"选项，即可看到在系统上安装的所有多媒体设备，如下图所示。

**04** 查看多媒体设备属性。右击多媒体设备，在弹出的快捷菜单中单击"属性"命令，即可打开相应属性对话框，在对话框中可查看该设备的属性，如下图所示。

## 8.5 同步中心的使用

Sync 是 synchronization 的缩写。在 Windows 中，同步是使存储在不同位置的同一文件的两个或多个版本彼此匹配的过程。如果在一个位置添加、更改或删除某个文件，则无论什么时候选择同步，Windows 都可以在选择与其同步的其他位置添加、更改或删除同一文件。

同步中心是 Windows 的一项功能，使用该功能可以使信息在计算机和以下对象之间保持同步。

誉 文件损坏或属于不受支持的格式或者播放文件所需的编码解码器可能存在问题。

**Windows Vista**
操作系统从入门到精通

08
Chapter

1
section

2
section

3
section

4
section

5
section

6
section

7
section

8
section

插入计算机或无线连接的移动设备（如便携式音乐播放机、数码相机和移动电话等）。存储在网络服务器的文件夹中的文件。（这些文件称为脱机文件，因为即使在计算机或服务器未连接到网络时也可以对其进行访问。）

用户需要注意的是，Windows Vista Starter、Windows Vista Home Basic 和 Windows Vista Home Premium 中没有与网络文件夹同步的功能。

接下来就以计算机与 Windows Mobile CE 系统的手机进行同步为例，简单地介绍同步中心的使用方法。

**01** 打开"控制面板"窗口。在桌面上单击"开始 > 控制面板"命令，如下图所示，即可打开"控制面板"窗口。

**02** 打开"同步中心"窗口。在弹出的"控制面板"窗口中，双击"同步中心"图标，如下图所示，即可打开"同步中心"窗口。

**03** 进入"设置新同步合作关系"界面。在打开的"同步中心"窗口中，单击"设置新同步合作关系"选项，如下图所示。

**04** 打开"设备安装程序"对话框。进入"设置新同步合作关系"界面后，单击"设置"按钮，如下图所示，即可打开"设备安装程序"对话框。

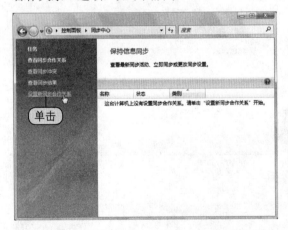

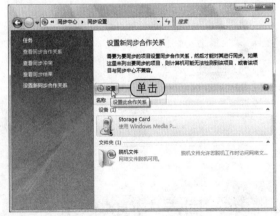

**05** 管理设备上的现有文件。弹出"设备安装程序"对话框，单击选中"否，保留设备上的现有文件并同步到其余的可用空间"单选按钮，如下图所示，然后单击"下一步"按钮。

**06** 选择要同步的播放列表。在"要同步的播放列表"列表框中选择需要同步的选项，设置完毕后，单击"完成"按钮即可，如下图所示，这时系统将与手机进行同步。

为什么无法快进或后退视频？

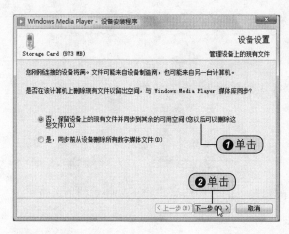

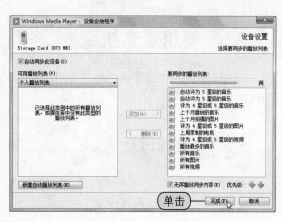

**07** 保持信息同步。返回"同步中心"窗口，然后双击已经同步的手机图标，如下图所示，系统就会读取手机上的数据。

**08** 打开 Windows Media Player 窗口。单击"浏览"按钮，如下图所示，打开 Windows Media Player 窗口。

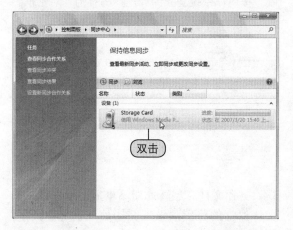

**09** 实现同步。这样，计算机就与手机进行了同步，并通过 Windows Media Player 来播放手机中的多媒体数据，如右图所示。

有时候会出现这种情况，并非所有的视频格式都支持快进和后退操作。

BASIC

## 8.6 使用录音机

Windows Vista 系统中还自带了一个录音机程序，其功能强大，用户可以通过它来录制用户自己的声音。

### 8.6.1 录制声音

使用录音机可以录制通过声卡的 mic 和 line in 口输入的音频信号，接下来则对使用录音机录制声音的方法进行详细的介绍。

01 打开"录音机"窗口。单击桌面上的"开始 > 所有程序 > 附件 > 录音机"命令，如下图所示，即可打开"录音机"窗口。

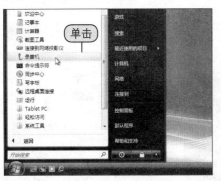

02 录制声音。在弹出的"录音机"窗口中，单击"开始录制"按钮，如下图所示，即可开始录制声音，如果用户录音完毕，则单击"停止录制"按钮，系统会立即弹出"另存为"对话框。

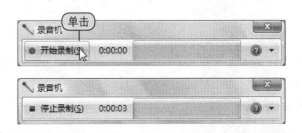

03 打开"另存为"对话框。打开"另存为"对话框，在"文件名"文本框中输入文件名，单击"浏览文件夹"按钮，如下图所示，即可将对话框展开。

04 另存文件。展开此对话框后，即可设置该文件保存的位置，设置完毕后，单击"保存"按钮即可，如下图所示。

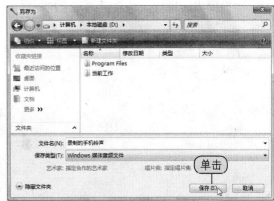

### 8.6.2 继续录制声音

和 Windows XP 不同的是，Windows Vista 系统中的录音机是可以在暂停录音后继续录音的，继续录制声音的具体操作方法如下。

问 当用户遇到一条错误消息时，如何查找其错误代码？

**01** 开始录制声音。按照前面的方法打开"录音机"窗口，并单击"开始录音"按钮，如下图所示，即可开始录音。

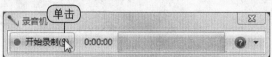

**02** 停止录音。如果用户在录音的时候，中途需要暂停录音，则单击"停止录音"按钮，如下图所示。

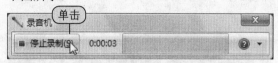

**03** 关闭"另存为"对话框。然后单击"关闭"按钮关闭弹出的"另存为"对话框，如下图所示。

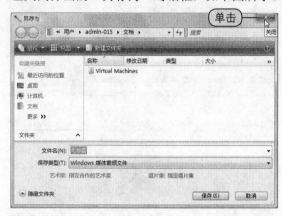

**04** 继续录音。返回到"录音机"窗口，单击"继续录制"按钮，如下图所示，即可继续录制声音。

## BASIC

# 8.7 游戏

Windows Vista 系统还为用户提供了几个游戏，可以让用户在繁忙而紧张的工作之余轻松一下，下面就以游戏 Chess Titans 为例，简单地介绍游戏的启动方法和设置方法。

## 8.7.1 进入游戏

Windows 中自带的游戏是放在，所有程序中的附件中的"游戏"文件夹中，里面一共包含了 10 个游戏，下面以 Chess Titans 游戏为例简单地讲解游戏的操作方法。

**01** 启动游戏 Chess Titans。单击桌面上的"开始 > 所有程序 > 附件 > 游戏 > Chess Titans"命令，如右图所示，即可启动游戏 Chess Titans。

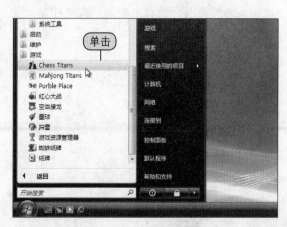

**02** 显示加载游戏。然后，系统就会启动游戏 Chess Titans，并显示"正在加载 Chess Titans"字样，如下图所示。

**03** 选择游戏难度。在弹出的"选择难度"对话框中，用户即可选择当前游戏的难度，这里单击选择"初级"选项，如下图所示。

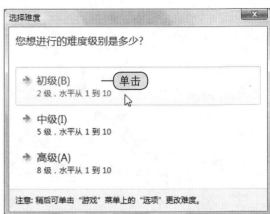

**04** 开始游戏。这时，系统就会直接进入游戏，用户即可开始游戏，右图所示为游戏的界面。

## 8.7.2　设置游戏选项

如果用户对游戏的难度或者是游戏的其他选项设置不满意，还可以对游戏的选项进行设置，设置游戏选项的具体操作步骤如下。

**01** 打开"选项"对话框。单击菜单栏上的"游戏 > 选项"命令，如右图所示，即可打开"选项"对话框。

1 section
2 section
3 section
4 section
5 section
6 section
7 section
8 section

**02** 设置游戏选项。在弹出的"选项"对话框中，用户即可对游戏的一些选项进行设置，设置完毕后，单击"确定"按钮即可，如右图所示。

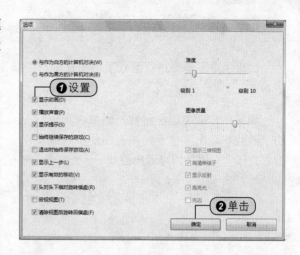

### 8.7.3 设置游戏外观

如果用户对游戏外观的默认设置不满意，还可以对游戏的外观进行自定义设置，设置游戏外观的具体操作方法如下。

**01** 打开"更改外观"对话框。单击菜单栏上的"游戏 > 更改外观"命令，如右图所示，即可打开"更改外观"对话框。

**02** 更改游戏外观。在弹出的"更改外观"对话框中，用户可以对棋子样式和棋盘的样式进行设置，如右图所示，设置完毕后，单击"确定"按钮即可。

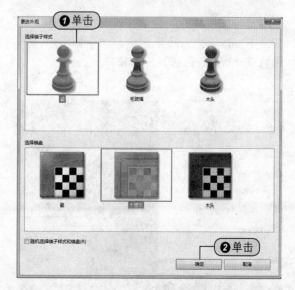

大部分错误消息对话框均包含"Web 帮助"按钮，可以单击此按钮以查看有助于解决所遇问题的可用信息。

1
section

2
section

3
section

4
section

5
section

6
section

7
section

8
section

### 8.7.4 退出游戏

如果用户不需要进行游戏了，那么用户可以关闭并退出游戏，关闭并退出游戏的具体操作方法如下。

如果用户需要退出游戏，则单击菜单栏上的"游戏 > 退出"命令，如右图所示，或者单击"关闭"按钮，即可退出游戏。

## 8.8  Windows 照片库

在 Windows Vista 中新增加了一个功能强大的照片库，用户可以通过使用 Windows 照片库来对照片进行分类、分等级的管理，还可以对图片进行一些简单的效果上的处理，接下来就对 Windows 照片库的使用进行详细的介绍。

### 8.8.1  打开 Windows 照片库

Windows Vista 中的照片库，就很像 Windows XP 中的图片收藏夹，下面就介绍 Windows 照片库的使用方法。

**01** 打开"照片库"窗口。单击桌面上的"开始 > Windows 照片库"命令，如下图所示，即可打开"Windows 照片库"窗口。

**02** 查看照片库中的图片。在弹出的"Windows 照片库"窗口中展开"所有图片和视频"选项，然后单击"图片"选项，如下图所示，即可浏览照片库中的图片。

为何红色或蓝色按钮会显示在库或列表窗格中的一些选项旁边？

## 8.8.2 添加图片到照片库

用户还可以将自己喜欢的图片添加到 Windows 照片库中，以便于日后对照片进行管理，添加图片到照片库的具体操作步骤如下。

**01** 打开"将文件夹添加到图库中"对话框。打开"Windows 照片库"窗口，然后单击"文件"下拉按钮，在下拉列表中选择"将文件夹添加到图库中"选项，如下图所示，即可打开"将文件夹添加到图库中"对话框。

**02** 选择目标文件夹。在弹出的"将文件夹添加到图库中"对话框中，用户可以选定目标文件夹，设置完毕后，单击"确定"按钮即可，如下图所示。

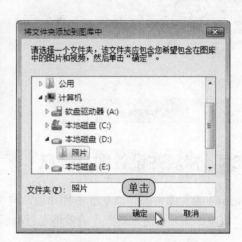

**03** 完成添加操作。弹出"已将此文件夹添加到图库"提示框，提示用户已经将文件夹添加到图库中了，如果用户不需要再显示此信息，则勾选"不再显示此信息"复选框，然后单击"确定"按钮即可，如右图所示。

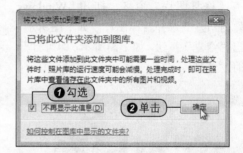

## 8.8.3 设置 Windows 照片库选项

在 Windows 照片库中，用户还可以对 Windows 照片库的一些选项进行设置，例如：设置"工具栏提示"等选项，设置 Windows 照片库选项的具体操作步骤如下。

**01** 打开"Windows 照片库选项"对话框。打开"Windows 照片库"窗口，然后在"文件"下拉列表中选择"选项"选项，如下图所示，即可打开"Windows 照片库选项"对话框。

**02** 设置 Windows 照片库选项。在弹出的"Windows 照片库选项"对话框中，用户可以在"常规"和"导入"选项卡下，对 Windows 照片库选项进行设置，设置完毕后，单击"确定"按钮即可，如下图所示。

答 某些情况下，播放机可能会显示"错误"按钮或"信息"按钮，该按钮位于库或列表窗格中的选项旁边。

1
section

2
section

3
section

4
section

5
section

6
section

7
section

8
section

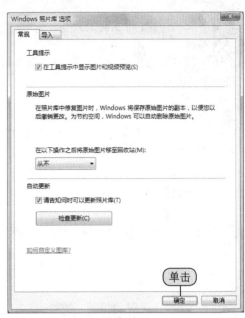

## 8.8.4 修复并设置图片信息

Windows 照片库中的"修复"图片功能，与 Windows XP 中的画图程序的功能有些相似，用户使用"修复"图片功能来对图片的效果进行编辑。

**01** 打开"修复图片"窗格。打开"Windows 照片库"窗口，并选择目标图片，如下图所示，然后单击"修复"按钮，如下图所示，即可打开"修复图片"窗格。

**02** 修复图片。用户可以利用"修复图片"窗格中的功能来对图片进行设置，如下图所示。

**03** 打开"制作副本"对话框。设置完图片后，在"文件"下拉列表中选择"制作副本"选项，如下图所示，即可打开"制作副本"对话框。

**04** 保存图片。在弹出的"制作副本"对话框中，用户可选择图片保存的路径，然后在"文件名"文本框中输入文件名称，如下图所示，最后单击"保存"按钮即可。

**05** 恢复为原始图片。如果用户需要将修改的图片还原为原始图片，则在"文件"下拉列表中选择"恢复为原始图片"选项，如下图所示。

**06** 确定恢复原始图片。此时，系统会弹出"恢复为原始图片"对话框，单击"还原"按钮，如下图所示，即可将图片还原成原始状态。

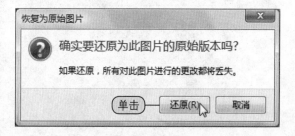

**07** 打开"图片信息"窗格。在"Windows 照片库"窗口中单击"信息"按钮，如下图所示，在"Windows 照片库"窗口的右侧就会弹出"图片信息"窗格。

**08** 为图片分级。选定目标图片，然后在右侧的窗格中，可为图片划分出等级来，如下图所示。

编解码器是用于对数字媒体文件（例如歌曲或视频）进行压缩或解压缩的软件。

## 8.8.5　播放幻灯片

　　Windows 照片库还有一个功能就是播放幻灯片，照片库可以将用户编辑好的图片通过幻灯片的方法播放出来，使用 Windows 照片库播放幻灯片的具体操作步骤如下。

**01** 播放幻灯片。打开"Windows 照片库"窗口，然后打开需要播放的图片所在的文件夹，然后单击"放映幻灯片"按钮，或者按下 F11 键，播放幻灯片，如下图所示。

**02** 显示播放幻灯片的效果。这样，用户则使用了 Windows 照片库来播放幻灯片，播放幻灯片时的效果如下图所示。

1 section

2 section

3 section

4 section

5 section

6 section

7 section

8 section

# 设置关联

设置关联的功能与设置默认程序的功能相似，不过默认程序是将所有能打开的文件系统进行关联，而在"设置关联"中，用户可以设定不同的文件后缀名用不同的程序打开，具体的设置方法如下。

**01** 将文件或协议与程序关联。打开"默认程序"窗口，单击"将文件或协议与程序关联"选项，如下图所示。

**02** 自动扫描。系统将自动扫描已知文件后缀，已经被关联的程序，下图所示被选中的项目表示：后缀为 avi 的文件使用的默认打开方式是使用 Windows Media Classic。

**操作点拨**

若用户需要更改默认打开方式为 Windows Media Player，只需选中需要更改的条目并双击即可。

**03** 选择打开程序。系统将提示用户，avi 格式的多媒体文件当前能被两个软件打开，分别是 Media Player Classic 和 Windows Media Player，单击选中后，单击"确定"按钮，将更改文件名后缀为 avi 格式的文件，将自动将已选中的程序打开，如下图所示。

**操作点拨**

若用户需要手动设置某一文件与不在列表中的程序进行关联，可以单击"浏览"按钮，并手动找到关联程序，如下图所示。

193

本章建议学习时间：60分钟

建议分配 40 分钟了解 Windows 日历、联系人的使用，掌握 Windows 会议室和远程桌面连接的方法，再分配 20 分钟进行练习。

Chapter

# Windows日历与信息交流

## 09

**Windows Vista** 操作系统从入门到精通

## 学完本章后您可以：

● 熟练使用 Windows 日历

● 了解 Windows 联系人的使用

● 熟悉 Windows 会议室

● 了解远程桌面连接

● 发布日历

● 邀请他人参加会议

**本章多媒体光盘视频链接 ▲**

对于一些用户来说，由于事情很多经常会忘记一些重要的约会或者重要的任务，这时用户即可使用 Windows Vista 中自带的 Windows 日历功能，还可以使用 Windows 联系人功能来记录一些重要人士或者是重要客户的资料。在本章的最后还介绍了 Windows 会议室和远程桌面连接的使用方法，掌握这些内容并强加练习，对于提高办公人员的工作效率起很大作用。由此可见 Windows Vista 的功能是越来越强大了。

BASIC

## 9.1 Windows日历

用户可以使用 Windows 日历来创建约会，还可以创建任务，也可以使多个用户在同一个日历中创建多个约会，并设置不同的颜色加以区别，本节将向用户详细地介绍 Windows 日历功能的使用。

### 9.1.1 日历的基础操作

在使用 Windows 日历功能之前，首先向用户介绍一下 Windows 日历的基础操作，具体的操作方法如下。

● 创建日历

**01** 打开"Windows 日历"窗口。单击桌面上的"开始 > 所有程序 > Windows 日历"命令，如下图所示，即可打开"Windows 日历"窗口。

**02** 新建日历。在弹出的"Windows 日历"窗口中，单击菜单栏中的"文件 > 新建日历"命令，如下图所示，即可在"日历"窗格中创建新的日历，并要求用户输入新的日历名称。

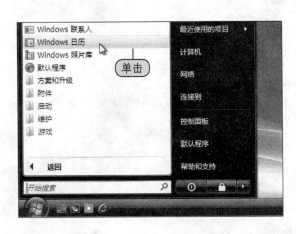

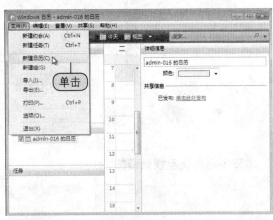

**03** 选择日历。用户设置完新建日历的名称后，在"日历"列表中单击选中新建的日历，如下图所示。

**04** 设置新建日历的颜色。选中新建的日历后，单击右侧"详细信息"窗格中的"颜色"下拉按钮，在弹出的下拉列表中即可选择所需的颜色，如下图所示。

是否可以向用户高声阅读屏幕文本？

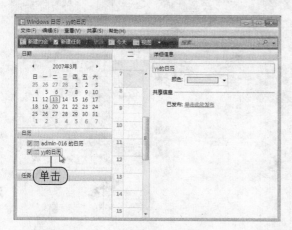 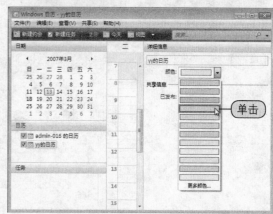

### 删除日历

**01** 删除日历。如果用户需要删除不需要的日历，可以选中需要删除的日历，然后单击工具栏上的"删除"按钮即可，如下图所示。

**02** 确定删除日历。单击"删除"按钮后，系统会弹出"Windows 日历"提示框，并询问用户是否删除当前日历，如下图所示，如果用户确定需要删除，则单击"是"按钮即可。

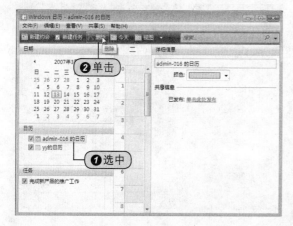

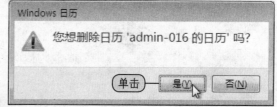

## 9.1.2　创建约会

　　用户可能会因为约会很多或者事务繁忙，导致忘记赴约，这时就可以使用 Windows 日历的一大特点——创建约会功能，来创建约会，避免忘记赴约的情况，创建约会的具体操作步骤如下。

### 新建并编辑约会

**01** 新建约会。按照前面介绍的方法打开"Windows 日历"窗口，然后单击工具栏中的"新建约会"按钮，如下图所示。

**02** 输入约会内容。在右侧的"详细信息"窗格中，用户可以输入约会的内容，并可以在"位置"文本框中输入约会的地点，最后用户则需要选择日历，如下图所示。

**Windows Vista**
操作系统从入门到精通

09
Chapter

1
section

2
section

3
section

4
section

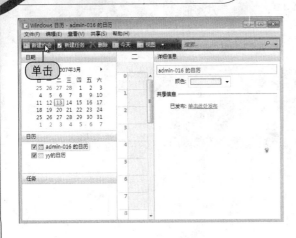

**03** 设置约会信息。勾选"约会信息"选项组中的"全天约会"复选框，如下图所示。

**04** 设置约会开始时间。单击"开始"文本框右侧的下三角按钮，在弹出的面板中选择约会的开始时间，如下图所示。

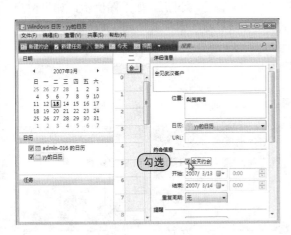

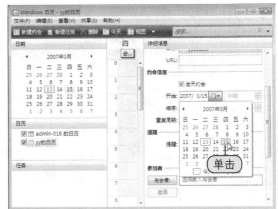

**05** 设置重复周期。单击"重复周期"下拉按钮，在弹出的下拉列表中选择重复的周期时间，如下图所示。

**06** 设置提醒时间。单击"提醒"选项组中的"提醒"下拉按钮，在弹出的下拉列表中选择提醒的时间，如下图所示。

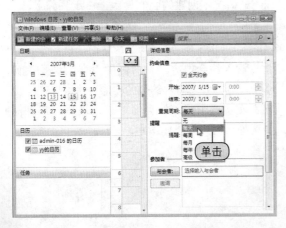

Windows 是否包括文本到语音转换程序？

**07** 确定更改定期约会系列。设置完毕后，系统会弹出"Windows 日历"提示框，询问用户是否更改定期约会系列，如果确定更改，则单击"更改该系列"按钮，如下图所示。

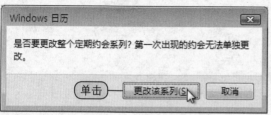

**08** 添加参与者。如果用户需要添加参与者，那么直接在"参加者"选项组的"与会者"文本框中输入参与者的姓名，如下图所示。

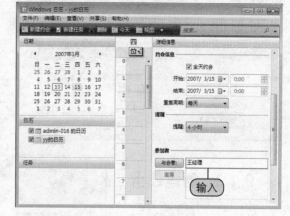

**09** 输入便笺内容。如果用户还需要特别的提醒，则可以在"便笺"文本框中输入一些特别提醒的内容，如下图所示。

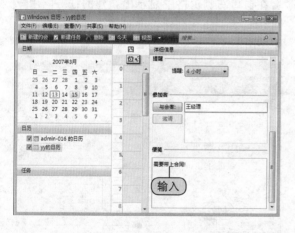

**操作点拨**

如果用户需要查看约会，则可以打开"Windows 日历"窗口，选择日历后，单击如下图所示的图标即可。

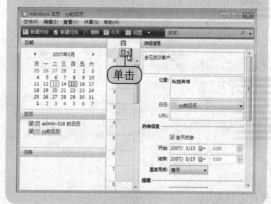

## 删除约会

**01** 删除约会。如果用户需要删除约会，则单击选中需要删除的约会，然后单击工具栏中的"删除"按钮即可，如右图所示。

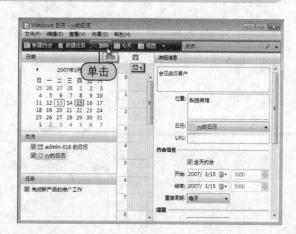

**Windows Vista**
操作系统从入门到精通

09
Chapter

1
section

2
section

3
section

4
section

**02** 确定删除约会。单击"删除"按钮后，系统会弹出"Windows 日历"提示框，询问用户是删除定期约会还是删除此次出现的约会，如果用户需要删除此次出现的约会，则单击"删除该项"按钮即可，如下图所示。

**03** 删除该系列。如果用户删除的约会是第一次出现的，则是无法单独删除的，则需要单击"删除该系列"按钮删除此系列，如下图所示。

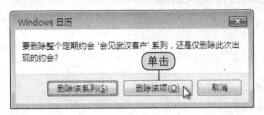

## 9.1.3 创建任务

Windows 日历的第二个特点就是创建任务，创建任务的方法和创建约会的方法基本相同，下面就简单地介绍创建任务的操作方法。

**01** 新建任务。首先按照前面介绍的方法打开"Windows 日历"窗口，然后单击工具栏中的"新建任务"按钮，如下图所示。

**02** 更改任务名称。单击"新建任务"按钮后，会在窗口右侧窗格中显示出新建的任务，用户可在左侧"任务"列表中对其进行重命名，如下图所示。

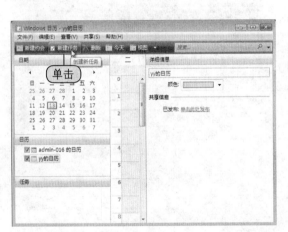

**03** 选择日历。然后在右侧"详细信息"窗口中的文本框中输入任务的内容，并选择需要的日历，如右图所示。

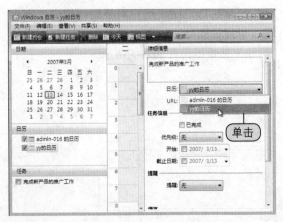

是否任何计算机都可以高声阅读文本？

**04** 设置任务的优先级。单击"任务信息"选项组中的"优先级"下拉按钮,在弹出的下拉列表中选择"高"选项,如下图所示。

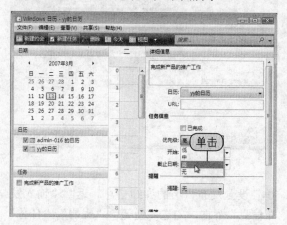

**05** 设置任务的截止时间。单击"截止日期"右侧的下三角按钮,在弹出的面板中即可设置任务的截止时间,如下图所示。

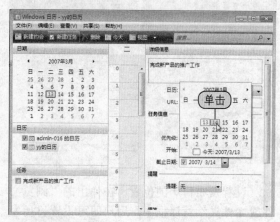

**06** 设置提醒时间。单击"提醒"选项组中的"提醒"按钮下方日期文本框右侧的下三角按钮,在弹出的面板中选择重复提醒的时间,如下图所示。

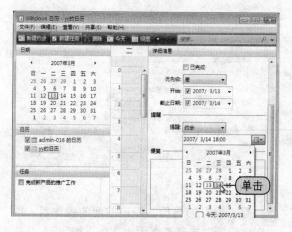

### 操作点拨

当用户完成任务后,为了便于对其他任务的管理,可以勾选已完成的任务前的复选框,如下图所示,表示该任务已完成。

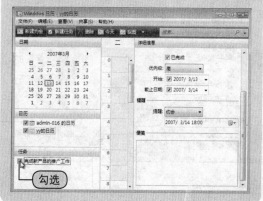

## 9.1.4 发布日历

为了能够使日历更有效地提醒用户,用户还可以将创建好的日历发布出来,以便用户能够及时地查看日历和日历中的约会或者任务。

**01** 打开"发布日历"向导。打开"Windows日历"窗口,并选择需要发布的日历,单击"共享信息"选项组中的"单击此处发布"选项,如下图所示,即可打开"发布日历"向导。

**02** 打开"浏览文件或文件夹"对话框。进入"输入发布信息"界面后,在"日历名称"文本框中输入日历的名称,然后单击"浏览"按钮,如下图所示,即可打开"浏览文件或文件夹"对话框。

# Windows Vista
## 操作系统从入门到精通

09
Chapter

1
section

2
section

3
section

4
section

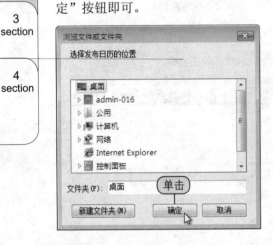

03 设置发布日历的位置。在弹出的"浏览文件或文件夹"对话框中，用户即可设置日历发布的位置，如下图所示，设置完毕后，单击"确定"按钮即可。

04 设置发布日历的详细信息。返回"输入发布信息"界面，勾选"便笺"、"提醒"、"任务"复选框，如下图所示，然后单击"发布"按钮即可。

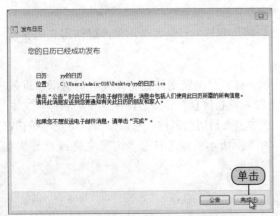

05 完成发布。进入"您的日历已经成功发布"界面后，单击"完成"按钮即可发布日历，如下图所示。

06 显示发布的日历。经过前面的操作后，用户则将日历发布到了桌面上，如下图所示。

是否有其他的文本到语音转换程序？

### 9.1.5　打印日历

如果用户习惯以纸稿的形式查看日历，那么还可以将日历打印出来，打印日历的具体操作方法如下。

**01** 打开"打印"对话框。首先打开"Windows日历"窗口，选择需要打印的日历，然后单击菜单栏中的"文件>打印"命令，如右图所示，即可打开"打印"对话框。

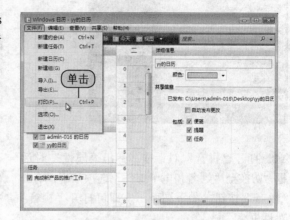

**02** 设置打印选项。打开"打印"对话框后，在"名称"下拉列表中，用户可以选择所需的打印机，在"打印格式"列表框中，可以设置打印日历的格式，在"份数"选项组中的"份数"数值框中，可以设置打印日历的份数，设置完毕后，单击"确定"按钮，如右图所示，即可开始打印。

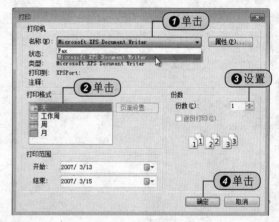

# BASIC
## 9.2　Windows联系人

Windows 联系人是 Windows Vista 的一个新增功能，能够帮助用户记录一些重要人士或者重要客户的基本资料、工作单位信息等，方便用户以后对这些人的联系，接下来就详细介绍 Windows 联系人的使用方法。

### 9.2.1　新建联系人

在介绍 Windows 联系人之前，首先需要新建联系人，这样才能使用 Windows 联系人功能，创建联系人的具体操作步骤如下。

**01** 打开"联系人"窗口。单击桌面上的"开始>所有程序>Windows 联系人"命令，如下图所示，即可打开"联系人"窗口。

**02** 新建联系人。在打开的"联系人"窗口中，单击"新建联系人"按钮，如下图所示，即可打开"属性"对话框。

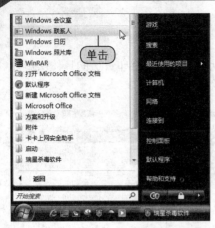

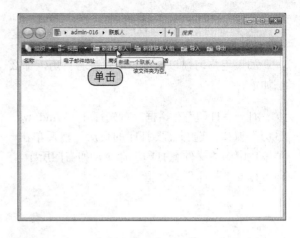

**03** 打开"拼音"对话框。弹出"属性"对话框，切换至"姓名和电子邮件"选项卡下，单击"拼音"按钮，如下图所示，即可打开"拼音"对话框。

**04** 输入联系人姓名的拼音。在弹出的"拼音"对话框中的"姓氏拼音"文本框中输入姓氏的拼音，再在"名字拼音"文本框中输入名字的拼音，如下图所示，设置完毕后，单击"确定"按钮即可。

**05** 输入联系人的姓名。返回"属性"对话框中，在"姓"和"名"文本框中分别输入联系人的姓氏和名字，如右图所示。

? 问 什么是 Windows Meeting Space？

**06** 输入联系人其他信息。在"个人职务"、"昵称"和"电子邮件"文本框中分别输入联系人的信息，如下图所示，然后单击"添加"按钮，添加联系人的电子邮件。

**07** 设置首选电子邮件。添加联系人的电子邮件后，单击"设为首选项"按钮后，用户即可将联系人的电子邮件设置为首选电子邮件，如下图所示。

**08** 设置联系人的住址。切换至"住宅"选项卡下，用户即可对联系人的住址进行设置，如下图所示。

**09** 设置联系人的工作信息。切换至"工作"选项卡下，用户即可对联系人的工作信息进行详细的设置，如下图所示。

**10** 设置联系人的家庭信息。切换至"家庭"选项卡下，用户即可对联系人的家庭信息进行详细的设置，如下图所示，设置完毕后，单击"确定"按钮即可。

**11** 显示新建的联系人。单击"确定"按钮后，用户就新建了联系人，"联系人"窗口中即显示出了联系人信息，如下图所示。

Windows Meeting Space 是一种功能，使用它可以便捷地设置会议以及与最多十个人共享文档、程序。

1
section

2
section

3
section

4
section

## 9.2.2 新建联系人组

对用户来说，联系人不可能只有一个，为了方便地管理更多的联系人，用户可以创建一个联系人组来对更多的联系人进行管理，接下来就对创建联系人组的方法进行详细的介绍。

**01** 打开"属性"对话框。打开"联系人"窗口，单击"新建联系人组"按钮，如右图所示，即可打开"属性"对话框。

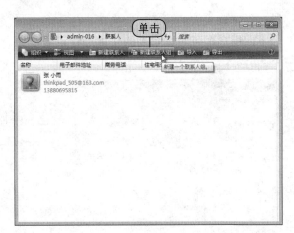

**02** 打开"将成员添加到联系人组"对话框。在弹出的"属性"对话框中，切换至"联系人组"选项卡下，首先在"组名"文本框中输入联系人组的名称，例如输入"单位同事"，则标题栏文字变为"单位同事属性"。然后单击"添加到联系人组"按钮，如右图所示，即可打开"将成员添加到联系人组"对话框。

在 Windows Meeting Space 中，用户的数据安全吗？

**03** 选择联系人。在弹出的"将成员添加到联系人组"对话框中，选中需要添加到联系人组中的联系人，如右图所示，设置完毕后，单击"添加"按钮即可。

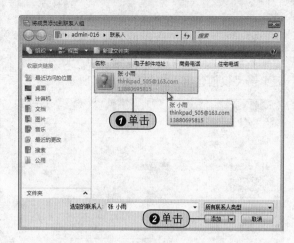

**04** 新建联系人。返回到"单位同事属性"对话框中，单击"新建联系人"按钮，如右图所示，即可打开"属性"对话框。

**05** 输入联系人的详细信息。按照前面介绍的方法将新建联系人的详细信息输入到该对话框中，然后单击"确定"按钮，如下图所示。

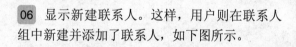

**06** 显示新建联系人。这样，用户则在联系人组中新建并添加了联系人，如下图所示。

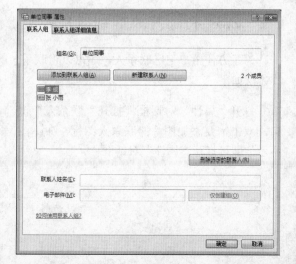

会议中的全部通信都会加密，这有助于确保只有通过身份验证和授权的参加者才能看到共享的所有内容。

**07** 添加联系人。用户还可以在创建联系人组的同时添加联系人，在"联系人姓名"文本框中输入联系人的姓名，然后输入电子邮件，最后单击"仅创建组"按钮，如下图所示。

**08** 输入联系人组详细信息。切换至"联系人组详细信息"选项卡下，用户可以输入联系人组的详细信息，如下图所示，设置完毕后，单击"确定"按钮即可。

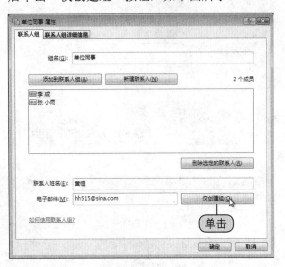

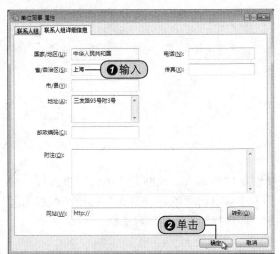

**09** 显示创建的联系人组。这样，用户就成功创建了联系人组，在"联系人"窗口中可以看到新建的联系人组显示出来，如右图所示。

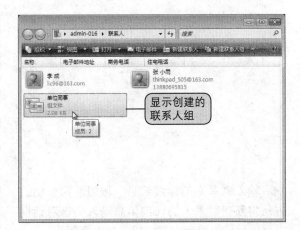

## 9.2.3 将图片添加到联系人

为了方便用户记忆联系人，还可以将联系人的图片进行更改，将图片添加到联系人的具体操作方法如下。

**01** 打开"属性"对话框。打开"联系人"窗口，双击需要添加图片的联系人图标，如下图所示，即可打开"属性"对话框。

**02** 打开"为联系人选择图片"对话框。在弹出的"属性"对话框中，切换至"姓名和电子邮件"选项卡下，单击联系人图片右下角的下三角按钮，在弹出的列表中选择"更改图片"选项，如下图所示，即可打开"为联系人选择图片"对话框。

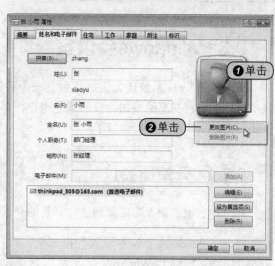

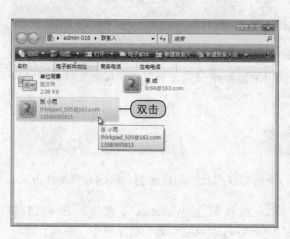

**03** 选择目标图片。在弹出的"为联系人选择图片"对话框中，选择目标图片，如下图所示，设置完毕后，单击"设置"按钮即可。

**04** 确定更改图片。单击"设置"按钮后，返回"属性"对话框，单击"确定"按钮即可，如下图所示。

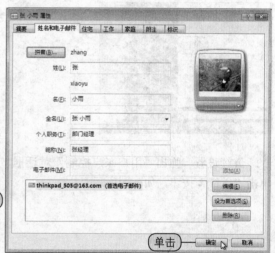

**05** 显示更改图片后的效果。这样，用户就对联系人的图片进行了更改，返回"联系人"窗口中可查看更改后的图片，更改后的效果如右图所示。

可以与其他会议参加者共享桌面或任何程序、分发与编辑文档、传递便笺等。

**Windows Vista**
操作系统从入门到精通

09
Chapter

1
section

2
section

3
section

4
section

BASIC

## 9.3 Windows会议室

Windows Vista 系统还为用户提供了一个召开网络会议的 Windows 会议室，用户只需要将会议中使用的资料共享给参加会议的其他用户，再使用 Windows 会议室功能，即可坐在自己的办公室中与其他用户开始举行会议了。

### 9.3.1 开始新会议

在开始会议之前首先需要创建一个新的会议，下面将详细介绍创建新的会议的具体操作方法。

**01** 打开"Windows 会议室设置"提示框。单击桌面上的"开始 >Windows 会议室"命令，如下图所示，即可打开"Windows 会议室设置"提示框。

**02** 继续设置 Windows 会议室。在弹出的"Windows 会议室设置"提示框中，系统会询问用户是否继续设置 Windows 会议室，如果需要则单击"是,继续设置 Win-dows 会议室"选项，如下图所示。

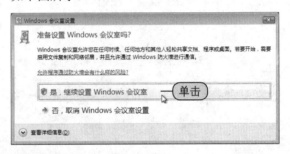

**03** 继续设置。弹出"用户账户控制"对话框，单击"继续"按钮，如下图所示。

**04** 设置网络邻居。在弹出的"网络邻居"对话框中，勾选"Windows 启动时自动登录"复选框，并在"允许邀请"下拉列表中选择"信任的联系人"选项，如下图所示，设置完毕后，单击"确定"按钮即可。

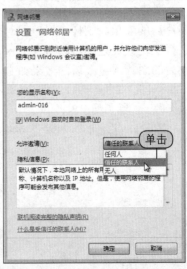

对讲义所做的更改会保存在原始文件中吗？

**05** 开始新会议。在打开的"Windows 会议室"窗口中单击"开始新会议"选项，在"会议名称"文本框中输入会议的名称，在"密码"文本框中输入密码，然后单击密码文本框右侧的"创建会议"按钮，如下图所示。

**06** 创建新的会议。系统则开始创建新的会议，如下图所示，系统正在创建新的会议。

**07** 共享程序或桌面。单击"Windows 会议室"窗口中的"共享程序或桌面"选项，如下图所示。

**08** 允许其他用户查看桌面。弹出"Windows 会议室"提示框，询问用户是否需要其他用户查看桌面，如果需要，则单击"确定"按钮即可，如下图所示。

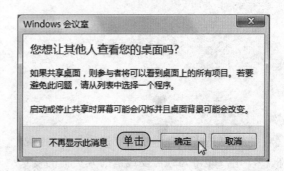

**09** 选择共享桌面。在弹出的"开始共享会话"对话框中，选择"桌面"选项，如右图所示，再单击"共享"按钮。

所做的更改会应用到该复制备份，而不是原始文档，若要保存会议讲义，则将它们拖动到要保存的位置。

**Windows Vista**
操作系统从入门到精通

09
Chapter

1
section

2
section

3
section

4
section

**10** 正在共享桌面。这样，用户就设置了桌面共享，如右图所示，如果用户需要停止共享，则单击"停止共享"选项即可。

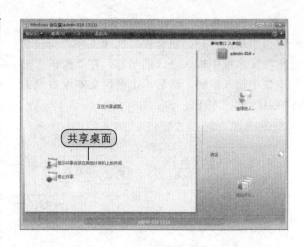

## 9.3.2 邀请他人参加会议

创建了会议之后，接下来就需要要求网络中的其他用户来参加会议了，邀请他人参加会议的具体操作步骤如下。

**01** 打开"邀请他人"对话框。打开"Windows会议室"窗口，然后单击"邀请他人"选项，如右图所示，即可打开"邀请他人"对话框。

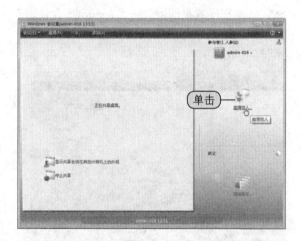

**02** 选择邀请人。在弹出的"邀请他人"对话框中，用户即可勾选需要邀请的人员前的复选框，如下图所示，然后单击"邀请他人"按钮。

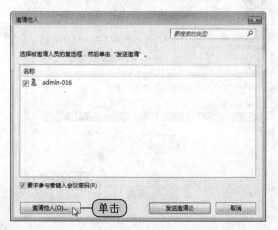

**03** 选择邀请他人的选项。在弹出的"Windows会议室"提示框中，系统会询问用户是选择以电子邮件形式邀请还是创建邀请文件，在此选择"创建邀请文件"选项，如下图所示。

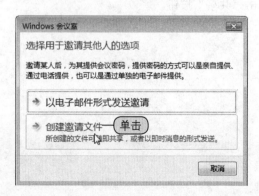

对讲义所做的更改已经丢失，是怎么回事？

**04** 选择保存邀请文件的路径。在弹出的"另存为"对话框中，用户可以选择邀请文件的保存路径，设置完毕后，单击"保存"按钮即可，如右图所示，然后用户即可将该文件发送给需要邀请的人。

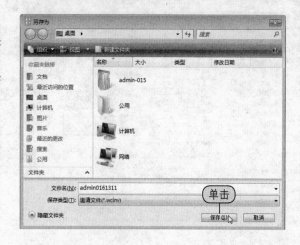

### 9.3.3　添加讲义

邀请了其他人参加会议后，用户还需要共享自己的讲义，并发送到每一个参加会议的用户的计算机中，添加讲义的具体操作步骤如下。

**01** 打开"Windows 会议室"提示框。打开"Windows 会议室"窗口，然后单击"添加讲义"选项，如右图所示，即可打开"Windows 会议室"提示框。

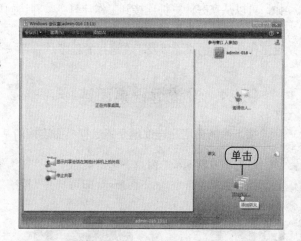

**02** 确定复制讲义。在弹出的"Windows 会议室"提示框中，系统会询问是否需要将讲义复制到每个参与者的计算机上，如果需要，则单击"确定"按钮即可，如右图所示。

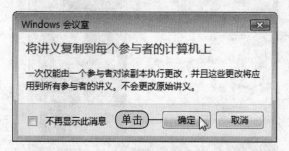

**03** 选择讲义。在弹出的"选择要添加的文件"对话框中，选择需要添加的讲义文件，如下图所示，设置完毕后，单击"打开"按钮即可。

**04** 共享讲义。这样，用户则将讲义共享在局域网中，如下图所示，系统正在共享讲义。

如果用户对讲义进行保存，但其他人进行了编辑并在用户保存后将其保存，则仅保存其他人所做的更改。

**Windows Vista**
操作系统从入门到精通

09
Chapter

1 section

2 section

3 section

4 section

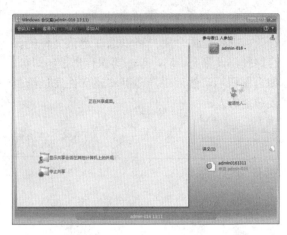

## BASIC

## 9.4 远程桌面连接

远程桌面连接是一种技术，它允许用户坐在一台计算机前连接到其他位置的远程计算机。例如，可以从家庭计算机连接到工作计算机，并访问所有程序、文件和网络资源，就好像坐在工作计算机前一样。用户可以让程序在工作计算机上运行，然后当用户回到家时，可以在家庭计算机上看见工作计算机的桌面以及正在运行的程序。

### 9.4.1 设置远程桌面连接

接下来就向用户详细地介绍远程桌面连接的基本设置，具体的操作步骤如下。

**01** 打开"控制面板"窗口。单击桌面中的"开始 > 控制面板"命令，如下图所示，即可打开"控制面板"窗口。

**02** 打开"系统"窗口。在打开的"控制面板"窗口中，双击"系统"图标，如下图所示，即可打开"系统"窗口。

**03** 打开"系统属性"对话框。在弹出的"系统"窗口中，单击"远程设置"选项，如下图所示，即可打开"系统属性"对话框。

**04** 设置远程协助选项。在弹出的"系统属性"对话框中，切换至"远程"选项卡下，勾选"远程协助"选项组中的"允许远程协助连接这台计算机"复选框，如下图所示，设置完毕后，单击"确定"按钮。

**?问** 用户的讲义被更改了，但用户并未进行任何更改操作，为什么？

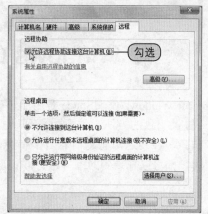

## 9.4.2 建立连接

设置了远程桌面连接选项之后，接下来就向用户介绍建立远程连接的方法，具体的操作步骤如下。

**01** 打开"远程桌面连接"窗口。单击桌面中的"开始 > 所有程序 > 附件 > 远程桌面连接"命令，如下图所示，即可打开"远程桌面连接"窗口。

**02** 连接计算机。在弹出的"远程桌面连接"窗口中的"计算机"文本框中输入计算机的IP地址，然后单击"连接"按钮即可，如下图所示。

**03** 进入计算机。在弹出的"Windows 安全"对话框中，输入当前用户的密码，单击"确定"按钮，即可登录该计算机，如右图所示。

讲义也可以由其他人更改，因此可能是会议中的其他人修改了讲义（每次只能有一个人进行更改）。

# Column

专栏

## ■ Windows CardSpace ■

Microsoft Windows CardSpace 是用于创建网站和联机服务之间关系的系统。Windows CardSpace 提供一致的方法，主要用于到站点请求用户的信息、查看站点的标识、使用信息卡管理信息、在发送信息之前查看卡信息，Windows CardSpace 可以取代用于注册的用户名和密码，并可以登录到网站并进行联机服务。

**01** 打开 Windows CardSpace 窗口。双击"控制面板"中的 Windows CardSpace 图标，如右图所示，即可打开 Windows CardSpace 窗口。

**02** 添加卡。进入 Windows CardSpace 窗口后，在列表框中单击"添加卡"图标，如右图所示，然后单击"添加"按钮。

**03** 选择卡类型。切换至"添加卡"界面，单击"创建个人卡"选项，如右图所示，即可进入"编辑新卡"界面。

**04** 添加新卡属性。进入"编辑新卡"界面后，用户即可输入新卡的相关信息，然后单击"保存"按钮即可，如右图所示。

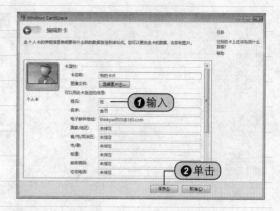

**05** 预览详细信息。进入"选择要预览的卡"界面后，单击"预览"按钮，如右图所示。

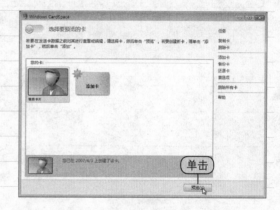

**06** 编辑新卡。进入"卡详细信息"界面，这时用户即可对刚刚所创建的新卡进行预览，如右图所示，如果用户需要对卡进行编辑，则单击"编辑"按钮即可。

读书笔记

本章建议学习时间：60分钟

建议分配 40 分钟熟悉安装软件和卸载软件的操作步骤，掌握启动应用程序的方法，再分配 20 分钟进行练习。

Chapter

# 应用程序的安装和使用

# 10

**Windows Vista** 操作系统从入门到精通

## 学完本章后您可以：

- 学会安装应用程序
- 熟练启动应用程序
- 学会切换和关闭应用程序
- 学会卸载程序

安装应用程序

启动应用程序

**本章多媒体光盘视频链接** ▲

在 Windows Vista 操作系统上可以运行许多软件，其中一部分是在安装操作系统时内置的应用程序，如任务管理器、写字板、"画图"程序等，另一部分是用户根据需要安装的应用程序，如 Office 2007、3ds Max、Photoshop 等。如果用户在办公过程中需要使用一些没有安装的应用程序，则必须首先安装它。同时，在不需要这些应用程序时，可将它从 Windows Vista 操作系统中卸载掉，这样可以节约系统资源。

## BASIC
## 10.1　安装应用程序

一般来说，Windows 应用程序的安装过程都是大致相同的，有些比较大型的软件，如 SQL Sever，它们的安装过程有较多的步骤，用户需清楚了解每一步的作用和注意事项。而很多小型软件，如一些播放器或者压缩软件等，它们的安装过程就相对简单。

### 10.1.1　安装程序

安装程序的具体方法与过程分别举例讲解如下。

#### ● 安装 Windows Installer 程序包

接下来以安装 Vista 硬件检索程序为例来详细介绍安装程序的方法和过程，其具体的方法如下。

**01** 启动软件安装向导。在"计算机"窗口中找到"Vista 硬件检索程序"的安装文件，并双击该安装文件的图标，如下图所示。

**02** 进入软件安装界面。打开软件安装向导后，单击 Next（下一步）按钮，如下图所示。

**03** 进入"许可证协议"界面。进入"许可证协议"界面后，用户阅读完协议后，单击"I Agree（我接受许可证中的条款）"单选按钮，如下图所示，再单击 Next 按钮。

**04** 设置软件安装路径。进入"设置安装路径"界面后，单击 Browse（浏览）按钮，如下图所示。

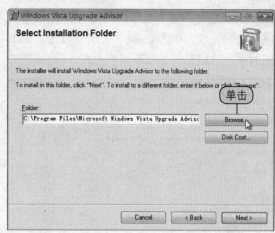

**05** 选择文件的安装路径。弹出 Browse for Folder 对话框，在 Browse 下拉列表中设置软件的安装路径，如下图所示，保存在目标文件夹下，设置完毕后，单击 OK 按钮。

**06** 选择安装选项。进入 Confirm Installation 界面，单击选中"Create Desktop Shortcut（在桌面创建快捷方式）"单选按钮，设置完毕后，单击 Next（下一步）按钮，如下图所示。

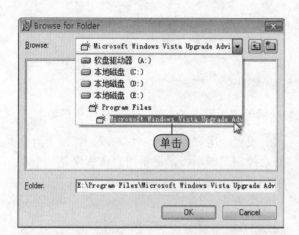

**07** 设置"用户账户控制"选项。系统弹出"用户账户控制"对话框，提示程序需要用户的许可才能继续，此时单击"继续"按钮，如下图所示。

**08** 显示安装进度。这样，系统便开始安装该程序，如下图所示，显示程序安装的进度。

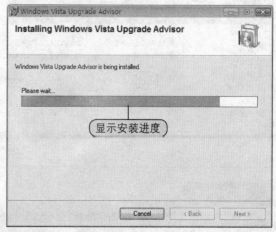

缺少有效数字签名的驱动程序软件或进行签名后已被更改的驱动程序软件不能安装在基于 x64 的 Windows 上。

**Windows Vista**
操作系统从入门到精通

10
Chapter

1
section

2
section

3
section

4
section

5
section

09 完成安装。安装完毕后，向导会提示用户成功安装完成。单击 Close（关闭）按钮，如下图所示，退出安装界面即可。

10 在桌面显示程序的图标。这样，用户则将该软件安装到了计算机中，并在桌面上显示安装后的软件的快捷方式图标，如下图所示。

显示程序的图标

> **操作点拨**
>
> 当系统弹出"用户账户控制"对话框时，系统操作界面将呈灰色，呈不可以操作状态，这时只能够对"用户账户控制"对话框进行操作。

### ● 安装一般的应用程序

下面以安装 WinRAR 软件为例来详细介绍安装一般的应用程序的方法，具体操作步骤如下。

01 启动软件安装向导。在磁盘中找到压缩软件 WinRAR 的安装文件，并双击该安装文件的图标，如下图所示。

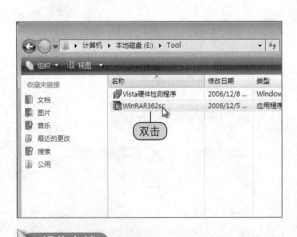

双击

02 设置"用户账户控制"选项。弹出"用户账户控制"提示框，提示用户该程序是一个未能识别的发布程序，此时单击"允许"选项，如下图所示。

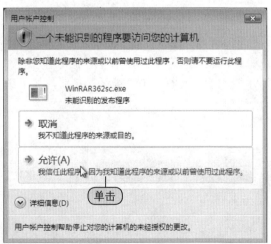

单击

> **操作点拨**
>
> 单击"详细信息"选项左侧的折叠按钮，可以对该软件的相关详细信息进行查看。

如果用户认为某个加载项引起了麻烦，这时该怎么办？

**03** 设置软件安装路径。进入设置安装路径界面后，单击"浏览"按钮，如下图所示，用户即可更改软件安装的目标文件夹，设置完毕后，单击"安装"按钮。

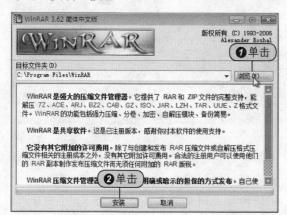

**04** 设置软件相关的选项。稍后，系统则提示用户设置软件的相关选项，如下图所示，然后单击"确定"按钮。

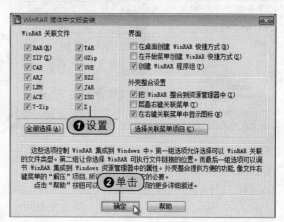

**05** 完成安装。切换至成功安装界面，提示用户完成了软件的安装，单击"完成"按钮即可，如右图所示。

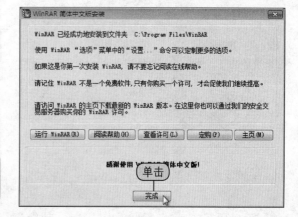

▸ **操作点拨**

通常情况下，在 Windows Vista 系统下安装软件的方法和前面介绍的两个方法基本一致。

▸ **操作点拨**

当用户在安装程序时，一般会弹出"用户账户控制"对话框，说明该软件不能够被系统识别，需要用户确认才能安装。同时，还说明了 Windows Vista 系统比 Windows XP 系统的安全性要高。

## 10.1.2 打开Windows功能

Windows Vista 系统自带了许多小程序，这些小程序称为 Windows 功能。但是并非所有的 Windows Vista 功能都在安装系统后就能够使用，有些功能需要自行打开才能使用，打开 Windows 功能的具体操作步骤如下。

**01** 打开"控制面板"窗口。单击桌面上的"开始 > 控制面板"命令，如下图所示，即可打开"控制面板"窗口。

**02** 打开"程序和功能"窗口。在弹出的"控制面板"窗口中，双击"程序和功能"图标，如下图所示，即可打开"程序和功能"窗口。

**Windows Vista**
操作系统从入门到精通

10
Chapter

1
section

2
section

3
section

4
section

5
section

**03** 打开"用户账户控制"对话框。在"程序和功能"窗口中，单击左侧"任务"窗格中的"打开或关闭 Windows 功能"选项，如下图所示。

**04** 选择继续操作。系统弹出"用户账户控制"对话框，提示用户"Windows 需要您的许可才能继续"，此时单击"继续"按钮，如下图所示。

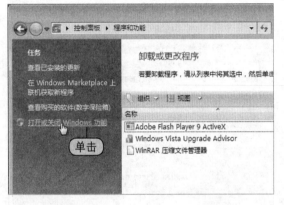

**05** 开启所需的功能。弹出"Windows 功能"窗口，用户勾选所需打开的功能前的复选框，如下图所示，设置完毕后，单击"确定"按钮即可。

**06** 显示添加功能的进度。这样，系统则会将选中的程序添加到 Windows 中，如下图所示，系统会显示安装进度。

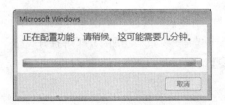

如何删除加载项或 ActiveX 控件？

**BASIC**

# 10.2 启动应用程序

在 Windows 环境中启动应用程序的方法比较多，用户可以根据当时的环境、应用程序的类型、使用的频繁程度等来决定采用哪种方法。下面分别介绍这几种方法。

## 10.2.1 利用程序图标启动应用程序

对于经常使用的应用程序，用户只需将它添加到某个程序组中，并赋予相应的图标即可。

启动时，单击"开始 > 所有程序"菜单命令，然后从子菜单中单击相应的应用程序图标即可，如右图所示，这里单击"截图工具"的图标。

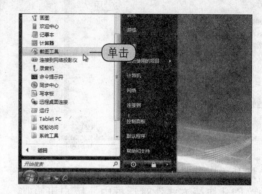

## 10.2.2 从启动程序组启动应用程序

对于某个用户来说，在一段时间内，每次启动 Windows Vista 系统时所用到的应用程序和文件一般总是相同的几个。如果每次启动 Windows Vista 系统后，都要一个个打开这些应用程序，非常麻烦和繁琐。而在"启动"程序组中的所有应用程序都将在启动系统时自动执行。下面将介绍如何将经常使用的应用程序添加到"启动"程序组中。

**01** 打开"任务栏和「开始」菜单属性"对话框。在任务栏上右击，从弹出的快捷菜单中单击"属性"命令，如下图所示，即可打开"任务栏和「开始」菜单属性"对话框。

**02** 选中"传统「开始」菜单"单选按钮。弹出"任务栏和「开始」菜单属性"对话框，切换至"「开始」菜单"选项卡下，单击选中"传统「开始」菜单"单选按钮，如下图所示。

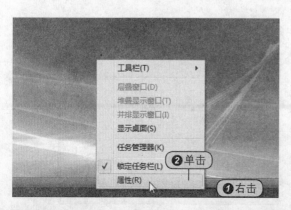

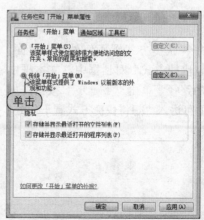

1
section

2
section

3
section

4
section

5
section

03 打开"自定义传统「开始」菜单"对话框。单击"传统「开始」菜单"单选按钮右侧的"自定义"按钮，如下图所示，即可打开"自定义传统「开始」菜单"对话框。

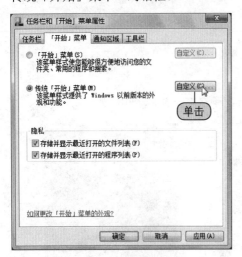

04 单击"添加"按钮。在弹出的"自定义传统「开始」菜单"对话框中，单击"添加"按钮，如下图所示。

05 打开"浏览文件或文件夹"对话框。在弹出的"创建快捷方式"对话框中，用户可直接在"请键入项目的位置"文本框中键入应用程序的安装位置和名称，这里单击该文本框后的"浏览"按钮，如下图所示。

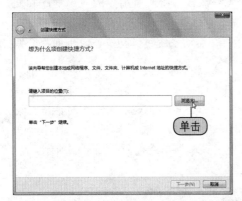

06 选择快捷方式的目标。弹出"浏览文件或文件夹"对话框，在该对话框中打开应用程序所在的目录，然后选中应用程序图标，单击"确定"按钮，如下图所示。

07 进入"想将快捷方式置于何处？"界面。返回到"创建快捷方式"对话框中，文本框中显示了项目的路径，单击"下一步"按钮，如右图所示，即可进入"想将快捷方式置于何处"界面。

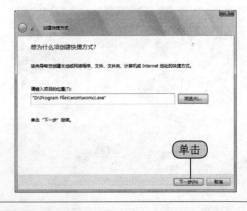

08 选择快捷方式的位置。在"请选择存放该快捷方式的文件夹"列表框中,单击选中"启动"选项,然后单击"下一步"按钮,如下图所示,即可进入"想将快捷方式命名为什么?"界面。

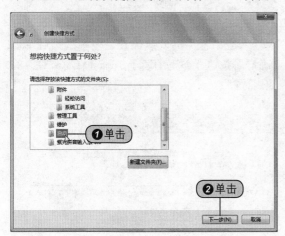

09 设置快捷方式的名称。在"键入该快捷方式的名称"文本框中输入应用程序在启动选项内显示的名称,然后单击"完成"按钮,如下图所示。

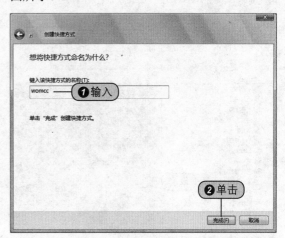

10 返回"任务栏和「开始」菜单属性"对话框。返回到"自定义传统「开始」菜单"对话框中,单击"确定"按钮,如下图所示。

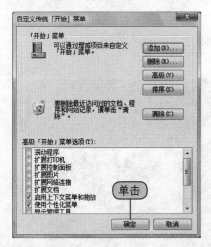

11 返回到"任务栏和「开始」菜单属性"对话框,单击"「开始」菜单"单选按钮,然后单击"确定"按钮应用该设置,如下图所示。

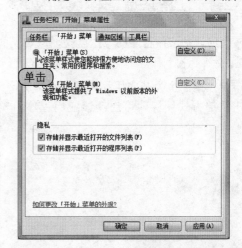

12 启动应用程序。设置完毕后,用户单击桌面上的"开始>所有程序"命令,并在刚才所设置的文件夹中找到所对应的应用程序,单击该应用程序,如右图所示,即可启动该应用程序。

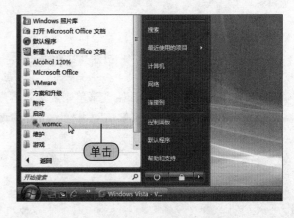

表示该程序与 Windows 的连接速度比平常慢,一般是程序中出现问题,可以选择关闭或重新启动程序。

Chapter 10

### 10.2.3 通过"运行"命令启动应用程序

对于经常使用的应用程序，没有必要在程序组中为其建立程序项，也不需将其添加到启动程序组中自动启动，用户可通过使用"运行"命令来启动应用程序。

01 打开"运行"对话框。单击"开始 > 所有程序 > 附件 > 运行"命令，如下图所示，即可打开"运行"对话框。

02 输入应用程序的信息。在"打开"文本框中输入应用程序的安装路径、名称，然后单击"确定"按钮，如下图所示，即可启动所对应的应用程序。

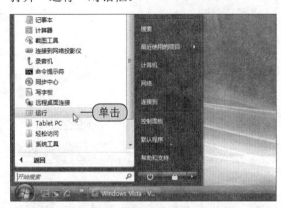

### 10.2.4 使用快捷图标启动应用程序

最常用的启动应用程序的方法就是，双击桌面上创建的快捷方式图标来启动应用程序，下面将简单地进行说明。

用户可在桌面上为某应用程序创建快捷方式，双击快捷方式图标即可启动该应用程序，如右图所示。

### 10.2.5 使用查找命令运行程序

事实上，对于不在"开始"菜单中的运行程序，有一个快捷的方法启动该程序，就是利用查找命令。当然，前提是需要知道应用程序的名称或部分名称。

01 打开"计算机"窗口。双击桌面上的"计算机"图标，即可打开"计算机"窗口，如下图所示。

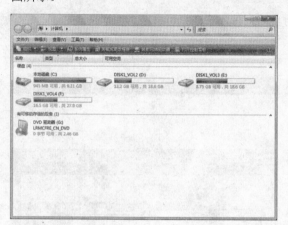

02 输入搜索信息。在窗口右上角的"搜索"框中输入搜索条件，这里输入的是"Windows会议室"，如下图所示，系统将自动进行搜索。

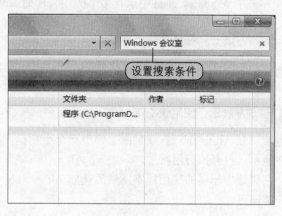

03 启动"Windows会议室"。窗口显示搜索到了一个"Windows会议室"快捷方式，双击该快捷方式，如下图所示。

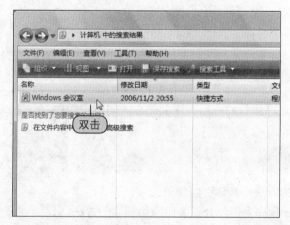

04 设置"Windows会议室"选项。在弹出的"Windows会议室设置"提示框中，单击"是，继续设置 Windows 会议室"选项，如下图所示。

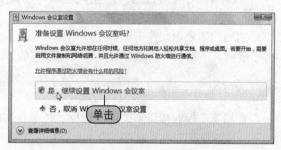

05 启动"Windows会议室"的效果。系统将自动启动 Windows 会议室，弹出"Windows 会议室"窗口，如右图所示，然后可在此执行相应的操作。

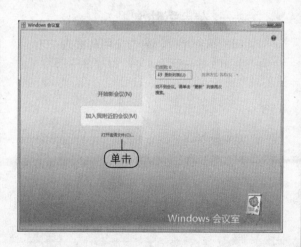

Windows 一般会自动解决该问题，如果不想等待，可使用任务管理器自己结束该程序。

**Windows Vista**
操作系统从入门到精通

10
Chapter

1
section

2
section

3
section

4
section

5
section

## BASIC

## 10.3　切换应用程序

在 Windows Vista 中运行多个应用程序时，可使用多种方法在应用程序之间切换。

### 方法一：在任务栏上切换

在任务栏上单击想切换到的应用程序按钮，即可将该应用程序激活。

### 方法二：使用快捷键

按 Alt ＋ Tab 键，在桌面上弹出一个小窗口，显示已打开的应用程序。多次按下 Alt ＋ Tab 键，直到选中想要的应用程序，然后释放 Alt ＋ Tab 键即可。

### 操作点拨

如果在桌面上可以看见应用程序窗口，单击该窗口即可激活它。

## BASIC

## 10.4　关闭应用程序

当用户需要退出当前的应用程序时，可以将正在运行的应用程序关闭，关闭应用程序的方法有很多种，下面就详细地介绍关闭应用程序的方法。

### ● 使用窗口控制按钮

使用窗口控制按钮来关闭应用程序是最常用的方法，具体讲解如下。

下面以关闭正在运行的 Windows Media Player 程序为例，介绍关闭应用程序的方法。

### 方法一：使用关闭按钮

关闭应用程序时，单击应用程序窗口右上角的"关闭"按钮 ✕ 即可，如右图所示。

？问　什么是 svchost.exe？

**方法二：使用图标命令**

　　单击 Windows Media Player 窗口标题栏左上角的图标▶，在弹出的下拉菜单中，单击"关闭"命令，如右图所示，即可关闭此应用程序。

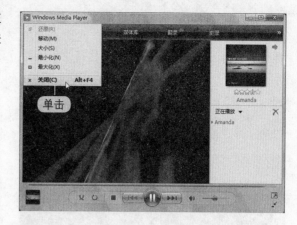

## 使用菜单

　　用户除了通过窗口控制按钮来关闭应用程序外，还可以使用菜单命令来关闭应用程序，具体的操作步骤如下。

　　下面以关闭正在运行的"记事本"程序为例，介绍关闭应用程序的方法。

　　在"记事本"窗口的菜单栏上单击"文件 > 退出"命令，如右图所示，即可关闭当前应用程序。

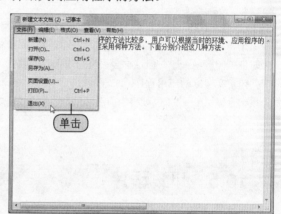

## 使用快捷菜单

　　在启动、运行应用程序期间，首先将需要关闭的程序最小化，在 Windows 桌面底部的任务栏上将出现相应的按钮，右击该按钮，在弹出的快捷菜单中单击"关闭"命令，如右图所示，即可关闭应用程序。

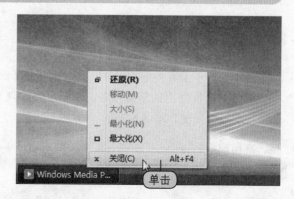

Svchost.exe 是计算机上的一个进程，该进程宿主（或包含）Windows 用于执行各种功能的其他单独服务。

1
section

2
section

3
section

4
section

5
section

### 使用任务管理器关闭程序

**01** 打开"Windows 任务管理器"窗口。同时按下 Ctrl + Alt + Delete 组合键，在切换到的界面中单击"启动任务管理器"按钮，如下图所示，即可打开"Windows 任务管理器"窗口。

**02** 关闭程序。切换至"应用程序"选项卡下，在"任务"列表框中，选中需要停止的应用程序，然后单击"结束任务"按钮，如下图所示，即可关闭相应的应用程序。

### 操作点拨

如果要关闭的应用程序中还有数据没有保存，系统将弹出"结束任务"对话框。单击"立即结束"按钮即可关闭应用程序，但这样会丢失尚未保存的数据。除非应用程序停止响应，否则不要轻易使用该方法关闭正在运行的应用程序。

按组合键 Alt + F4 也可将当前激活的应用程序窗口关闭。

## BASIC
## 10.5 卸载程序

卸载 Windows 应用程序一般来说可以使用两种方法：使用软件包里的卸载程序或使用"卸载或更改程序"工具。

### 10.5.1 卸载应用程序

对于一些不需要使用的程序，用户即可选择卸载此程序，具体讲解如下。

通过调用程序组的卸载程序，用户可以实现对程序组的卸载操作，下面以卸载 HyperSnap 6 应用程序为例简单介绍这种方法。

### 使用卸载程序

**01** 执行相关菜单命令。单击桌面上的"开始 >所有程序 >HyperSnap 6> 卸载 HyperSnap 6"命令，如下图所示。

**02** 设置"用户账户控制"选项。这时系统会弹出"用户账户控制"对话框，提示用户该程序是一个未能识别的程序，此时单击"允许"选项，如下图所示。

？问 Windows 如何向用户通知解决方案？

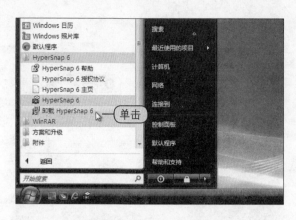

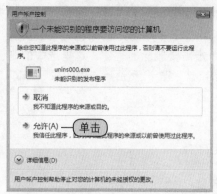

**03** 卸载软件。单击"允许"选项后,系统会弹出"HyperSnap 卸载"对话框,如下图所示,单击"是"按钮,即可开始卸载 HyperSnap,并会显示卸载的进度。

**04** 完成卸载。卸载完毕后,系统会弹出一个提示窗口,提示已经卸载完成,如下图所示,单击"确定"按钮即可退出该提示框。

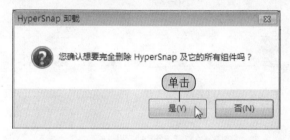

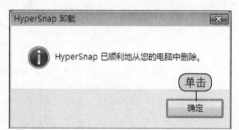

### 使用卸载工具

用户还可以通过"程序和功能"窗口来卸载软件,具体的操作步骤如下。

**01** 打开"控制面板"窗口。单击"开始>控制面板"命令,如下图所示,即可打开"控制面板"窗口。

**02** 打开"程序和功能"窗口。在弹出的"控制面板"窗口中,双击"程序和功能"图标,如下图所示,即可打开"程序和功能"窗口。

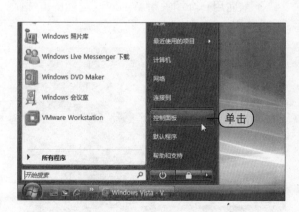

如果将 Windows 设置为自动检查解决方案,在出现问题后,Windows 将通知用户可以立即采用的步骤。

10
Chapter

**03** 选择需要卸载的程序。在"卸载或更改程序"列表框中显示了 Windows 中已经安装的应用程序，单击需要删除的程序，这里选中的是"千千静听 4.6.7"程序，然后单击"卸载 / 更改"按钮。

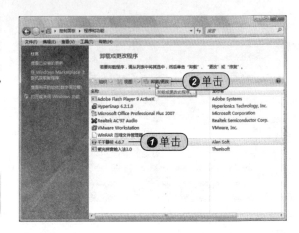

**操作点拨**

"卸载 / 更改"按钮是在用户选中了"卸载或更改程序"列表框中的选项后，才会可用。

**操作点拨**

如果当前软件没有卸载完毕马上又卸载其他软件，系统会弹出"程序和功能"对话框，如右图所示，提示用户等待当前程序完成卸载或更改，单击"确定"按钮即可。

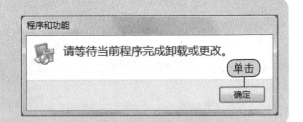

**04** 完成卸载。这样，用户则成功地卸载了选中的软件，如右图所示，单击"是"按钮后，返回到"程序和功能"窗口中，可看到"卸载或更改程序"列表框中已没有该程序的选项了。

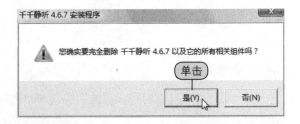

## 10.5.2 关闭Windows功能

前面向用户介绍了打开 Windows 功能的方法，接下来向用户介绍关闭 Windows 功能的方法，关闭 Windows 功能的具体操作步骤如下。

**01** 打开"程序和功能"窗口。在 Windows Vista 桌面上单击"开始>控制面板"命令，如右图所示，即可打开"控制面板"窗口。

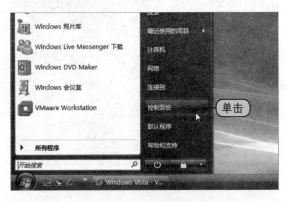

什么是绿色软件？

**02** 打开"程序和功能"窗口。在弹出的"控制面板"窗口中，双击"程序和功能"图标，如下图所示，即可打开"程序和功能"窗口。

**03** 单击"打开或关闭 Windows 功能"选项。在"程序和功能"窗口中单击"任务"窗格中的"打开或关闭 Windows 功能"选项，如下图所示。

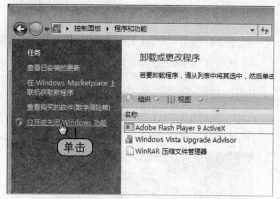

**04** 选择继续操作。弹出"用户账户控制"对话框，提示用户"Windows 需要您的许可才能继续"，此时单击"继续"按钮，如下图所示。

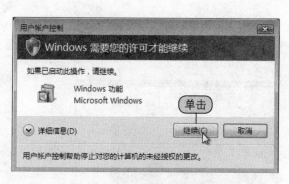

**05** 关闭所需的功能。弹出"Windows 功能"对话框，用户取消勾选所需关闭的功能前的复选框，如下图所示，设置完毕后，单击"确定"按钮即可。

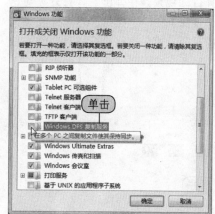

**06** 显示关闭功能的进度。经过操作后，系统则会将选中的程序卸载掉，如右图所示，系统显示了卸载进度。

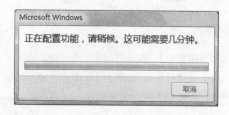

# Column ——————

## ■ 暴风影音的使用 ■

　　现在的第三方播放插件越来越多，例如：Real Player、暴风影音等软件，这些小软件用来播放视频文件的效果非常好，因为其所带的解码器非常齐全，下面就以暴风影音 2.0 为例，简单地介绍暴风影音 2.0 的使用。

**01** 打开"暴风影音"窗口。双击桌面上"暴风影音"程序的快捷方式图标，如下图所示，即可打开"暴风影音"窗口。

**02** 打开"打开"对话框。在弹出的"暴风影音"窗口中，单击菜单栏上的"文件 > 打开文件"命令，如下图所示。

**03** 选择目标视频。在弹出的"打开"对话框中的"查找范围"下拉列表中选择视频文件所在的路径，然后选择目标视频文件，最后单击"打开"按钮即可，如下图所示。

**04** 这时，播放器就开始播放所选中的文件，如下图所示。

**操作点拨**

鼠标单击播放的视频，这时，播放器则会暂停当前的播放。

播放视频文件

**操作点拨**

右击"暴风影音"窗口中所播放的视频，在弹出的快捷菜单中单击"全屏"命令，如右图所示，即可切换至全屏窗口下。

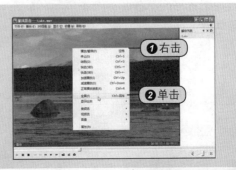

❶右击

❷单击

本章建议学习时间：60分钟

建议分配 40 分钟熟悉 Windows Vista 控制
面板的操作，掌握常用的系统设置的操作
步骤，再分配 20 分钟进行练习。

Chapter

# 11

**Windows Vista** 操作系统从入门到精通

# 系统设置与维护

## 学完本章后您可以：

- 熟悉Windows Vista控制面板
- 掌握常用的系统设置
- 了解Windows 注册表

认识Vista控制面板

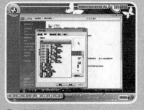

设置鼠标

**本章多媒体光盘视频链接** ▲

在 Windows Vista 中，系统提供比传统 Windows 功能更强大、界面更人性化的功能模块，同时让用户体验到 Vista 的简单、易上手。在使用过程中，用户更可以根据自己的个人习惯，更改 Windows 控制面板的相应选项，使计算机能更好地配合用户的使用习惯。本章主要讲解了 Vista 控制面板的基本操作方法，常用系统（如欢迎中心、网络、防火墙、硬件和声音、鼠标等）的设置方法以及 Windows 注册表的功能与操作方法等。

## BASIC

## 11.1　Windows Vsita控制面板

用户在选择使用 Vista 系统时，很容易发现该控制面板与以往传统的 Windows 控制面板有很大的区别，而该部分正充分体现了 Windows Vista 的人性化风格。

同时，若用户是传统的 Windows 用户，在 Vista 下可以使用两种视图方式查看控制面板中的内容，以适应个人喜好。一种是标准的视图，它包含着菜单样式的界面，在每个选项中都会列出所包含的项目，而另一种视图则是经典视图，以往版本的 Windows 都使用过这个样式来排列控制面板中的所有选项。

### 11.1.1　打开控制面板

在 Windows Vista 下，用户若要打开控制面板，一般可以通过两种方法实现。

**方法一**

01 单击"控制面板"命令。单击桌面上的"开始>控制面板"命令，如下图所示。

02 打开"控制面板"窗口。单击"控制面板"命令后，将会打开"控制面板"窗口，如下图所示。

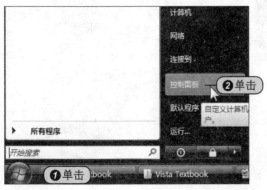

**方法二**

01 单击"个性化"命令。在桌面空白处右击鼠标，在弹出的快捷菜单中单击"个性化"命令，如下图所示。

02 在"个性化"窗口中打开。弹出"个性化"窗口，在导航地址栏中，单击"控制面板"字样，如下图所示，即可切换到"控制面板"窗口中。

用户的计算机中有一个较早版本的 Windows，但当用户切换版本时，还原点就会消失，这是为什么？

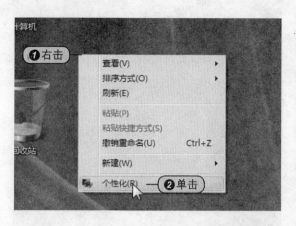

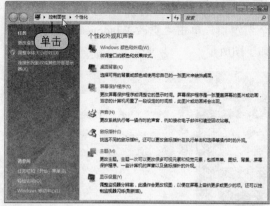

## 11.1.2 认识控制面板

在 Windows Vista 中，控制面板更倾向于网页化，使用户对系统的设置就像浏览网页一样轻松容易，所有功能选项，只需用鼠标轻轻一点，便可打开选项并对功能模块进行更多的细节设置。

Windows 用户可以在此根据功能分类进行诸如"系统"、"安全"和"外观"等的设置，如右图所示。

**操作点拨**

用户可以根据需求选择功能类别，再进行功能的细分选择。

**操作点拨**

用户想要更改个人用户登录 Windows 密码，在此可以由"用户"、"密码"两个关键字引入对应功能，而操作上也如想象中一样简单，只需轻松几步就可以实现，在后面的章节中将会详细地介绍关于这方面的内容。

**01** 选择功能类别。在控制面板主页中，单击"用户账户和家庭安全"选项，如右图所示。

**02** 进入详细菜单。打开"用户账户和家庭安全"窗口，单击"更改 Windows 密码"类别，如下图所示。

**03** 单击"更改密码"选项。进入 Windows 密码选单，这里提供了与 Windows 密码相关的对应选项，单击"更改密码"选项，如下图所示。

**04** 设置密码。进入"更改密码"窗口，用户在相应文本框中输入对应的原始密码及新密码后，单击"更改密码"按钮，即可完成设置，如右图所示。

# BASIC

## 11.2  常用系统设置

　　用户进入控制面板主页后，就可以对系统进行相应的设置了，在本节中用户将了解到如何根据个人使用习惯对系统进行常规设置，如鼠标、键盘设置，显示方式设置、网络、程序等。适当地设置参数，可使用户在使用过程中效率更高，工作更加轻松。

### 11.2.1  欢迎中心

　　在系统和维护模块中，提供了基础硬件管理、系统参数、电源管理等功能，针对不同的使用习惯，用户可以选择性地进行相应设置。

　　在 Windows Vista 安装完成并进入系统以后，系统将自动弹出"欢迎中心"窗口，提示用户是否需要了解该系统，并指导用户对该系统快速上手。在控制面板主页中，首先用户需要单击"欢迎中心"进入相关基础设置向导，具体操作方法如下。

如果系统还原没有修复问题，应该如何操作？

**01** 选择"系统和维护"选项。打开控制面板主页，单击"系统和维护"选项，如右图所示。

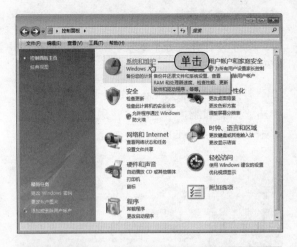

**操作点拨**

窗口中所有功能命令前带有"![]"符号的，都表示该功能只能通过系统管理员（administrator）身份进行操作。

**02** 打开"欢迎中心"窗口。在"系统和维护"窗口的功能细分列表中，单击"欢迎中心"选项，如右图所示，即可进入"欢迎中心"窗口。

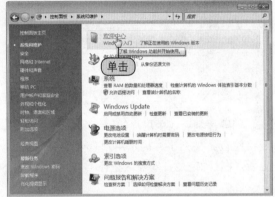

**操作点拨**

单击窗口左侧"任务"窗格中的对应选项，可快速切换到该功能模块。

**03** 在"欢迎中心"窗口中，系统提供了对 Windows Vista 的简单介绍，在详细了解了每个选项内容后，用户对该系统将有一个初步的了解，取消勾选"启动时运行"复选框后，如右图所示，系统再次启动将不会再弹出该窗口。

## 11.2.2  Windows Update

　　若用户的计算机可以接入网络，在每当微软的 Windows 有最新的补丁发布时，系统可以根据用户的设置情况自动下载这项补丁，并安装在系统中，这样使系统更加稳定、安全。并且避免了很多病毒因系统漏洞入侵，给用户带来不必要的损失，Windows Update 的具体设置方法如下。

如果系统还原没有修复问题，可以撤销还原操作或尝试选择其他还原点。

# Windows Vista
操作系统从入门到精通

11
Chapter

1
section

2
section

3
section

## 更新 Windows

为了使计算机处于最安全的状态，那么用户就应该对计算机随时进行更新，Windows 更新的具体操作步骤如下。

**01** 打开 Windows Update。在控制面板主页中，单击"系统和维护"选项，在进入的窗口中再单击 Windows Update 选项，如下图所示。

**02** 检查更新。若用户需要查看微软服务器上是否有最新系统补丁可以更新，则单击"检查更新"选项，如下图所示。

**03** 稍等片刻后（由用户的网络质量而定），系统将检查结果列出，提示用户有多少补丁可以更新，并且确定是否安装这些补丁，如右图所示。

## 设置系统从不检查更新

若用户的计算机没有接入网络，可将系统设置为"从不检查更新"，这样可以避免弹出"可更新提示"窗口，设置方法如下。

**01** 更改设置。在 Windows Update 窗口中单击"更改设置"选项，如右图所示。

**02** 从不检测更新。切换至"更改设置"窗口后，单击选择"从不检测更新"单选按钮，然后单击"确定"按钮，如右图所示，即可设置为从不检查更新。

## 11.2.3 网络和Internet

用户的计算机若需要接入到网络，需要进行相关设置，用户需根据个人实际使用情况设置包括计算机名称、网络名称、IP地址、文件共享等选项，具体的各项功能及设置方法如下。

### 网络和共享中心

计算机单机（或局域网）需要接入到Internet或者需要将几台计算机组成局域网，可以在计算机网络共享功能模块中进行相关设置，对于通过局域网共享上网的用户，首先需要设置自己的IP地址和工作组，具体设置方法如下。

**01** 单击"网络和Internet"选项。在"控制面板"窗口的"控制面板主页"视图模式下，单击"网络和Internet"选项，如右图所示。

**02** 打开网络和共享中心。打开"网络和Internet"窗口后，单击"网络和共享中心"选项，如下图所示。

**03** 更改设置。弹出"网络和共享中心"窗口，若需要更改工作组，单击"网络发现"折叠按钮，在展开的面板中单击"更改设置"选项，如下图所示。

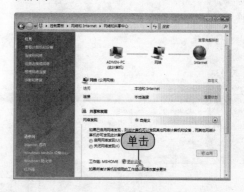

极少数情况下，严重错误会使Windows根本无法启动，可尝试启动修复和重新安装Windows。

**Windows Vista**
操作系统从入门到精通

11
Chapter

1
section

2
section

3
section

**04** 打开"系统属性"对话框。弹出"系统属性"对话框，单击"更改"按钮，如下图所示。

**05** 更改工作组。弹出"计算机名 / 域更改"对话框，在"工作组"单选按钮下方的文本框中输入想加入的工作组即可，比如 MSHOME，如下图所示。

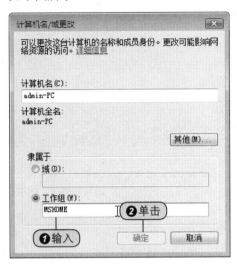

### 操作点拨

Windows Vista 默认的工作组为 WORKGROUP，意味着用户若没有特殊工作组加入，在计算机组成局域网后，默认工作在同一个工作组。

### 单机接入网络

若用户是单机接入网络，一般会由网络供应商（ISP）提供独立的 IP 地址以及登录账号、密码等，用户需要将该 IP 地址设置在个人计算机中，设置方法如下。

**01** 查看状态。在"网络和共享中心"窗口中单击"查看状态"选项，如下图所示。

**02** 查看本地连接状态。弹出"本地连接状态"对话框，单击"属性"按钮，如下图所示。

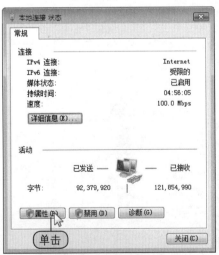

？问 什么是"最近一次的正确配置"？

**03** 选择连接项目。弹出"本地连接属性"对话框，在"此连接使用下列项目"列表框中双击"Internet 协议版本 4（TCP/IPv4）"选项，如右图所示。

双击

### 操作点拨

用户可以发现 Vista 系统支持了最新的网络协议 IPv6，虽然如今 IPv4 相当普及，但在不久的将来，IPv6 将成为应用最广泛的网络协议。

**04** 输入 IP 地址。根据 ISP 供应商提供的 IP 地址，填写到相应文本框中，如右图所示。

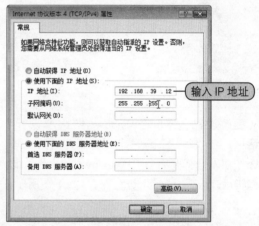

输入 IP 地址

### 操作点拨

部分单机上网用户是通过小区宽带上网，其实也是属于局域网上网的一种类型。若没有特殊规定需要固定 IP，则单击选中"自动获得 IP"和"自动获取 DNS 服务器地址"单选按钮，并单击"确定"按钮。

### 操作点拨

什么是 IPv6 与 IPv4？

目前的全球因特网所采用的协议簇是 TCP/IP 协议簇。IP 是 TCP/IP 协议簇中网络层的协议，是 TCP/IP 协议簇的核心协议。目前广泛所使用的 IP 协议版本号是 4（简称为 IPv4），它的下一个版本即是 IPv6。IPv6 正处在不断发展和完善的过程中，它在不久的将来将取代目前被广泛使用的 IPv4。

IPv6 主要解决了 IPv4 中解决不好的一些问题。IPv6 的主要优势体现在以下几方面：扩大地址空间、提高网络的整体吞吐量、改善服务质量（QoS）、安全性有更好的保证、支持即插即用和移动性等。

## 11.2.4 Windows防火墙

　　用户在接入网络后，需要确保网络安全，拒绝一些异常的网络访问申请，防止网络攻击导致系统瘫痪，需要使用到防火墙来处理这些网络申请，而在 Windows Vista 中，系统自带有 Windows 防火墙，用户经过简单设置以后就可以让需要访问网络的程序进行网络连接，而一些异常的网络连接可以由用户选择拒绝访问网络，具体设置方法如下。

# Windows Vista
操作系统从入门到精通

11
Chapter

1
section

2
section

3
section

### 启用防火墙

同样地，用户为了使自己的计算机处于一种安全的状态，就需要开启 Windows 中的防火墙，避免自己的计算机被黑客攻击。

**01** 打开 Windows 防火墙。在"网络和 Internet"窗口中单击"Windows 防火墙"选项，如下图所示。

**02** 单击"更改设置"选项。打开"Windows 防火墙"窗口后，单击"更改设置"选项，如下图所示。

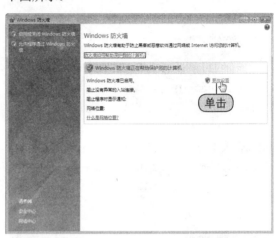

**03** 更改设置。弹出"Windows 防火墙设置"对话框，在"常规"选项卡下，用户通过选取单选按钮，选择是否打开 Windows 防火墙，设置完毕后，单击"确定"进行保存，如下图所示。

**04** 选择例外程序。切换至"例外"选项卡下，在此可以添加用户信任的程序访问网络，而在例外程序列表外的程序将拒绝访问到网络，通过勾选相应的复选框，即可更改程序访问网络的权限，如下图所示。

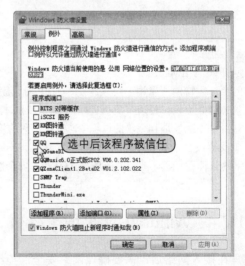

### 添加可信任程序

在 Windows 防火墙的例外程序列表中，用户可以更改部分程序访问网络的权限，而有些用户信任并且需要访问到网络的程序没有在列表中被列出，此时，用户需要手动将它们添加到程序列表中，并设置其能够访问到网络，具体设置方法如下。

什么时候应该使用"最近一次的正确配置"？

**01** 单击"添加程序"按钮。在"Windows 防火墙设置"对话框的"例外"选项卡下，单击"添加程序"按钮，如下图所示。

**02** 查找需添加的程序。弹出"添加程序"对话框，用户查看列表中是否已经列出需要添加信任的程序，若列表中没有，可以通过单击"浏览"按钮进行添加，如下图所示。

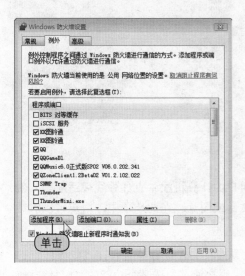

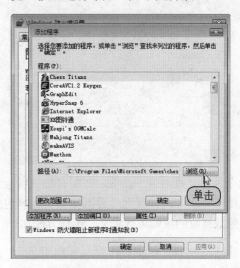

**03** 打开"浏览"对话框。弹出"浏览"对话框，用户指定到需要访问网络的可执行文件，单击选中后，单击"打开"按钮，如右图所示，即可将其添加到列表中。

## 11.2.5 红外线和Windows Mobile

如今，配合计算机使用的外围设备越来越多，例如播放音乐的 MP3、看电影的 PMP 播放器、智能手机、PDA、笔记本电脑等，这些设备都可以和计算机互相同步数据。不过在以往的操作系统中，管理设备的同步非常麻烦，因为如果设备较多，不同类型的设备分别需要在系统的不同位置或者不同软件中设置同步选项，并不便于操作，设备之间的同步关系会变得很乱。用户要将某 MP3 文件同步到自己的移动设备中，需要首先安装同步软件（Active Sync），再创建连接关系，过程非常繁琐，而在 Windows Vista 中，通过同步中心，用户的 Windows 移动设备可以通过 USB、红外线、蓝牙进行同步，而不需要再安装任何同步软件，一切操作就如同操作 U 盘一样简单，设备与计算机连接后，计算机将自动安装相应的驱动，使用效果如下面 2 幅图所示。

如果无法启动 Windows，但是上次打开计算机时可正确启动，则可以尝试使用"最近一次的正确配置"。

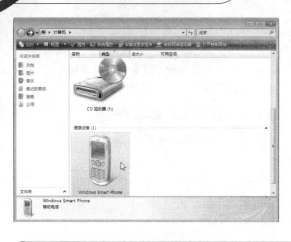

## 红外线

如今大部分移动电子设备，都配有红外线接口，若用户的计算机配备有红外线视适配器，就可以使用红外线方式进行无线数据交换，数据包括数据文件或图片。在此选项中，用户可以对红外线传输数据时的规则进行定义，操作方法如下。

**01** 单击"红外线"选项。在控制面板中单击"硬件和声音"选项，在"硬件和声音"窗口中，单击"红外线"选项，如下图所示，即可打开"红外线"对话框。

**02** 设置接收文件保存位置。在"红外线"选项卡中，用户通过勾选某个功能的对应复选框，打开对应功能。单击"将接收文件保存在此位置"文本框下方的"浏览"按钮，可定义文件默认接受位置，如下图所示。

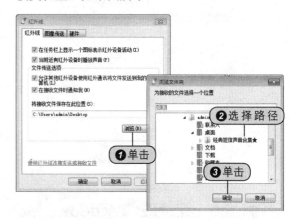

**03** 图像传送。切换至"图像传送"选项卡，用户可以选中复选框，使在检测到数码相机后，自动连接该相机。在"已接收的图像"选项组中，单击"浏览"按钮，并指定路径，作为照片进行传输后默认保存的文件夹地址，如右图所示。

"最近一次的正确配置"会影响用户的个人文件吗？

● Windows Mobile

Windows Vista 中系统直接支持基于 Microsoft WindowsCE 操作系统的移动设备的交换通信，这些设备包括 Windows Smart Phone、Windows Pocket PC 等，用户若使用基于这种系统的手机或者 PDA，在此进行简单的设置，就可以让 Smart Phone 或者 Pocket PC 与计算机相互交换数据，设置方法如下。

**01** 打开"连接设置"对话框。打开"硬件和声音"窗口，单击"Windows Mobile 设备中心"选项，如下图所示。

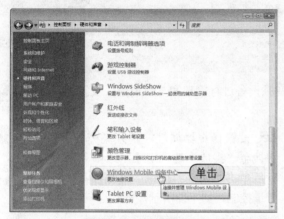

**02** 进行连接设置。弹出"连接设置"对话框，用户通过勾选相应复选框及选择选项，激活相应连接方式，如下图所示。

操作点拨

用户勾选了"允许 USB 连接"复选框后，当 Windows 移动设备连接到用户的计算机时，系统将自动建立连接。

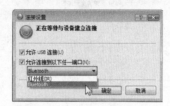

## 11.2.6 硬件和声音

在控制面板中的"硬件和声音"窗口中，用户可以定义对硬件的管理策略以及对系统声音的更改，具体操作方法如下。

● 自动播放

外部存储器（如 U 盘、MP3、PMP 播放器、Windows Mobile 设备等）在 Windows Vista 下识别并安装成功以后，若这些存储设备中包含有可执行多媒体文件，系统将提示是否使用自动播放。而自动播放文件的类型，用户可以在此设置，具体的操作方法如下。

**01** 选择"自动播放"。打开"硬件和声音"窗口，单击"自动播放"选项，如右图所示。

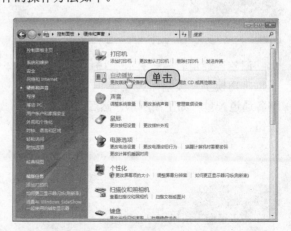

不会，它只影响系统设置，不会更改用户计算机上的电子邮件、照片或其他个人数据。

**Windows Vista**
操作系统从入门到精通

11
Chapter

1
section

2
section

3
section

**02** 选择插入媒体的后续操作。在"自动播放"窗口中,用户可以根据外部存储内容的格式,选择对已知文件的打开方式,如在放入 CD 后,用户需要系统自动启动 Windows Media Player 对 CD 进行播放,这里只需要在"音频 CD"下拉列表中选择"播放音频 CD 使用 Windows Media Player"选项即可,最后单击"保存"按钮,如右图所示。

### 声音的播放

在"声音"对话框中,用户可以对计算机的音频设备进行管理和参数调整,设置内容包括扬声器设置、声音采集编码率等,具体操作如下。

**01** 单击"声音"选项。打开"硬件和声音"窗口,单击"声音"选项,如下图所示。

**02** 设置扬声器属性。打开"声音"对话框,切换至"播放"选项卡下,选中"扬声器"图标后单击"属性"按钮,可对各音频通道进行音量控制,如下图所示。

**03** 调整各通道音量。打开"扬声器属性"对话框,切换至"级别"选项卡下,用户可以调整各通道音量,如下图所示,然后单击"确定"按钮。

**04** 配置扬声器设置。在"声音"对话框中单击"配置"按钮,在弹出的对话框中可以选择是否启用音频设备以及对音频设备进行测试等,如下图所示。

### 操作点拨

单击"平衡"按钮,可在弹出的"平衡"对话框中对左右声道音量进行微调。

### 操作点拨

若用户所使用的是 5.1 声道的音像及音频采集卡,在此可以测试出 5 个声音通道工作是否正常,一般正常情况下,用户将会听到 5 个从不同位置发出的声音。

问 什么是安全模式?

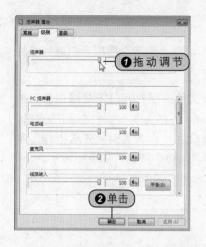 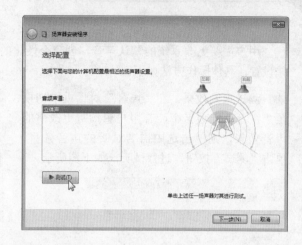

## 声音的录制

　　用户在实际应用中一般还会使用音频录制功能，比如网络语音服务、语音指令、录音机等，在此进行相应的设置可以使对方接收到的音频效果良好，具体设置方法如下。

`01` 打开"麦克风加强"功能。在"声音"对话框中切换至"录制"选项卡下，双击"麦克风"图标，弹出"麦克风属性"对话框，再切换至"自定义"选项卡下，在此用户可以选择是否打开"麦克风加强"功能，如右图所示。

### 操作点拨

"麦克风加强"功能被打开以后，麦克风所接受到的声音范围将变得更广，就算是很轻微的声音都容易被采集进去，所以只适用于较安静的场合，推荐不要在嘈杂的环境中打开此选项。

`02` 调整麦克风采集音量。在"麦克风属性"对话框中切换至"级别"选项卡，用户可以在此调整麦克风采集的音量大小，如右图所示。

### 操作点拨

所有与音频录制相关的功能，都需要用户的计算机中连接有麦克风。

 它是 Windows 的故障排除选项，该模式在限制状态下启动计算机，仅启动运行必需的基本文件和驱动程序。

**Windows Vista**
操作系统从入门到精通

11
Chapter

1
section

2
section

3
section

● **系统声音设置**

用户需要更改系统的默认声音，创建个性化的音频方案，可以在"声音"选项卡中进行个性化设置，具体操作方法如下。

**01** 测试声音效果。在"声音"对话框中切换至"声音"选项卡下，若用户想预听更改前的声音效果，则单击选中需要试听的声音条目，单击"测试"按钮，进行试听，如下图所示。

**02** 添加音频文件。用户有时需要添加自己的音频文件（*.wav）作为某一事件启动的声音，这里以更换系统启动声音为例，先选中程序事件，然后单击"浏览"按钮，如下图所示。

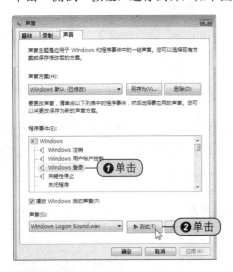

**03** 选择音频文件。在打开的对话框中选择需要更改的音频文件路径，选中对象后，单击"打开"按钮，则选中的音频文件将作为被更改事件的启动声音，如下图所示。

**04** 检查更改后的音频文件。返回"声音"对话框，单击"测试"按钮，检查更改后的音频文件是否有效，确定无误后，单击"确定"按钮进行保存设置，如下图所示。

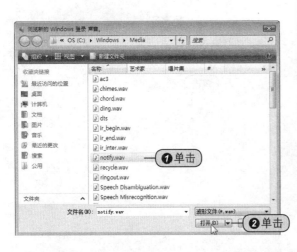

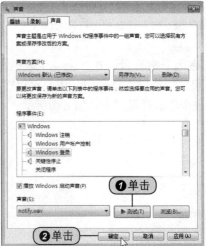

## 11.2.7 鼠标

用户还可以对鼠标显示方案、左右手使用设定以及移动速度比等进行设置，具体设置方法如下。

用户的计算机自动在安全模式下启动，问题出在哪里？

**01** 单击"鼠标"选项。打开"硬件和声音"窗口，如下图所示，单击"鼠标"选项，即可打开"鼠标属性"对话框。

**02** 设置双击速度。在"鼠标键配置"选项组中，根据用户拿持鼠标的习惯，设定是否将左右键切换。在"双击速度"选项组中，拖动滑块设定双击打开文件夹的时间间隔，设定完成后，在测试区双击文件夹图标试用双击打开速度是否符合用户的使用习惯，如下图所示。

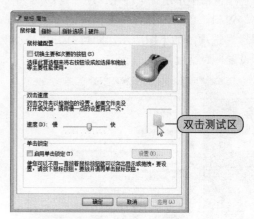

双击测试区

11
Chapter

**03** 选择显示方案。切换至"指针"选项卡，用户在此可以选择鼠标显示方案，单击"方案"选项组中的下拉按钮，在下拉列表中可以选择更换系统自带的各种鼠标显示方案，如右图所示。

**操作点拨**

设定好方案后，若用户需要更改方案中某个时间所显示的鼠标样式，可在显示列表中双击更改该项显示方式。

**04** 设置指针选项。切换至"指针选项"选项卡，在"移动"选项组中拖动滑块，可调整指针在屏幕指针上移动速度比。这里推荐勾选"提高指针精确度"复选框，这样鼠标将以最大识别率检查位移量，如右图所示。

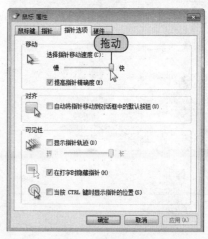

**操作点拨**

勾选"自动将指针移动到对话框中的默认按钮"复选框后，当屏幕弹出需要用户确认的按钮时，鼠标指针将自动移动到按钮处。勾选"显示指针轨迹"复选框，并设定拖动长度后，可以发现鼠标的移动有了残影效果。

**答** 尝试启动所有常用程序，包括"启动"文件夹中的程序，依次查看程序是否出现了问题。

## 11.2.8 更改系统图标

一些系统默认的图标，如"计算机"、"网络"、"回收站"等，在 Windows XP 下不能由用户自己定义，而在 Widows Vista 中，用户可以进行更改，具体操作方法如下。

**01** 打开"桌面图标设置"对话框。在"硬件和声音"窗口中单击"个性化"选项，打开"个性化"窗口。单击"任务"窗格中的"更改桌面图标"选项，如下图所示，即可打开"桌面图标设置"对话框。

**02** 更改图标。在"桌面图标"选项组中，可以通过勾选复选框来选中需要更改图标的项目，再单击"更改图标"按钮，在"更改图标"对话框中可以设置图标，如下图所示。

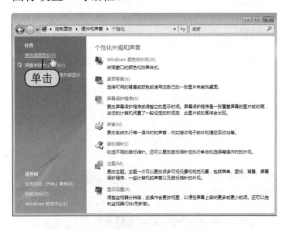

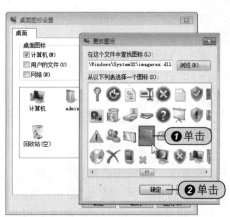

## 11.2.9 程序和功能

在"程序"窗口中，系统提供了已安装程序应进行的常规管理，包括程序卸载（修复）以及文件与程序关联的设置，具体操作方法如下。

**01** 打开"程序"窗口。打开"控制面板"窗口，单击"程序"选项，如下图所示。

**02** 打开"程序和功能"窗口。在打开的"程序"窗口中，单击"程序和功能"选项，如下图所示，即可打开"程序和功能"窗口。

为什么安装了一个新程序后，无法运行 Windows ？

**03** 单击"卸载／更改"命令。系统将自动搜索并显示出已安装的程序，若用户需要彻底删除某个程序，单击选中此程序，右击鼠标，在弹出的快捷菜单中单击"卸载／更改"命令，如下图所示。

**04** 进入卸载程序。稍后系统将自动引导进入该程序的卸载程序，如下图所示。

## 11.3　Windows 注册表

注册表最初被设计为一个应用程序数据文件的相关参考文件，最后扩展成对于 32 位操作系统和应用程序包括了所有功能的设置选项。

### 11.3.1　什么是Windows注册表

注册表控制整个操作系统外表和如何响应外来事件工作的文件。这些"事件"包括从直接存取一个硬件设备到接口如何响应特定用户再到应用程序如何运行。最直观的一个实例就是，为什么 Windows 下的不同用户可以拥有各自的个性化设置，如不同的墙纸、不同的桌面等，这些都是通过注册表来实现的。

### 11.3.2　认识注册表编辑器

在 Windows 启动后，注册表编辑器作为一个高级设置编辑器并没有在桌面快捷方式中显示，所以首先用户要使用以下方法打开注册表编辑器。

**01** 打开"运行"对话框。单击桌面上的"开始＞所有程序＞附件＞运行"命令，如右图所示，即可打开"运行"对话框。

该程序可能与此版本的 Windows 不兼容。尝试使用"系统还原"将系统还原到正常运行的时间内的点。

**02** 输入 regedit 命令。在 "运行" 对话框的 "打开" 文件框中，输入 regedit 命令，再单击 "确定" 按钮，如下图所示。

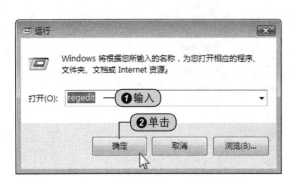

**03** 打开 "注册表编辑器" 窗口。进入 "注册表编辑器" 窗口，如下图所示。

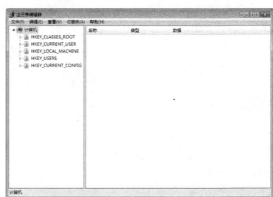

**操作点拨**

计算机的注册表系统是以功能类别划分为五大类别，操作方式类似于资源管理器。

## 11.3.3　Windows Vista注册表五大功能主键简介

Windows Vista 注册表的五大功能主键简单介绍如下。

### HKEY_CLASSES_ROOT

该主键用于管理文件系统，记录的是 Windows 操作系统中所有数据文件的信息，主要记录不同文件的文件名后缀以及与之对应的应用程序。当用户双击一个文档时，系统可以通过这些信息启动相应的应用程序。

### HKEY_CURRENT_USER

该主键用于管理当前用户的配置情况。在这个主键中我们可以查阅计算机中登录的用户、密码等相关信息。

### HKEY_LOCAL_MACHINE

该主键用于管理系统中的所有硬件设备的配置情况，在该主键中存放的是用来控制系统和软件的设置。由于这些设置是针对那些使用 Windows 系统的用户而设置的，是一个公共配置信息，所以它与具体用户无关。

### HKEY_USERS

该主键用于管理系统中所有用户的配置信息，电脑系统中每个用户的信息都保存在该文件夹中，如用户在该系统中的一些口令、标识等。

### HKEY_CURRENT_CONFIG

该主键用于管理当前系统用户的系统配置情况，如该用户自定义的桌面管理、需要启动的程序列表等信息。

## 11.3.4　注册表应用简单实例

用户初步了解了注册表的作用后，下面将通过一个注册表的简单应用实例来说明注册表的作用。

用户在使用 Windows 系统时能够发现，若是将某文件创建快捷方式后，在创建的图标中都包含一个小箭头符号，而系统中没有提供直接的选项让用户选择显示小箭头或不显示小箭头的功能，而类似于这种系统中没有直接提供的选项，用户都可以通过修改注册表来达到需要的效果。具体操作方法如下。

**01** 展开树型项目列表。打开"注册表编辑器"窗口后，单击 HKEY_CLASSES_ROOT 左侧的折叠按钮展开树型项目列表，如下图所示。

**02** 选中 Inkfile 项目。在树型项目列表中，找出键值为 Inkfile 的项目，并单击选中它，如下图所示。

**03** 删除 Shortcut 项目。在右侧的项目参数区域中右击数据类型为 shortcut 的键值，在弹出的快捷菜单中单击"删除"命令，如下图所示。

### 操作点拨

系统再次启动时，用户会发现快捷方式图标中的小箭头符号已经消失，如下图所示。

修改前

修改后

### 操作点拨

不难看出，用户通过修改编辑注册表键值，可以实现一些控制面板中没有提供的功能，若用户需要了解更多功能及键值，需要具体查阅注册表修改的相关资料。

# Column —————————— 专栏

## ■ Windows Update的设置 ■

　　Windows Update 的相关设置，可根据用户实际的使用情况而自定义，一般情况下，用户长时间接入网络，并且要求系统安全性较高，推荐选择"自动安装更新"并设置对应的更新时间，与此同时，用户需要注意：下载的安装补丁将会自动安装在系统的 C 盘中，所以选择更新时，请用户检测 C 盘的磁盘空间是否足够。

　　对于一些磁盘空间比较紧张的用户，建议使用选择性的 Update，只安装比较重要的系统补丁，只需要单击"检查更新，但是让我选择是否下载和安装更新"单选按钮即可，具体操作方法如下。

**01** 选择安装更新的方法。单击"检查更新，但是让我选择是否下载和安装更新"单选按钮，并单击"确定"按钮，如右图所示。

**操作点拨**

所有需要通过管理员身份启动的命令，在系统提示是否继续时，请根据用户需求选择是否继续运行。

**02** 查看可用更新。系统检查更新以后，将切换至可更新报告，单击"查看可用更新"选项，用户即可查看下载列表，如右图所示。

**03** 选择更新程序。切换至可更新列表，这里显示了可查看类型，用户可以根据个人情况，在重要更新项目前，勾选对应的复选框，然后单击"安装"按钮，进行选择性更新，如右图所示。

本章建议学习时间：100分钟

建议分配80分钟掌握磁盘、内存的优化和设置方法，熟悉任务管理器的操作界面，再分配20分钟进行练习。

Chapter

# 12

# 系统的优化与维护

## 学完本章后您可以：

- 掌握磁盘优化的方法
- 熟悉内存优化和设置
- 学会提高系统的运行速度
- 运用任务管理器
- 了解系统还原的有关知识

清理磁盘碎片

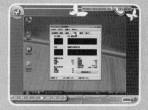

性能的管理

本章多媒体光盘视频链接 ▲

随着计算机使用时间的延长，在系统中就会出现一些垃圾文件和一些冗余文件，这些文件会影响用户使用计算机的运行速度、稳定性和安全性，这些文件还能够使存放在磁盘中的文件变得杂乱，因此对系统的优化就显得非常重要了，用户在维护计算机时，通常会使用到性能监视器和任务管理器，本章还将向用户介绍性能监视器和任务管理器的使用方法与系统还原功能。

1 section

2 section

3 section

4 section

5 section

6 section

7 section

## BASIC

## 12.1 磁盘优化

磁盘是负责储存计算机中重要信息的部件，对磁盘进行优化有助于提高用户计算机的速度，从而提高用户的工作效率，还能够避免因磁盘原因造成的计算机瘫痪。

### 12.1.1 格式化磁盘

当用户新装操作系统，安装新磁盘或者磁盘出现问题的时候就需要对磁盘进行格式化。现在 Windows 支持的磁盘格式主要有 FAT32、NTFS 两种格式，接下来就进行详细的讲解。

01 打开"计算机"窗口。双击桌面上的"计算机"图标，如下图所示，即可打开"计算机"窗口。

02 选择目标磁盘。右击需要格式化的磁盘，在弹出的快捷菜单中，单击"格式化"命令，如下图所示。

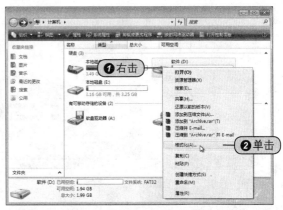

03 继续进行此操作。单击"格式化"命令后，系统会弹出"用户账户控制"对话框，单击"继续"按钮，如右图所示。

**04** 设置文件系统格式。在弹出的"格式化本地磁盘"对话框中的"文件系统"下拉列表中，选择所需的文件系统的格式，例如选择FAT32格式，如下图所示。

**05** 设置格式化选项。设置了文件系统格式后，勾选"格式化选项"选项组中的"快速格式化"复选框，如下图所示。

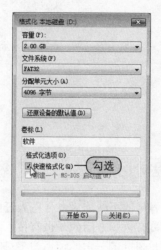

**操作点拨**

如果用户勾选了"快速格式化"复选框，则系统会很快将目标磁盘进行格式化，如果没有选择该复选框，则系统会以较慢的速度对磁盘进行格式化。

**06** 确定格式化目标磁盘。设置完格式化选项后，单击"开始"按钮，即会弹出"格式化本地磁盘"提示框，提示用户是否确定格式化该磁盘，如右图所示，单击"确定"按钮即可开始对磁盘进行格式化。

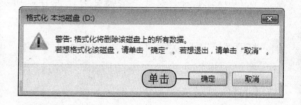

**07** 格式化磁盘。单击"确定"按钮后，系统则对磁盘进行格式化，如右图所示，显示出格式化磁盘的进度。

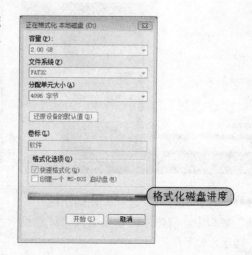

**答** BIOS 不需要管理，因此不需要更改任何设置。高级用户可能会选择更改某些设置。

1
section

2
section

3
section

4
section

5
section

6
section

7
section

**08** 显示格式化磁盘后的效果。这样，用户则将目标磁盘进行了格式化操作，格式化磁盘后，该磁盘中将没有任何文件，如右图所示。

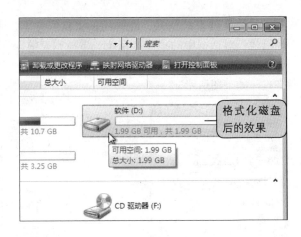

## 12.1.2 磁盘分区

　　由于磁盘驱动器容量的不断增大，一些人开始质问将所有格式化的空间合并为一大块是否明智。这一类想法的动机有哲学方面的，也有技术方面的。从哲学角度上讲，一个较大的磁盘驱动器所提供的额外空间若超过了一定的大小似乎只会造成更多的杂乱无章。从技术角度上讲，某些文件系统不是为支持大于一定容量的磁盘驱动器而设计的。或者，某些文件系统可能会支持拥有巨大容量的较大的驱动器，但是由文件系统跟踪文件所强加之上的管理费用也随之变得很高。

　　解决这个问题的办法是将磁盘划分为分区（partition），每一分区都可以像一个独立的磁盘一样被访问，这是通过添加分区表（partition table）来实现的。

　　Windows 提供了最基本的磁盘分区操作，可以对磁盘分区进行删除添加，可以方便地为新装磁盘进行分区操作。

**01** 打开"控制面板"窗口。单击桌面上的"开始 > 控制面板"命令，如下图所示，即可打开"控制面板"窗口。

**02** 打开"管理工具"窗口。在弹出的"控制面板"窗口中，双击"管理工具"图标，如下图所示，即可打开"管理工具"窗口。

**03** 选择"计算机管理"选项。在弹出的"管理工具"窗口中，双击左侧窗格中的"计算机管理"选项，如下图所示。

**04** 继续执行操作。这时，系统将弹出"用户账户控制"对话框，单击"继续"按钮，如下图所示，即可继续执行操作。

　　用户如何查看自己的计算机有哪种类型的 BIOS？

**05** 进入"磁盘管理"界面。系统打开"计算机管理"窗口,单击左侧窗格中的"磁盘管理"选项,则在右侧窗格中将显示出关于磁盘的信息,如下图所示。

**06** 打开更改磁盘的驱动器号和路径对话框。右击窗口下方的目标磁盘的盘号,在弹出的快捷菜单中,单击"更改驱动器号和路径"命令,如下图所示。

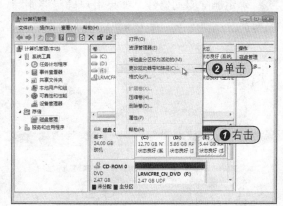

**07** 打开"更改驱动器号和路径"对话框。在弹出的更改磁盘的驱动器号和路径对话框中单击选中目标卷,如果单击"更改"按钮,如下图所示,则将打开"更改驱动器号和路径"对话框。

**08** 更改磁盘的驱动器号和路径。在弹出的"更改驱动器号和路径"对话框中,单击选中"分配以下驱动器号"单选按钮,并在右侧的下拉列表中选择驱动器号,如下图所示,设置完毕后,单击"确定"按钮即可。

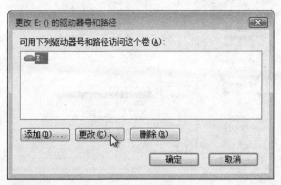

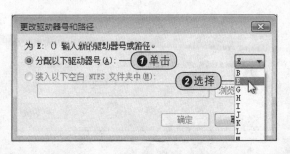

在"系统信息"窗口中单击"系统摘要"选项,在"BIOS 版本/日期"下查看 BIOS 制造商、版本号等信息。

1
section

2
section

3
section

4
section

5
section

6
section

7
section

**操作点拨**

如果用户单击快捷菜单中的"格式化"命令，则将弹出"格式化"对话框，如下图所示，然后按照前面介绍的方法可以对磁盘进行格式化。

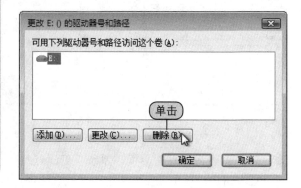

09 打开"磁盘管理"提示框。如果用户单击"删除"按钮，如下图所示，则将打开"磁盘管理"提示框。

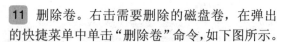

10 确定删除驱动器号。如果用户确定要删除驱动器号，则单击"是"按钮，如下图所示。

11 删除卷。右击需要删除的磁盘卷，在弹出的快捷菜单中单击"删除卷"命令，如下图所示。

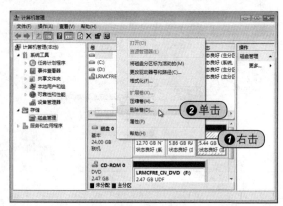

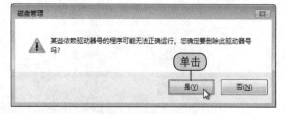

12 确定删除目标卷。单击"删除卷"命令后，则会弹出"删除简单卷"提示框，如下图所示，如果用户确定需要删除该卷，则单击"是"按钮。

13 显示删除卷后的效果。这样，用户则将选中的目标卷删除了，效果如下图所示。

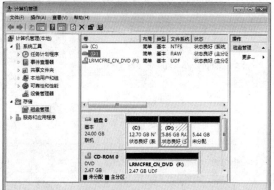

ACPI 是指什么？

**14** 打开"新建简单卷向导"窗口。右击删除的卷，在弹出的快捷菜单中单击"新建简单卷"命令，如下图所示，即可打开"新建简单卷向导"窗口。

**15** 进入"指定卷"大小界面。打开"新建简单卷向导"窗口，单击"下一步"按钮，如下图所示，即可进入"指定卷大小"界面。

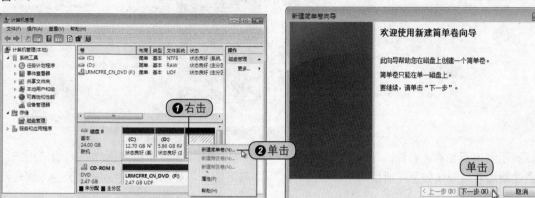

**16** 指定卷大小。在"简单卷大小"数值框中输入所需的数据，以指定卷的大小，如下图所示，然后单击"下一步"按钮。

**17** 分配驱动器号和路径。进入"分配驱动器号和路径"界面后，单击选中"分配以下驱动器号"单选按钮，在右侧下拉列表中选择驱动器号，如下图所示，设置完毕后，单击"下一步"按钮即可。

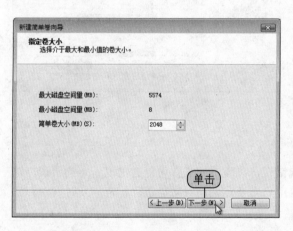

**18** 格式化分区。进入"格式化分区"界面后，单击选中"按下列设置格式化这个卷"单选按钮，并设置该卷的"文件系统"和格式化方式，如右图所示，设置完毕后，单击"下一步"按钮。

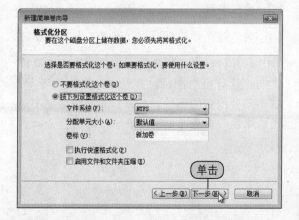

答 高级配置和电源接口 (ACPI) 定义计算机的电源管理功能和其他配置信息的行业标准。

1
section

2
section

3
section

4
section

5
section

6
section

7
section

19 完成新建简单卷向导。进入"正在完成新建简单卷向导"界面，在"已选择下列设置"列表框中核查所选设置。然后单击"完成"按钮，如右图所示。

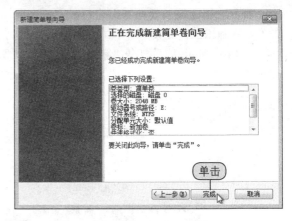

20 显示创建新加卷。系统即开始格式化该卷，并创建新加卷，效果如下图所示。

21 继续添加新卷。按照同样的方法，用户可将剩下的未划分的空间继续创建新卷，创建新卷后的效果如下图所示。

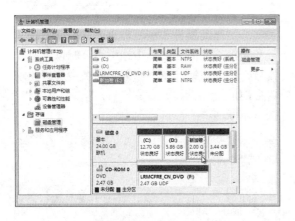

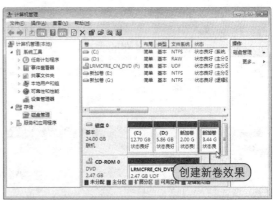

## 12.1.3 检查并整理磁盘碎片

由于用户有时候不正常关机，或者系统出现错误，磁盘上的文件可能会出现一定的错误，这时候磁盘就会产生错误而降低运行的效率，所以用户需要定期地对磁盘进行检查，及时发现和修复错误。

### ● 检查磁盘

为了提高计算机的运行速度，用户需要对磁盘进行检查，检查磁盘的具体操作步骤如下。

01 打开目标磁盘属性对话框。首先双击桌面上的"计算机"图标，打开"计算机"窗口，右击需要检查的磁盘，在弹出的快捷菜单中单击"属性"命令，如下图所示，即可打开属性对话框。

02 打开"检测磁盘"对话框。在弹出的目标磁盘属性对话框中，切换至"工具"选项卡下，单击"查错"选项区域中的"开始检查"按钮，如下图所示。

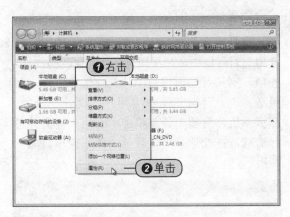

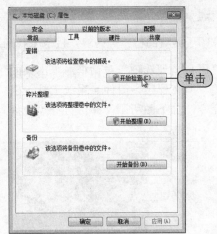

**03** 继续进行此操作。这时，系统将会弹出"用户账户控制"对话框，单击"继续"按钮，如下图所示。

**04** 开始检查磁盘。在弹出的"检查磁盘"对话框中，勾选"磁盘检查选项"选项组中的"自动修复文件系统错误"复选框，然后单击"开始"按钮，即可开始检查磁盘。

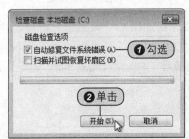

### ● 磁盘碎片整理

为了使磁盘能够更加稳定地运转，用户可以对磁盘的碎片进行整理，具体的操作方法如下。

**01** 打开"磁盘碎片整理程序"对话框。单击桌面上的"开始 > 所有程序 > 附件 > 系统工具 > 磁盘碎片整理程序"命令，如下图所示。

**02** 立即整理磁盘碎片。在弹出的"磁盘碎片整理程序"对话框中，单击"立即进行碎片整理"按钮，即可开始对磁盘碎片进行整理，如下图所示。

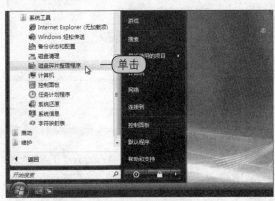

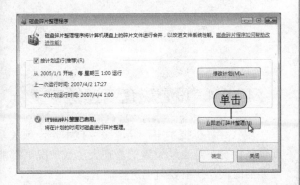

因 BIOS 制造商而异，通常在打开计算机之后 Windows 启动之前，必须立即按一个键（如 F12、Del 等）或组合键。

1
section

2
section

3
section

4
section

5
section

6
section

7
section

● 磁盘清理

前面介绍了磁盘的检查等内容，接下来就向用户介绍磁盘清理的方法。

**01** 打开"磁盘清理选项"对话框。单击桌面上的"开始 > 所有程序 > 附件 > 系统工具 > 磁盘清理"命令，如下图所示，即可打开"磁盘清理选项"对话框。

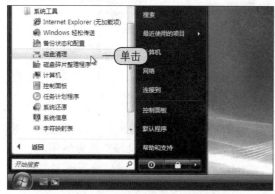

**02** 选择磁盘清理选项。在弹出的"磁盘清理选项"对话框中，如果用户选择"仅我的文件"选项，则只对当前用户中的文件进行清理，如果选择"此计算机上所有用户的文件"选项，那么系统将对整个计算机中所有用户的文件进行清理，在此选择"仅我的文件"选项，如下图所示。

**03** 选择驱动器。在弹出的"磁盘清理：驱动器选择"对话框中，用户可在"驱动器"下拉列表中选择需要清理的驱动器，然后单击"确定"按钮，如下图所示。

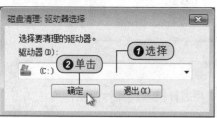

**04** 对磁盘进行清理。单击"确定"按钮后，系统将对磁盘进行清理，如下图所示，并显示出清理的进度。

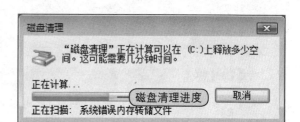

**05** 删除垃圾文件。经过操作后，系统则清理出了垃圾文件，单击"删除文件"按钮，如右图所示，即可删除这些垃圾文件。

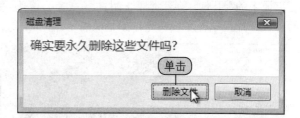

## 12.1.4 设置磁盘高速缓存

现代计算机技术中，高速缓存技术是一项关系着计算机性能的重要技术，Windows 的磁盘缓存默认情况下是自动设置的，在大多数情况下都能满足用户需要，但是当用户觉得不能满足性能需要的时候，就需要自己进行调节。

如何更新 BIOS ？

01 打开"系统"窗口。右击桌面上的"计算机"图标，在弹出的快捷菜单中单击"属性"命令，如下图所示，即可打开"系统"窗口。

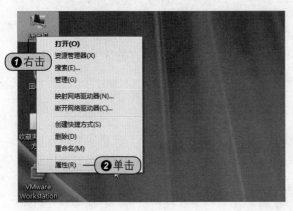

02 打开"设备管理器"对话框。在弹出的"系统"窗口中，单击左侧"任务"窗格中的"设备管理器"选项，如下图所示。

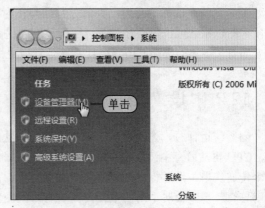

03 打开"设备管理器"窗口。单击"设备管理器"选项后，系统会弹出"用户账户控制"对话框，单击"继续"按钮，如下图所示，即可打开"设备管理器"窗口。

04 单击"属性"命令。在弹出的"设备管理器"对话框中，单击"磁盘驱动器"选项将其展开，然后右击展开的磁盘驱动器，在弹出的快捷菜单中单击"属性"命令，如下图所示。

05 设置磁盘高速缓存。在弹出的磁盘驱动器属性对话框中，切换至"策略"选项卡下，勾选"启用磁盘上的写入缓存"复选框，设置完毕后，单击"确定"按钮即可，如右图所示。

步骤因 BIOS 制造商而异。如果需要更新 BIOS，则检查计算机附带的信息并访问计算机制造商的网站。

## 12.2 内存优化和设置

因为系统在运行的时候，大部分数据都在内存里面，内存的大小直接关系着系统运行速度的快慢，所以正确地设置内存对系统运行速度的提高起着至关重要的作用。虽然 Windows 在内存管理方面有了很大的提高，但是要让系统运行得更快更稳定，用户还需要对内存进行一定的优化。

## 12.2.1 设置虚拟内存

1
section

2
section

3
section

4
section

5
section

6
section

7
section

当系统运行时，先要将所需的指令和数据从外部存储器（如硬盘、软盘、光盘等）调入内存中，CPU 再从内存中读取指令或数据进行运算，并将运算结果存入内存中，内存所起的作用就是一个传递作用。当运行一个程序需要大量数据、占用大量内存时，内存就会被全部占用，而在内存中总有一部分暂时不用的数据占据着有限的空间，所以要将这部分数据移动到其他地方，以腾出地方给"活性"数据使用。这时就需要新建另一个后备存放数据的地方，由于硬盘的空间很大，所以微软 Windows 操作系统就将这个地方选在硬盘上，这就成为虚拟内存。在默认情况下，虚拟内存是以名为 Pagefile.sys 的交换文件保存在硬盘的系统分区中的。

默认状态下，Windows 是让系统管理虚拟内存的，但是系统默认设置的管理方式通常比较保守，在自动调节时会造成页面文件不连续，而降低读写效率，工作效率就显得不高，于是经常会出现"内存不足"这样的提示，所以用户需要手动设置它。

**01** 打开"系统"窗口。右击桌面上的"计算机"图标，在弹出的快捷菜单中单击"属性"命令，如下图所示，即可打开"系统"窗口。

**02** 单击"高级系统设置"选项。在弹出的"系统"窗口中，单击"任务"窗格中的"高级系统设置"选项，如下图所示。

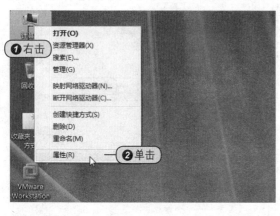

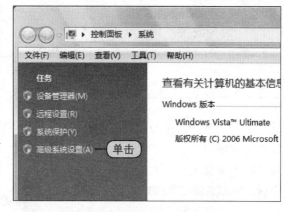

**03** 打开"系统属性"对话框。系统会弹出"用户账户控制"对话框，单击"继续"按钮，如右图所示，即可打开"系统属性"对话框。

问 什么是 CMOS？

**04** 打开"性能选项"对话框。在弹出的"系统属性"对话框中，切换至"高级"选项卡下，单击"性能"选项区域中的"设置"按钮，如下图所示，即可打开"性能选项"对话框。

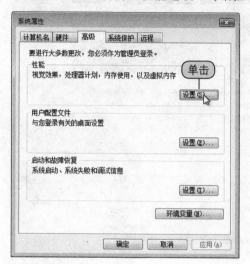

**05** 打开"虚拟内存"对话框。在弹出的"性能选项"对话框中，切换至"高级"选项卡下，单击"更改"按钮，如下图所示，即可打开"虚拟内存"对话框。

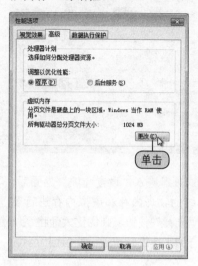

**06** 设置虚拟内存。在弹出的"虚拟内存"对话框中，单击选中"自定义大小"单选按钮，然后在"初始大小"文本框中输入虚拟内存的初始大小的值，然后在"最大值"文本框中输入所需的数值，如右图所示，设置完毕后，单击"设置"按钮，再单击"确定"按钮即可。

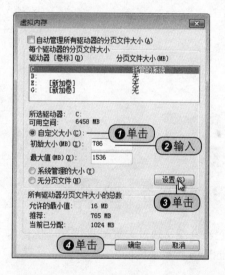

## 12.2.2　使用第三方工具软件来管理内存

　　由于 Windows 在内存管理方面上总有不完善的地方，系统会随着开机时间的延长而越来越慢。特别是运行了大型软件之后，系统反应速度往往会大不如前，这时就需要第三方工具来有效地管理内存。下面以 Windows 优化大师为例来进行讲解。

**01** 打开"Windows 内存整理"对话框。启动 Windows 优化大师，然后切换至"磁盘缓存优化"面板中，再单击"内存整理"按钮，如下图所示。

**02** 进入"设置选项"界面。在弹出的"Windows 内存整理"对话框中，单击"设置"按钮，如下图所示，即可进入"设置选项"界面。

**Windows Vista**
操作系统从入门到精通

12
Chapter

1
section

2
section

3
section

4
section

5
section

6
section

7
section

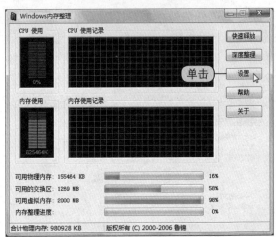

**03** 设置内存选项。进入"设置选项"界面后，用户即可对系统的物理内存和虚拟内存进行整理，如果单击"推荐"按钮，则优化大师将系统的内存以最适合的大小进行设置，如右图所示。

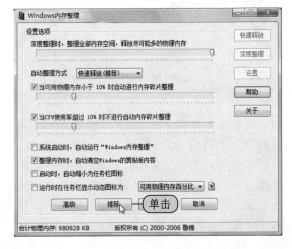

## BASIC

## 12.3 提高系统的运行速度

前面已经介绍了通过设置磁盘缓存、优化内存来提高 Windows 的运行速度，下面介绍其他一些提高 Windows 运行速度的方法。

### 12.3.1 使用不同的硬件配置

用户可以通过对计算机硬件的配置来直接提高计算机的运行速度，使用不同的硬件配置来提高计算机运行速度的方法如下。

**01** 打开"系统"窗口。右击桌面上的"计算机"图标，在弹出的快捷菜单中单击"属性"命令，如下图所示，即可打开"系统"窗口。

**02** 单击"高级系统设置"选项。在弹出的"系统"窗口中，单击左侧"任务"窗格中的"高级系统设置"选项，如下图所示。

什么是启动修复？

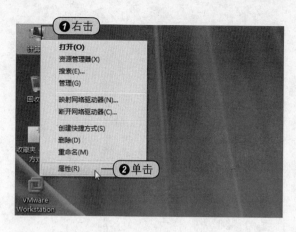

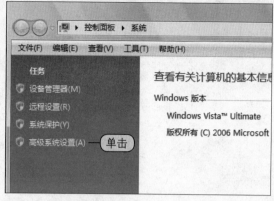

**03** 打开"系统属性"对话框，单击"高级系统设置"选项后，系统会弹出"用户账户控制"对话框，单击"继续"按钮，如下图所示，即可打开"系统属性"对话框。

**04** 打开"性能选项"对话框。在弹出的"系统属性"对话框中，切换至"高级"选项卡下，单击"性能"选项组中的"设置"按钮，如下图所示，即可打开"性能选项"对话框。

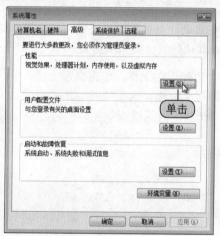

**05** 自定义视觉效果。在"性能选项"对话框中，切换至"视觉效果"选项卡下，单击选中"自定义"单选按钮，并在"自定义"列表框中勾选所需的复选框，如右图所示。

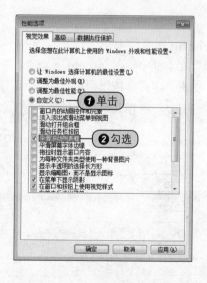

答　启动修复是 Windows 恢复工具，它可以修复某些可能阻止 Windows 正常启动的问题。

**Windows Vista**
操作系统从入门到精通

12
Chapter

1
section

2
section

3
section

4
section

5
section

6
section

7
section

**06** 优化程序。切换至"高级"选项卡下，单击选中"程序"单选按钮，如右图所示，设置完毕后，单击"确定"按钮即可。

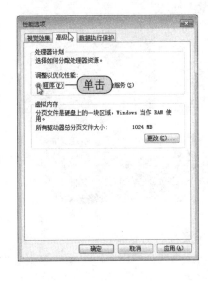

## 12.3.2 禁止系统启动项

如果在启动计算机的时候很慢，那么可以通过设置系统的启动项来提高计算机启动的速度，禁止系统启动项的具体操作步骤如下。

**01** 打开"运行"对话框。单击桌面上的"开始 > 所有程序 > 附件 > 运行"命令，如右图所示，即可打开"运行"对话框。

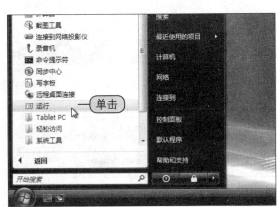

**02** 输入 msconfig 命令。弹出"运行"对话框，在"打开"文本框中输入 msconfig 命令，如下图所示，单击"确定"按钮即可。

**03** 打开"系统配置"对话框。系统会弹出"用户账户控制"对话框，单击"继续"按钮，如下图所示，即可打开"系统配置"对话框。

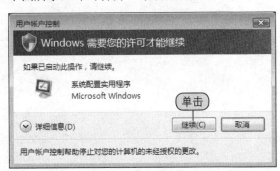

是否存在"启动修复"无法修复的问题？

**04** 设置启动项。在弹出的"系统配置"对话框中，切换至"启用"选项卡下，用户即可对系统的启用项目进行设置,设置完毕后,单击"确定"按钮即可。

**05** 提示重新启动计算机。单击"确定"按钮后,系统会弹出提示框,询问用户是否重新启动计算机,如果用户需要重新启动计算机,则单击"重新启动"按钮,如下图所示。

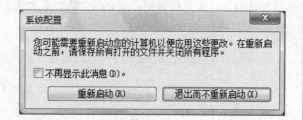

### 12.3.3　使用移动存储设备提高计算机运行速度

　　Windows ReadyBoost 可以使用某些可移动介质设备（如 USB 闪存驱动器）上的存储空间提高计算机速度。插入具有该功能的设备时,利用"自动播放"对话框或者是其属性对话框还可以选择使用 Windows ReadyBoost 提高系统速度。如果选择该选项,则用户可以选择用于此目的的内存大小。但有些情况下用户可能无法使用存储设备上的所有内存来提高计算机速度。

　　某些通用串行总线 （USB） 存储设备包含慢速闪存和快速闪存,而 Windows 只能使用快速闪存来提高计算机速度。因此,如果设备包含慢速闪存和快速内存,应记住只能选择使用快速内存部分用于此目的。

　　建议用于 ReadyBoost 加速的内存容量是计算机上安装的随机存取内存（RAM）容量的 1 ～ 3 倍。例如,如果计算机具有 512 兆字节（MB）的 RAM,并且插入 4 千兆字节（GB）的 USB 闪存驱动器,则该驱动器上 512MB 至 1.5GB 以外的设置将提供最佳的性能增强。

**01** 打开移动设备属性对话框。右击插入的可移动介质设备,在弹出的快捷菜单中单击"属性"命令,如下图所示,即可打开移动设备属性对话框。

**02** 设置通过利用该设备上的空间加快系统速度。在弹出的"移动硬盘属性"对话框中,切换至 ReadyBoost 选项卡下,勾选"插入设备时不要再测试此设备"复选框,然后单击"确定"按钮即可。

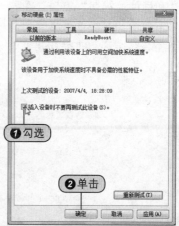

"启动修复"无法修复硬件故障或某些类型的病毒攻击。为了保护计算机,应定期备份系统和文件。

BASIC

## 12.4 查看系统性能

Windows 性能工具由系统监视器与性能日志和警报两部分组成。系统监视器用于收集与内存、磁盘、处理器、网络以及其他活动有关的实时数据，并以图表的形式显示出来。这些实时数据可以帮助用户分析和确认计算机或网络中可能存在的问题。性能日志和警报用于配置日志以便记录性能数据、设置系统警报，并在指定的计数器值高于或低于设置的阈值时通知用户。

### 12.4.1 性能监视器

用户查看计算机性能的时候，可以使用系统自带的性能监视器功能，下面就详细地介绍性能监视器的使用方法。

● **启动监视器**

如果用户需要对系统的功能进行检查，那么可选择启动监视器，具体方法如下。

**01** 打开"控制面板"窗口。单击桌面上的"开始 > 控制面板"命令，如下图所示，即可打开"控制面板"窗口。

**02** 打开"管理工具"窗口。在弹出的"控制面板"窗口中，双击"管理工具"图标，如下图所示，即可打开"管理工具"窗口。

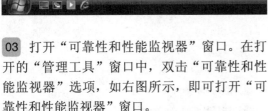

**03** 打开"可靠性和性能监视器"窗口。在打开的"管理工具"窗口中，双击"可靠性和性能监视器"选项，如右图所示，即可打开"可靠性和性能监视器"窗口。

？问 如果启动修复无法修复用户的问题，应如何操作？

**04** 查看系统资源。在打开的"可靠性和性能监视器"窗口中,用户即可查看系统资源利用的情况,如下图所示。

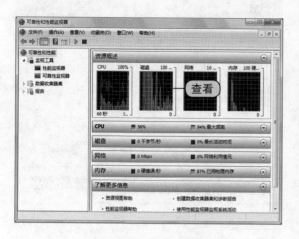

**05** 查看性能监视器。单击"监视工具"选项左侧的折叠按钮展开选项,然后单击"性能监视器"选项,如下图所示,用户即可在右侧查看计算机当前性能的情况。

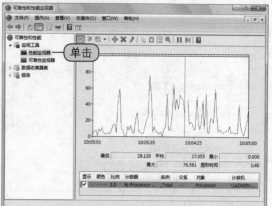

**06** 查看可靠性监视器。单击"可靠性监视器"选项,如右图所示,用户即可在右侧查看计算机当前稳定性的情况。

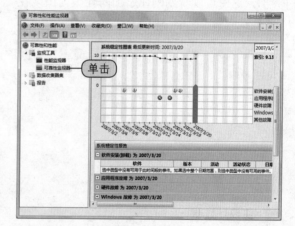

**操作点拨**

使用"性能监视器"可以收集并查看实时性能数据,以便衡量计算机的性能,它的功能主要通过计数器来实现。

● **添加计数器**

计数器指的是在单位时间内数据累加的次数,添加计数器的方法如下。

**01** 打开"添加计数器"对话框。单击"性能监视器"选项,右击右侧的窗口,在弹出的快捷菜单中单击"添加计数器"命令,如右图所示,即可打开"添加计数器"对话框。

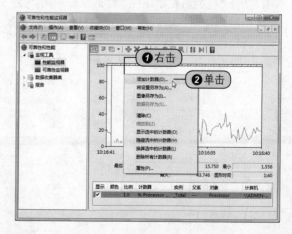

**02** 选择需要添加计数器的项目。在"添加计数器"对话框的"从计算机选择计数器"列表框中单击要添加的计数器名，如下图所示，设置完毕后，单击"添加"按钮即可。

**03** 选择"显示描述"。勾选"显示描述"复选框，如下图所示。

**04** 查看添加的计数器。返回到"性能监视器"界面，这时可以看到刚才添加的计数器出现在"计数器"列表框中，如右图所示。

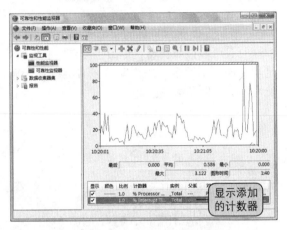

### 更改计数器

如果用户的计数器计算的数据不准确的话，那么就需要对计数器进行设置，具体的操作步骤如下。

**01** 打开"性能监视器属性"对话框。单击"性能监视器"选项，然后在右边窗格中右击，在弹出的快捷菜单中单击"属性"命令，如右图所示，即可打开"性能监视器属性"对话框。

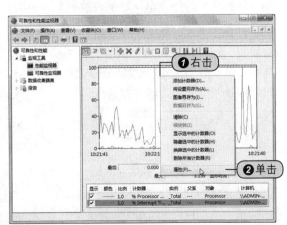

02 选择要更改显示方式的计数器。在弹出的"性能监视器属性"对话框中，切换至"数据"选项卡下，在"计数器"列表框中选择要更改显示方式的计数器，如下图所示。

03 设置颜色。单击"颜色"下拉按钮，在弹出的下拉列表中选择所需的颜色，如下图所示。

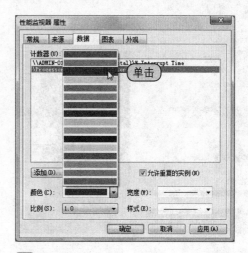

04 设置样式。单击"样式"下拉按钮，在弹出的下拉列表中选择所需的样式，如下图所示，设置完毕后，单击"确定"按钮即可。

05 显示更改后的计数器效果。返回到"性能监视器"窗格中，可以看到更改计数器后的效果。

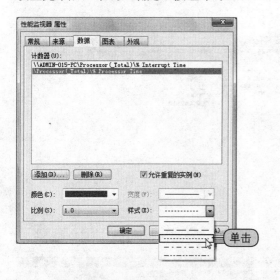

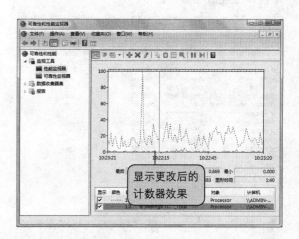

## 12.4.2 数据收集器

"数据收集器"用于配置日志，以便系统能自动地从本地或远程计算机上收集、记录系统性能数据，设置系统警报，并在指定的计数器值高于或低于设定值时通知用户。"数据收集器"可以实现以下功能。

● 收集计数器数据。

● 为日志定义开始和结束时间、文件名、文件大小以及其他参数。

● 设置针对计数器的性能警报，即当所选计数器的值超过或低于指定的设置时，系统应如何反应。

**Windows Vista**
操作系统从入门到精通

12
Chapter

1
section

2
section

3
section

4
section

5
section

6
section

7
section

● 创建数据收集器

**01** 打开"控制面板"窗口。单击桌面上的"开始 > 控制面板"命令,如下图所示,即可打开"控制面板"窗口。

**02** 打开"管理工具"窗口。在弹出的"控制面板"窗口中,双击"管理工具"图标,如下图所示,即可打开"管理工具"窗口。

**03** 打开"可靠性和性能监视器"窗口。在打开的"管理工具"窗口中,双击"可靠性和性能监视器"选项,如下图所示,即可打开"可靠性和性能监视器"窗口。

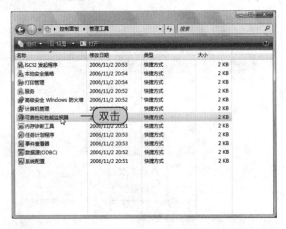

**04** 选择"数据收集器集"选项。单击选中左侧窗格中的"数据收集器集"选项,如下图所示,即在右侧窗格中显示具体内容。

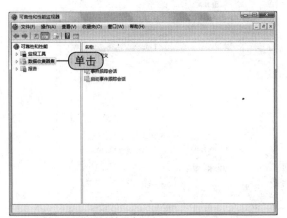

**05** 打开"创建新的数据收集器集"向导。右击右侧窗格中的"用户定义"选项,在弹出的快捷菜单中单击"新建 > 数据收集器集"命令,如右图所示,即可打开"创建新的数据收集器集"向导。

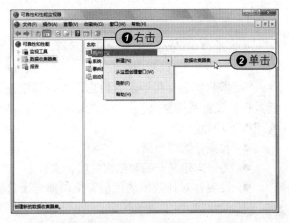

?问 还原点能保存多久?

06 选择创建方式。弹出"创建新的数据收集器集"向导，在"名称"文本框中输入数据收集器集的名称，然后单击选中"从模板创建"单选按钮，设置完毕后，单击"下一步"按钮，如下图所示。

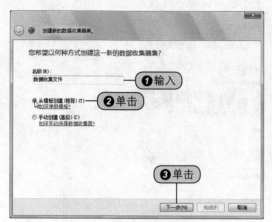

07 选择模板。进入"您想使用哪个模板"界面后，在"模板数据收集器集"列表框中选中所需的模板，设置完毕后，单击"下一步"按钮即可。

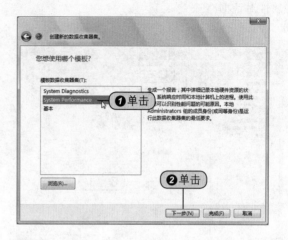

08 设置数据保存位置。进入"您希望将数据保存在什么位置"界面后，用户即可对数据保存的位置进行设置，设置完毕后，单击"下一步"按钮即可。

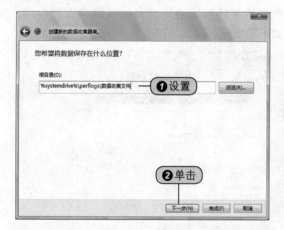

09 完成数据收集器集的创建。进入"是否创建数据收集器集"界面后，单击选中"保存并关闭"单选按钮，如下图所示，设置完毕后，单击"完成"按钮即可。

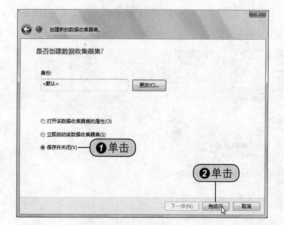

10 查看新建的数据收集器集。这样，用户就创建了新的数据收集器集，效果如右图所示。

答 还原点会一直保存到系统还原可用的硬盘空间用完。随着新还原点的创建，旧还原点会被删除。

### 设置数据收集器属性

**01** 打开新建数据收集器集属性对话框。右击新建的数据收集器集，在弹出的快捷菜单中单击"属性"命令，如下图所示，即可打开相关属性对话框。

**02** 设置数据收集器集的"一般"选项。在弹出的相关属性对话框中，切换至"一般"选项卡下，用户即可对新建的数据收集器集的名称、关键字和身份等进行设置，如下图所示。

**03** 设置数据收集器集的"目录"选项。切换至"目录"选项卡下，用户即可对新建的数据收集器集的根目录、子目录等进行设置，如下图所示。

**04** 设置数据收集器集的"安全"选项。切换至"安全"选项卡下，用户即可对新建的数据收集器集的组或者用户名、权限等进行设置，如下图所示。

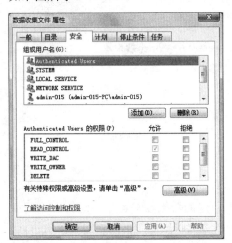

**05** 打开"文件夹操作"对话框。切换至"计划"选项卡下，单击"添加"按钮，如下图所示，即可打开"文件夹操作"对话框。

**06** 设置文件夹操作。在弹出的"文件夹操作"对话框中，可以对活动范围、启动时间、结束时间等选项进行设置，设置完毕后，单击"确定"按钮即可，如下图所示。

问 用户安装了一个新程序，现在无法运行 Windows，该如何处理？

**07** 设置数据收集器集的"停止条件"选项。返回属性对话框，切换至"停止条件"选项卡下，用户即可对新建的数据收集器集的停止条件进行设置，如下图所示。

**08** 设置数据收集器集的"任务"选项。切换至"任务"选项卡下，用户即可对新建的数据收集器集的任务、任务参数等进行设置，如下图所示，设置完毕后，单击"确定"按钮即可。

## BASIC

## 12.5 任务管理器

任务管理器提供了计算机运行的程序和进程的相关信息，并显示了最常见的性能参数值。用户可以通过查看这些信息来了解计算机的运行状况，并可以方便地管理应用程序和进程。

### 12.5.1 启动任务管理器

启动任务管理器有很多种方法，最常用的方法就是利用快捷键 Ctrl ＋ Alt ＋ Del 来快速启动任务管理器，启动任务管理器的具体操作步骤如下。

**答** 该程序可能与此版本的 Windows 不兼容。可以将系统还原到正常运行的时间内的点。

1
section

2
section

3
section

4
section

5
section

6
section

7
section

01 打开"Windows 任务管理器"窗口。在任务栏上右击，在弹出的快捷菜单中单击"任务管理器"命令，如下图所示，即可打开"Windows任务管理器"窗口。

02 查看性能。打开"Windows 任务管理器"窗口，切换至"性能"选项卡下，如下图所示，即可查看系统性能。

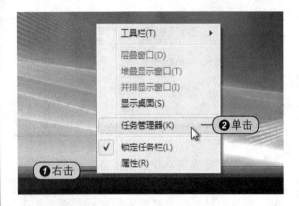

▶ **操作点拨**

用户也可以利用 Ctrl + Alt + Del 组合键，或者按下 Ctrl + Shift + Esc 组合键，打开 Windows 任务管理器。

## 12.5.2 应用程序的管理

在"Windows 任务管理器"窗口的"应用程序"选项卡中显示了当前运行的应用程序，用户可在此查看系统中已启动的应用程序及其当前的状态。在该选项卡中，用户可以关闭正在运行的应用程序、切换到其他应用程序以及启动新的应用程序。如果应用程序停止响应，用户可以关闭正在运行的应用程序，具体步骤如下。

01 打开"Windows 任务管理器"窗口。按下 Ctrl + Alt + Del 组合键，在弹出的界面中单击"启动任务管理器"选项，即可打开"Windows任务管理器"窗口，如下图所示。

02 停止应用程序。切换至"应用程序"选项卡下，单击要停止的应用程序，然后单击"结束任务"按钮，如下图所示。

❓问 用户安装了新程序、视频卡或其他硬件，现在无法运行 Windows，该如何处理？

## 12.5.3 进程管理

在"进程"选项卡中显示了每个进程的详细情况，默认情况下，系统只显示了 5 列信息：映像名称、所属的用户、所占用的 CPU 时间、所占用的内存大小和描述。如果用户想要了解进程的其他信息，可通过以下步骤进行。

**01** 切换至"进程"选项卡。打开"Windows 任务管理器"窗口，然后切换至"进程"选项卡下，如下图所示。

**02** 显示所有进程。单击"显示所有用户的进程"按钮，如下图所示，即可显示出所有的进程。

**03** 打开"选择进程页列"对话框。在菜单栏上单击"查看>选择列"命令，如下图所示，即可打开"选择进程页列"对话框。

**04** 选择需要添加的选项。在弹出的"选择进程页列"对话框中，选中要添加的列，这里勾选"内存-高峰工作集"复选框，单击"确定"按钮。

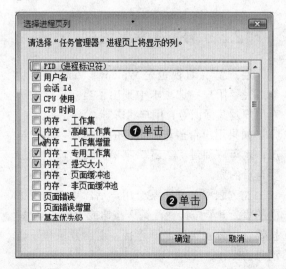

如果将驱动程序卸载或还原到先前版本后仍无法修复问题，则尝试卸载或删除硬件。

1
section

2
section

3
section

4
section

5
section

6
section

7
section

**05** 查看新添加的列。返回到"Windows 任务
管理器"对话框，用户可以看到新添加的列出
现在该选项卡中，如右图所示。

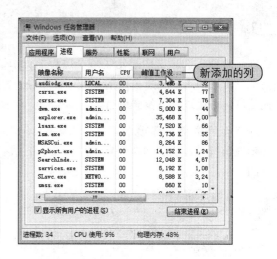

> **操作点拨**
>
> 一般来说，大型应用程序会占用较多的内存。
> 如果某进程占用了比一般情况下多许多的 CPU
> 时间，则说明有可能存在问题，这时需要手动
> 结束该进程。

## 12.5.4 性能的管理

通过"性能"选项卡，可以查看计算机性
能的动态信息。打开"Windows 任务管理器"
窗口，切换至"性能"选项卡，在该选项卡下
用图表的形式显示了 CPU 和内存的占用情况，
并列出了系统当前时间的关键数据，如句柄数、
线程数和进程数等，如右图所示。

## 12.5.5 用户情况监视

用户情况监视也是 Windows Vista 的新功
能。在"用户"选项卡中列出了当前连接的所
有用户及其标识号、用户状态等。

如果用户希望选择更多的参数监视用户情
况，也可以通过"查看"菜单向该选项卡添加
要查看的列。

在列表中选择了某个用户后，单击列表下
面的"断开"按钮、"注销"按钮或"发送信息"
按钮，可分别实现断开连接、退出登录和发送
消息的操作。

问 如何自动关闭停止响应程序？

BASIC

# 12.6 系统还原

"系统还原"是 Windows Vista 为用户提供的一个非常有用的功能。使用系统还原向导可以取消对系统进行的有害更改并还原其设置和性能。系统还原可以将计算机还原到先前的某个时间（称为还原点），而不会导致用户丢失信息，如保存的文件、电子邮件或收藏夹等，并且系统还原对计算机进行的更改是完全可逆的。

## 12.6.1 创建还原点

用户可以使用计算机自动创建的还原点，也可以自行创建还原点。系统在稳定运行一定的时间后将自动创建系统检查点，但该操作是不定期的。如果用户要对当前系统进行大规模更改，例如运行某些安装程序、升级操作系统等，并且这些操作将更改计算机的注册表时，用户可通过系统还原来自行创建还原点。

01 打开"系统还原"向导。单击桌面上的"开始 > 所有程序 > 附件 > 系统工具 > 系统还原"命令，如下图所示，即可打开"系统还原"向导。

02 打开"系统属性"对话框。在弹出的"还原系统文件和设置"界面中，单击"打开系统保护"选项，如下图所示，即可打开"系统属性"对话框。

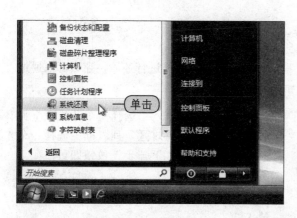

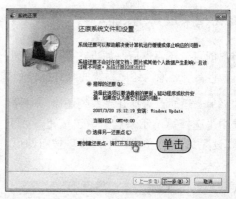

03 打开"系统保护"对话框。在弹出的"系统属性"对话框中，切换至"系统保护"选项卡下，单击"创建"按钮，如右图所示，即可打开"系统保护"对话框。

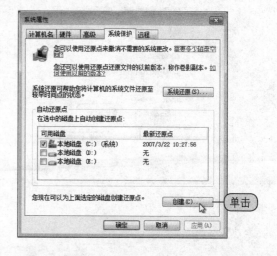

可通过修改注册表关闭，将字符键值 AutoEndTasks 的数值数据更改为 1 即可。

12
Chapter

**Windows Vista**
操作系统从入门到精通

12
Chapter

1
section

2
section

3
section

4
section

5
section

6
section

7
section

**04** 输入还原点的名称。在弹出的"系统保护"对话框中，输入还原点的名称，如右图所示，输入完毕后，单击"创建"按钮即可。

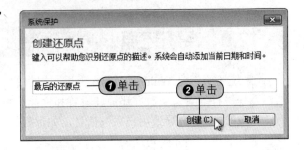

**05** 开始创建还原点。单击"创建"按钮后，系统就会开始创建还原点，如下图所示。

**06** 完成创建。当用户完成了系统还原点的创建时，系统会弹出"系统保护"提示框，提示用户成功创建了还原点，然后单击"确定"按钮即可。

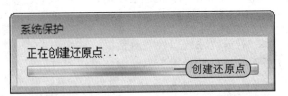

## 12.6.2　还原系统

用户创建了还原点后，如果在使用计算机一段时间后，需要对系统进行还原，那么可以通过还原向导将系统还原，还原系统的具体操作步骤如下。

**01** 选择另一还原点。打开"系统还原"向导，单击选中"选择另一还原点"单选按钮，如下图所示，设置完毕后，单击"下一步"按钮即可。

**02** 选择还原点。进入"选择一个还原点"界面后，用户在"当前时区"列表框中选择一个还原点，然后单击"下一步"按钮即可，如下图所示。

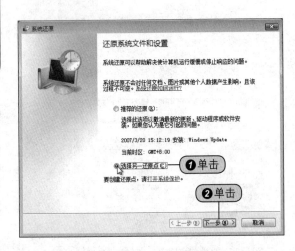

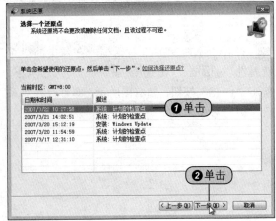

**03** 确定还原点。进入"确定您的还原点"界面后，系统要求用户确认还原点，用户确认后，单击"完成"按钮即可，如下图所示。

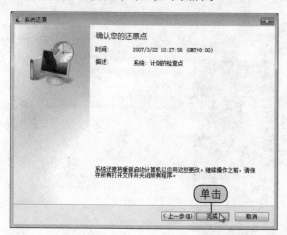

**04** 继续进行操作。单击"完成"按钮后，系统会弹出提示框，提示用户启动后，系统还原可能不能被中断且无法取消直至它完成以后，如果用户确定要继续，则单击"是"按钮即可，如下图所示。

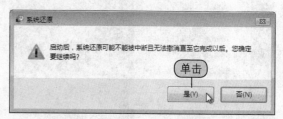

**05** 开始还原系统。单击"是"按钮后，系统就开始准备还原系统了，如下图所示。

**06** 正在还原系统。稍等片刻后，系统显示出正在还原系统，如下图所示，系统完成还原后，则会自动重启系统。

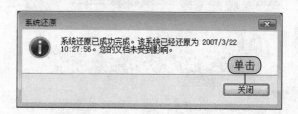

**07** 系统还原提示信息。重新启动 Windows 后，系统还会提示用户系统已经还原到指定的还原点，单击"关闭"按钮即可，如右图所示。

## 12.6.3　禁用还原操作

如果用户不希望在误操作的情况下将系统还原，那么用户可以启动系统的禁用还原操作功能，具体的操作步骤如下。

1
section

2
section

3
section

4
section

5
section

6
section

7
section

**01** 打开"系统"窗口。右击桌面上的"计算机"图标，在弹出的快捷菜单中单击"属性"命令，如下图所示，即可打开"系统"窗口。

**02** 打开"系统属性"对话框。在打开的"系统"窗口中，单击左侧"任务"窗格中的"系统保护"选项，如下图所示，即可打开"系统属性"对话框。

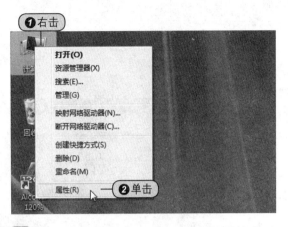

**03** 关闭系统还原。在弹出的"系统属性"对话框中，取消勾选"自动还原点"选项组中的"本地磁盘（C:）（系统）"复选框，如下图所示。

**04** 确定关闭系统还原。系统这时会弹出提示框，询问用户是否确定要关闭系统还原，如果是，则单击"关闭系统还原"按钮即可，如下图所示。

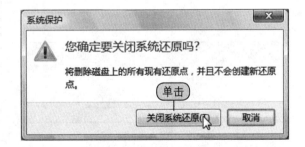

## BASIC
## 12.7 BIOS和磁盘优化

　　BIOS 是计算机中硬件和软件交流的管道，负责着整个计算机的正常工作。BIOS 是 Basic Input-output System（基本输入输出系统）的缩写，它负责开机时对系统的各项硬件进行初始化设置和测试，以确保系统能够正常工作。CMOS 是 Complementary Metal-oxide Semiconductor（互补金属氧化物半导体）的缩写，CMOS RAM 的作用是保存系统的硬件配置和用户对某些参数的设定。总之，CMOS 是系统存放参数的地方，而 BIOS 中的系统设置程序是完成参数设置的手段。因此，准确的说法是通过 BIOS 设置程序对 CMOS 参数进行设置。

### ● 如何进入、设置与退出 BIOS

　　**?问** 如何加强预读能力，改善开机速度？

在系统启动的时候，根据屏幕提示（一般的电脑按 Del 键，部分电脑是按 F2 键）即可进入 BIOS 设置程序主菜单界面。在主菜单界面中，有许多可选项，如下图所示。通过键盘上的"→""←""↑""↓"4 个方向键，选择需要修改设置的菜单项，回车确定后会出现所选菜单项下的子窗口。同样用方向键可以选择子窗口中的具体设置项目，利用 PgUp 和 PgDn 键选择具体项目下的可选参数（Enabled 开启、Disabled 禁用）。当用户将光标移动到不同的选项时，屏幕下方会有一行提示栏，帮助用户了解光标所在项目的大致功能。当用户将所有的 BIOS 设置完成后，选择"Save & Exit Setup（保存并退出设置程序）"来保存 BIOS 设置，选择"Exit Without Saving（退出但不保存）"不保存此次 BIOS 设置的结果。也可按 F10 键执行 BIOS 设置的保存功能，再按回车键确定，根据屏幕提示退出。

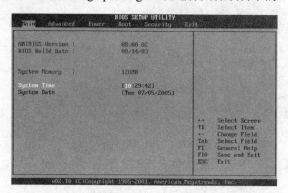

下面简要介绍 10 项基本的 BIOS 设置。

## 【BIOS Features Setup】BIOS 功能参数设定

（1）开机启动顺序 Boot Sequence 的设置

① st Boot Device、② nd Boot Device、③ rd Boot Device 三个选项分别是第一、第二、第三开机顺序，如右图所示。这个选项设置 BIOS 先从哪个盘来寻找操作系统，一般来说，操作系统是安装在 C 盘上的，就应设为先从 C 盘启动（C Only）以提高速度。如果硬盘启动失败时，则可设置先从 A 盘或者 CD-ROM 启动，用启动盘来引导系统，进行修复或者重装系统。

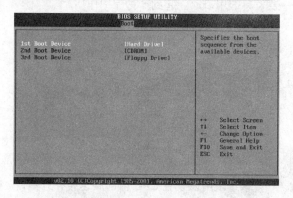

（2）病毒保护开关 Anti-Virus Protection (Disabled Enabled)

平时可以将该项功能打开以防止病毒破坏硬盘数据。当有病毒或其他程序突然写硬盘的 MBR 区和 BOOT 区时，系统会弹出一个白色黑字的窗口，提示有程序准备写硬盘，是否允许？此选项虽然并不能有效地防止日新月异的病毒的攻击，至少可以抵御一些旧病毒的侵入。

（3）开机时数字键状态 Bootup Num-Lock Status

该功能控制的是右边小键盘在系统启动时是用于输入数字，还是用于控制光标的方向，如右图所示。

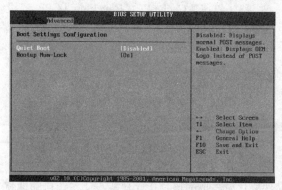

（4）开机时快速自检 Quick Power on Self Test (Enabled，Disabled)

选中 Enabled 允许计算机简化 BIOS 检测程序的项目和次数（只检测一遍内存）以快速启动。选中 Disabled 则计算机正常开机进行 BIOS 自检，如右图所示。

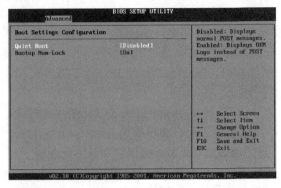

1
section

2
section

3
section

4
section

5
section

6
section

7
section

（5）安全选项设定 Security Option，默认值为 System（参见下图）

本选项设定要求使用者输入密码，有下列两个选项。

System：每次开机时，计算机会要求输入正确密码，否则无法开机。这对电脑中存有重要资料的用户，会起到一种保护作用。

Setup：只有在进入 BIOS 设定时，系统才会要求输入正确密码。

这两项需要在 BIOS 里面设置了密码才会起作用。假如用户忘记了密码，就需要参照主板说明书对主板的 CMOS 放电来清空密码了。

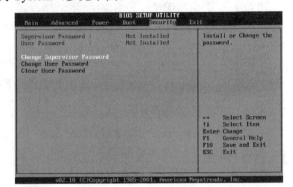

（6）优化 CPU 性能

主要有以下几个与 CPU 有关的选项。

① CPU Internal Cache（CPU 内部快速存储器或称为 CPU 内部第一级缓存）

该选项用以设置 CPU 内部高速缓存开关，在某些主板的 BIOS 设置中，也叫"L1 Cache"、"Level 1 Cache"、"Primary Cache"。建议设置为 Enabled，以提高 CPU 的性能。

② External Cache（CPU 外部存储器或称 CPU 第二级缓存）

在某些主板的 BIOS 设置中，也叫"L2 Cache"。二级缓存是介于一级缓存和系统内存之间的随机存储器，早期的 CPU 二级缓存主要集成在主板上，现在大多集成在 CPU 内部。建议设置为 Enabled，以使 CPU 的性能得到发挥。

③ CPU L2 Cache ECC Checking（CPU 二级缓存 ECC 检查）

如果该功能设置为开启，可以提高数据传输的准确性，不过会使整个系统的处理速度降低，建议设置为 Disabled。

### 【Advanced Setup】BIOS 高级设定

（7）BIOS 芯片写保护

Flash Part Write Protect (Enabled Disabled)

Flash Write Protect ( Enabled Disabled)

当用户更新主板 BIOS 时，该功能应该禁止，否则不能成功地刷新 BIOS 代码。当计算机硬件变化时，也应该禁止此功能，让系统自动地将 DMI 数据写入 BIOS 芯片后再将此功能允许。

【Integrated Peripherals】内建整合设备周边设定

（8）开机方法设置（打开电源方式）

POWER ON Function (Button Only, Keyboard 98, Password, Hot Key, Mouse Left, Mouse Right, Any Key)

　　该项功能是为了设置不同的开机方法，在一般情况下设置为 Button Only（只使用开关键），有的需要在主板上进行跳线设置，请自行参见主板说明书。功能选项分别是只有电源开关能开机，键盘的开机键，需要输入密码才能开机，某个组合键，鼠标左键，鼠标右键，任意键开机。不管用哪一种方式来开机，都不会影响电脑的启动速度。

　　（9）加载 BIOS 出厂设置 Load BIOS Default（参见下图）

　　当系统安装后不太稳定时，则可选用本功能。此时系统将会取消一些用来提高系统性能的参数设定，而处在最保守状态下，即将 BIOS 参数恢复成主板厂商设定的默认值。加载 BIOS 出厂设置后，使用者便可顺利开机进而找出系统问题。当选择本选项时，主画面会出现信息 Load BIOS Defaults（Y/N）？。

　　按 Y 键并按 Enter 键即可执行本项功能。

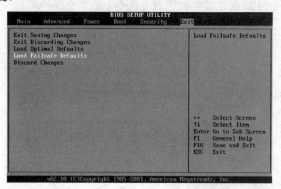

■ 操作点拨

本项设定不会影响 CMOS 内储存的设定值。

　　（10）装载 BIOS 默认优化设置 Load Performance Default（参见下图）

　　该设置较 Load BIOS Default 性能优化一些，但不是最优的设定值。它的作用是将 BIOS 参数设置成能尽量发挥系统性能的默认值。较熟练的用户可将 BIOS 按此项设置，然后再根据自己的硬件设备手动优化 BIOS 的其他选项。

　　如果用户自己没把握设置 BIOS，也可将此选项当成一种较好的选择。有时系统出现问题时，还可当作解决问题的最后一招方法，试试看问题能否顺利解决。

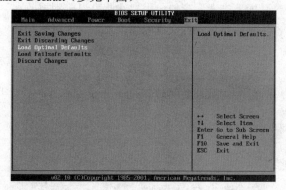

■ 操作点拨

各种主板 BIOS 的设置可能因为主板的型号不同而不同，具体请参见主板说明书。

打开注册表编辑器，设置相应键值为 0，退出注册表，重新启动计算机。

# Column ——————————

## ▌ 电源管理 ▌

　　无论用户使用的是台式机还是笔记本，都需要一个良好的电源管理方案来有效地保护计算机硬件以及节约能源，具体设置方法如下。

**01** 打开"电源选项"窗口。在控制面板中双击"硬件和声音"图标，在"硬件和声音"窗口中单击"电源选项"选项，如下图所示。

**02** 选择电源方案。打开"电源选项"窗口后，用户在此可以选择系统默认提供的两种电源方案，当然如果用户由于个人使用环境不同，建议使用自定义方案，单击"更改计划设置"选项。

**03** 设置自定义计划。切换至"显示器电源配置方案"窗口，用户在此可以分别更改在使用电池或者交流电情况下，计算机无动作多长时间后，自动关闭显示器，如下图所示。

**04** 设置电源使用规则。在"电源选项"对话框中，用户可展开各硬件电源方案，设定该硬件使用电源的规则，如用户需要在计算机使用电池时，停止 USB 使用，设置方法为：展开"USB 设置"选项，单击"用电池"下拉列表中的"已停用"选项，然后单击"确定"按钮即可，如下图所示。

> **操作点拨**
>
> 单击"更改高级电源设置"选项，用户可以对此方案进行更详细的设置。

Chapter

# 13

# 计算机安全管理

## 学完本章后您可以：

● 了解用户账户的管理

● 学会创建本地组

● 掌握本机的安全管理

● 学会配置防火墙

● 熟悉Windows Defender

● 更改账户密码

● 使用组策略进行安全设置

本章多媒体光盘视频链接 ▲

**Windows Vista** 操作系统从入门到精通

在 Windows Vista 中，微软特别加强了对计算机的安全管理，更加明确地定义了用户类别和管理权限，这样无论是家长控制还是多用户控制方面都更加合理与方便。同时，随着计算机网络的普及和发展，人们的生活和工作都越来越依赖于网络，间谍软件和黑客也日益成了用户计算机不安全的因素，在本章中还将向用户介绍关于用户和组的管理以及防火墙的配置方法，使用户的计算机更加安全。

1
section

2
section

3
section

4
section

5
section

## BASIC

# 13.1　了解用户账户的管理

Windows XP 是微软推出的真正意义上的多用户、多任务的操作系统。通过用户管理功能可使多个用户共用一台计算机，而且在共用计算机时，可以各自拥有自己的工作界面，互不干扰。

## 13.1.1　用户账户的创建

用户在安装 Windows Vista 过程中会提示用户添加账户，如果在安装过程中没有添加账户，在安装完成之后，可以以管理员身份添加用户，具体操作步骤如下。

**01** 打开"控制面板"窗口。在桌面单击"开始 > 控制面板"命令，如下图所示，即可打开"控制面板"窗口。

**02** 打开"用户账户"窗口。在"控制面板"窗口中双击"用户账户"图标，如下图所示。

**03** 单击"管理其他账户"选项。进入"用户账户"窗口后，单击"管理其他账户"选项，如右图所示。

**04** 继续进行操作。系统将弹出"用户账户控制"对话框，提示用户该操作需要使用管理员权限进行操作，单击"继续"按钮进行下一步操作，如下图所示。

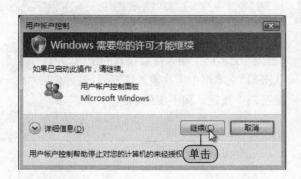

**05** 打开"管理账户"窗口。在"管理账户"窗口中，单击"创建一个新账户"选项，如下图所示。

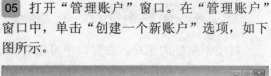

**06** 选择账户类型。打开"创建新账户"窗口，用户通过选中单选按钮选择创建的用户类型为"标准用户"或"管理员"，输入自定义的用户名称后单击"创建账户"按钮，如下图所示。

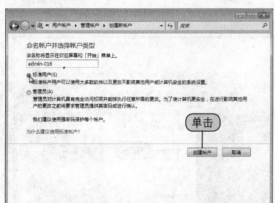

**07** 查看新建账户。返回到"管理账户"窗口后，就可以查看到前面所新建的账户了，单击该账户图标，可切换到该用户，如下图所示。

**08** 选择用户登录。返回到登录界面，用户可以看到新建用户的图标，并可以在此选择用户进行登录，如右图所示。

间谍软件是可以自行安装的软件，或者未提供足够通知、同意或控制就在计算机上运行的软件。

## 13.1.2 设置新账户

对于创建好的账户，在窗口中可以对其进行如下设置：更改名称、创建密码、更改账户类型等。下面以创建密码为例说明更改账户的操作，其他的操作用户可以自行完成。

### 创建密码

**01** 选择设置密码。在"用户账户"窗口中，单击"为您的账户设置密码"选项，如下图所示。

**02** 创建密码。打开"创建密码"窗口后，在"密码"文本框中输入需要设置的密码，并在"确认密码"文本框中再次输入该密码，最后单击"创建密码"按钮，如下图所示。

### 操作点拨

若用户需要删除密码，只需在"用户账户"窗口中单击"删除密码"选项即可，如右图所示。

### 更改图片

用户还可以对新建的账户的图片进行更改，更改图片的具体操作步骤如下。

**01** 打开"更改图片"窗口。用户若需要更改该账户显示的图片，可在"用户账户"窗口中单击"更改图片"选项，如下图所示。

**02** 更改图片。在"更改图片"窗口中单击选择需要的图片，然后单击"更改图片"按钮，如下图所示。

间谍软件和可能不需要的软件来自何处？

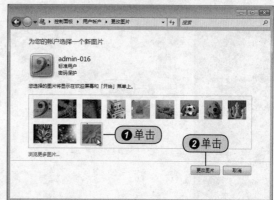

**操作点拨**

用户在更改图片时，若需要将图片更改为非系统所提供的图片，可单击窗口中"浏览更多图片"各选项，通过打开的对话框选择自己所需要的图片作为该账户的图片。

### 更改账户密码

用户若需要重新设置自己的密码，可参考以下方法。

**01** 打开"更改密码"窗口。在"用户账户"窗口中单击"更改密码"选项，如下图所示。

**02** 更改密码。打开"更改密码"窗口，在"当前密码"文本框中输入当前用户的密码，然后再输入需要更改的密码，并再次确认更改密码，设置完毕后，单击"更改密码"按钮即可，如下图所示。

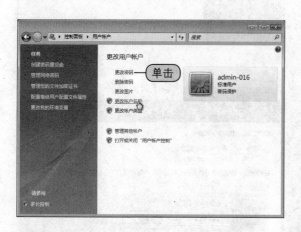

### 更改用户名称

**01** 打开"更改名称"窗口。在"用户账户"窗口中单击"更改账户名称"选项，如下图所示。

**02** 更改名称。在"更改名称"窗口的文本框中输入需要更改的用户名称后单击"更改名称"按钮，如下图所示。

# Windows Vista
操作系统从入门到精通

13
Chapter

1
section

2
section

3
section

4
section

5
section

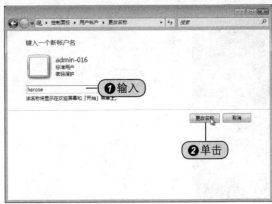

### 更改用户类型

在实际使用过程中,会常常涉及到用户权限的问题,若用户需要在"标准用户"和"管理员用户"中转换,可使用以下方法。

**01** 打开"更改账户类型"窗口。在"用户账户"窗口中,单击"更改账户类型"选项,如右图所示。

**操作点拨**

如果用户当前使用的是管理员账户,并使用管理员账户对其他账户进行修改操作,在更改用户类型前,系统会要求用户输入管理员密码,在此用户根据系统提示输入管理员密码,并单击"确定"按钮即可,如右图所示。

**02** 更改账户类型。在"更改账户类型"窗口中单击选择需要更改的权限类型，这里选中"管理员"单选按钮，然后单击"更改账户类型"按钮即可，如右图所示。

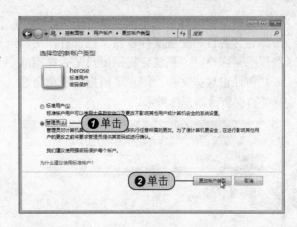

### 删除用户

对于一些不需要保留的账户，用户可以选择将其删除，删除不需要的账户的具体操作方法如下。

**01** 单击"管理其他账户"选项。在"用户账户"窗口中单击"管理其他账户"选项，如下图所示。

**02** 弹出提示框。由于该账户需要通过系统管理员身份进行操作，所以系统会弹出提示框，单击"继续"按钮即可，如下图所示。

**03** 选择要删除的账户。打开"管理账户"窗口，在这里单击选中需要删除的账户图片，如下图所示。

**04** 删除账户。打开"更改账户"窗口，单击"删除账户"选项，如下图所示。

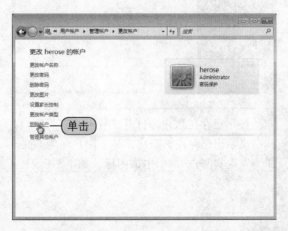

**Windows Vista**
操作系统从入门到精通

13

Chapter

1
section

2
section

3
section

4
section

5
section

**05** 选择是否保留文件。由于系统中每一个用户都包含各自的配置文件以及文档文件，用户在删除某账户时，系统会提示用户是否在删除账户前保留这些文件，用户可根据提示单击选择是否保留，如下图所示。

**06** 确认删除。单击"删除文件"按钮后，系统会提示用户是否确定删除账户，此时用户可以单击"删除账户"进行确定，如下图所示。

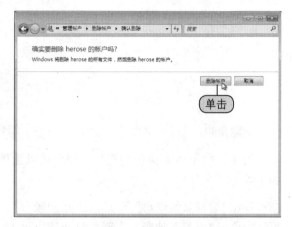

### 启用来宾账户

所谓来宾账户就是指 Windows 系统中，除了系统中默认的"管理员"和用户自己创建的账户以外，系统所自动保留的一个没有设置密码的非管理员用户账户，若打开来宾账户，那任何人都可以通过来宾用户的登录来对计算机进行最基本的操作。用户若需要启用来宾账户，可按照以下方法进行设置。

**01** 单击"管理其他账户"选项。在"用户账户"窗口中，单击"管理其他账户"选项，如下图所示。

**02** 继续进行操作。由于启用来宾用户需要管理员权限，若用户已登录的用户属于"管理员"，在弹出的提示框中，单击"继续"按钮，如下图所示。

**03** 显示已存在账户。打开"管理账户"窗口，其中显示出已存在的账户，其中用户名为 Guest 即为"来宾账户"，单击该图标，如下图所示。

**04** 启用来宾账户。系统提示用户是否启用来宾账户，单击"开"按钮即可，如下图所示。

当不同意安装程序或更改主页，弹出页面不会关闭时，应该如何处理？

 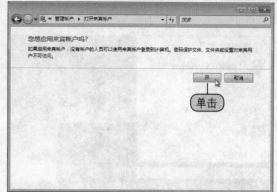

### ● 关闭来宾用户

若用户需要关闭"来宾用户",则可进行如下操作。

**01** 选中来宾账户。同样在"管理账户"窗口中,单击 Guest 图标,如下图所示。

**02** 关闭来宾账户。在打开的"更改来宾选项"窗口中,单击"关闭来宾账户"选项,如下图所示。

### ◢ 操作点拨

关闭"来宾账户"的操作前提是系统中"来宾账户"已经被启用,否则没有上述操作命令。

## 13.1.3　密码还原向导

在 Windows Vista 中,系统对用户的密码管理作了一定的优化,其特点就是能将密码保存在移动存储器(如 U 盘、移动硬盘、SD 存储卡等)中,若用户忘记了密码可以通过插入有用户密码相关信息的移动存储器来恢复密码,具体操作如下。

**01** 打开"控制面板"窗口。首先插入 U 盘,等待系统识别并提示该硬件可用后,单击"开始 > 控制面板"命令,如下图所示。

**02** 打开"用户账户"窗口。进入"控制面板"窗口后双击"用户账户"图标,如下图所示。

1
section

2
section

3
section

4
section

5
section

**03** 单击"创建密码设置"。进入"用户账户"窗口后，单击"任务"窗格中的"创建密码重设盘"选项，如下图所示。

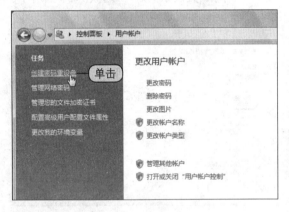

**04** 进入"忘记密码向导"。系统将自动进入"忘记密码向导"的欢迎界面，单击"下一步"按钮，如下图所示。

**05** 创建密码重置盘。系统提示将密码保存在指定存储区域，此时用户在"我想在下面驱动器中创建一个密码密钥盘"下拉列表中，选择用户插入的移动存储盘符，并单击"下一步"按钮，如下图所示。

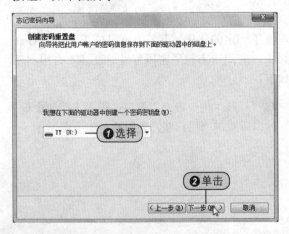

**06** 设置账户密码。切换至"当前用户账户密码"界面，在"当前用户账户密码"文本框中输入当前用户密码，最后单击"下一步"按钮，如下图所示。

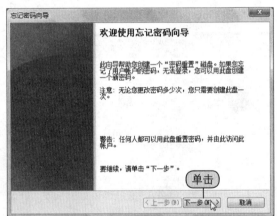

如何防止间谍软件感染计算机？

**07** 正在创建磁盘。确定所有操作无误后，系统将显示创建进度，创建完成后单击"下一步"按钮，如下图所示。

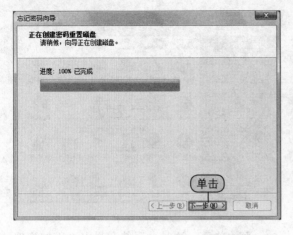

**08** 完成设置。进入"正在完成忘记密码向导"界面，根据提示单击"完成"按钮，如下图所示。

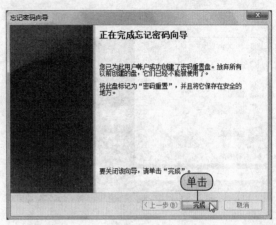

**09** 查看密码配置文件。用户进入移动存储器，查看是否已经创建一个名称为 userkey 的文件，该文件即是该账户的密码配置文件，如右图所示。

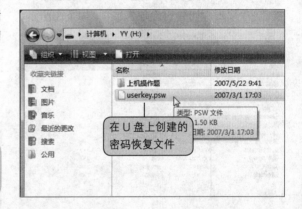

**操作点拨**

用户在使用移动存储器时，请勿删除该文件，否则"密码密钥盘"功能会失效。

## BASIC

## 13.2 用户和组的管理

在上一节中介绍了如何利用"控制面板"中的"用户账户"来管理和更改用户账户，这是初级用户能够很快接受和使用的方法。其实真正意义上的用户管理是利用"计算机管理"工具来对用户和组进行管理的。

### 13.2.1 创建本地组

用户在管理计算机的时候，可以通过创建组来对计算机中的文件进行分类管理，创建本地组的具体操作方法如下。

**Windows Vista**
操作系统从入门到精通

13
Chapter

1
section

2
section

3
section

4
section

5
section

01 打开"控制面板"窗口。单击桌面上的"开始 > 控制面板"命令,如下图所示,即可打开"控制面板"窗口。

02 打开"管理工具"窗口。在打开的"控制面板"窗口中,双击"管理工具"图标,如下图所示,即可打开"管理工具"窗口。

03 双击"计算机管理"选项。在"管理工具"窗口中,双击"计算机管理"选项,如下图所示。

04 添加单元。这时,系统会弹出"添加管理单元"对话框,显示正在向控制台添加单元的进度,如下图所示。

05 查看用户组。在"计算机管理"窗口的左侧窗格中展开"本地用户和组"选项,单击"组"选项,如下图所示,可在窗口的中间看到用户组里有多个不同的组,分别有不同的权限和作用。

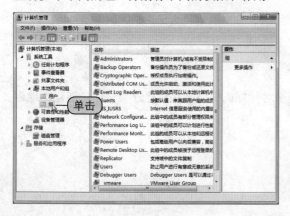

06 打开"新建组"对话框。右击"组"选项,从弹出的快捷菜单中单击"新建组"命令,如下图所示。

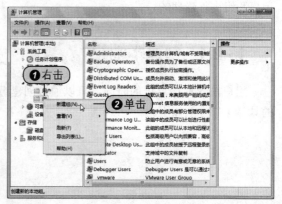

如何删除间谍软件和其他不需要的软件?

13 Chapter

**07** 新建组。弹出"新建组"对话框，在此可输入组名和组的描述，这里组名是 MyJob，如下图所示，然后单击"创建"按钮创建该组，然后单击"关闭"按钮退出。

**08** 查看创建组。返回到"计算机管理"窗口，新建的组 MyJob 出现在组中，如下图所示。

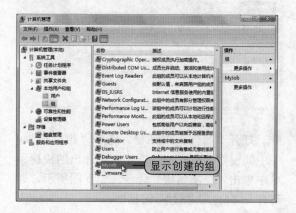

## 13.2.2 添加用户到组

为了便于管理，用户还需将账户和组结合起来，例如要对 10 个用户设置一样的权限，如果不用组的话，就需逐一对用户账户进行设置，而如果采用组的方式的话，在设置时只需对组进行一次配置操作就可以了，从而大大简化了操作，具体讲解如下。

**01** 打开"控制面板"窗口。单击"开始 > 控制面板"命令，如下图所示，即可进入"控制面板"窗口。

**02** 打开"管理工具"窗口。在打开的"控制面板"窗口中，双击"管理工具"图标，如下图所示，即可打开"管理工具"窗口。

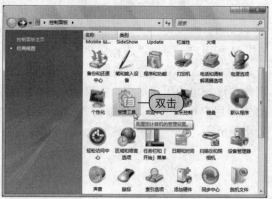

**03** 打开"计算机管理"窗口。在弹出的"管理工具"窗口中，双击"计算机管理"选项，如下图所示。

**04** 添加管理单元。这时，系统会弹出"添加管理单元"对话框，显示正在向控制台添加单元的进度，如下图所示。

1
section

2
section

3
section

4
section

5
section

**05** 打开"属性"对话框。选中"组"选项，在中间窗格中右击 MyJob 组，在弹出的快捷菜单中单击"添加到组"命令，如下图所示，即可打开"MyJob 属性"对话框。

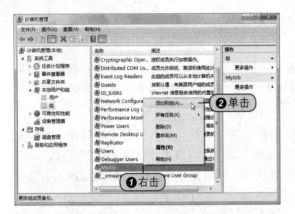

**06** 打开"选择用户"对话框。在弹出的"MyJob属性"对话框中，单击"添加"按钮，如下图所示，即可打开"选择用户"对话框。

**07** 选择用户。弹出"选择用户"对话框，用户可在"输入对象名称来选择"文本框中输入用户要添加组的用户账户。如果用户不知道要添加的用户账户名称，可单击"高级"按钮，如下图所示。

**08** 查找并添加用户。在弹出的对话框中单击"立即查找"按钮，如下图所示，计算机会查找位置里的用户或组对象。然后用户可在列表中选择用户添加到组中，单击"确定"按钮完成添加。

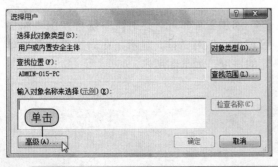

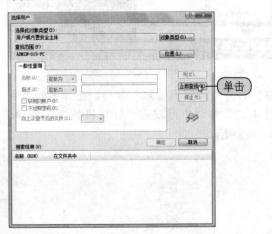

加载项源自何处？

## BASIC

# 13.3　本机的安全管理

Windows Vista 对于计算机安全策略的管理加强了许多。本机的安全管理可以运用本机的安全策略来管理，也可以运用组策略来管理。

## 13.3.1　本机安全策略

安全策略是影响计算机上安全性的安全设置的组合。用户可通过本地安全策略来控制用户访问计算机的操作权限，可以授权用户使用计算机上的哪些资源，以及是否在事件日志中记录用户的操作。在此通过设置用户登录时不显示上次的用户名为例来说明本地安全策略的设置过程。

**01** 打开"控制面板"窗口。单击"开始＞控制面板"命令，如下图所示，即可打开"控制面板"窗口。

**02** 打开"管理工具"窗口。在打开的"控制面板"窗口中，双击"管理工具"图标，如下图所示，即可打开"管理工具"窗口。

**03** 打开"本地安全策略"窗口。在弹出"管理工具"窗口，双击"本地安全策略"选项，如下图所示，即可打开"本地安全策略"窗口。

**04** 不显示最后的用户名。展开"本地策略"选项，然后单击"安全选项"选项，在右侧的列表框中双击"交互式登录：不显示最后的用户名"选项。

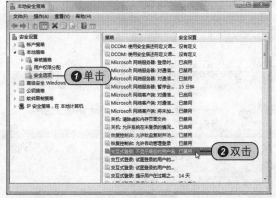

**05** 完成设置。打开"交互式登录：不显示最后的用户名属性"对话框，单击选中"已启用"单选按钮，如右图所示，设置完毕后，单击"确定"按钮完成设置。

## 13.3.2 使用组策略进行安全设置

组策略是管理员为计算机和用户定义的，用来控制应用程序、系统设置和管理模板的一种机制。简单地说，组策略是介于控制面板和注册表之间的一种修改系统、设置程序的工具。利用组策略可以修改 Windows 的桌面、开始菜单、登录方式、组件、网络及 IE 浏览器等许多设置。

**01** 打开"运行"对话框。单击桌面上的"开始 > 所有程序 > 附件 > 运行"命令，如右图所示，即可打开"运行"对话框。

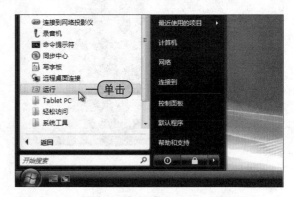

**02** 打开"控制台"窗口。弹出"运行"对话框，在"打开"文本框中输入"mmc"，如下图所示，然后单击"确定"按扭。

**03** 打开"添加或删除管理单元"对话框。在打开的"控制台"窗口中，单击"文件 > 添加 / 删除管理单元"命令，如下图所示，即可打开"添加或删除管理单元"对话框。

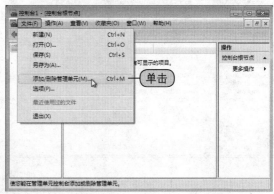

**04** 添加组策略。弹出"添加或删除管理单元"对话框，在"可用的管理单元"列表框中选择需要添加的选项,这里选择"组策略对象编辑器"选项，然后单击"添加"按钮，如下图所示。

**05** 将本组策略添加到"控制台"。由于是将组策略应用到本地计算机中，所以设置组策略对象为"本地计算机"，编辑本地计算机对象，如下图所示。或通过单击"浏览"按钮查找所需的组策略对象。依次单击"完成"、"关闭"、"确定"按钮，返回到"控制台"窗口，"本地计算机"策略对象就被添加到"控制台"窗口中。

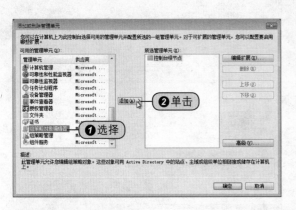

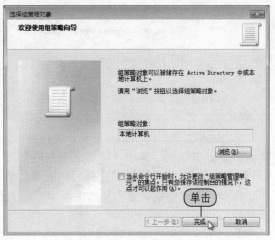

**操作点拨**

用户在命令行输入"gpedit.exe"命令，也可打开"组策略"编辑窗口。

## 13.3.3　软件安全策略管理

随着网络的高速发展和广泛应用，用户也越来越多地暴露在各种各样的应用程序威胁中。随着程序的数量和种类的增多，用户很难知道什么样的软件是可信的，是最有效的。用户可使用软件限制策略，通过标识并指定允许一些应用程序的运行来保护计算机的安全。下面就介绍使用软件限制策略的操作方法。

**01** 打开"本地安全策略"窗口。单击桌面上的"开始>控制面板"命令打开"控制面板"窗口，双击"管理工具"图标，弹出"管理工具"窗口，双击"本地安全策略"选项，如右图所示，即可打开"本地安全策略"窗口。

02 单击"创建软件限制策略"命令。在弹出的"本地安全策略"窗口中,单击"操作 > 创建软件限制策略"菜单命令,如下图所示。

03 打开"新建证书规则"对话框。展开"软件限制策略"选项,右击"其他规则"选项,在弹出的快捷菜单中单击"新建证书规则"命令,如下图所示,即可打开"新建证书规则"对话框。

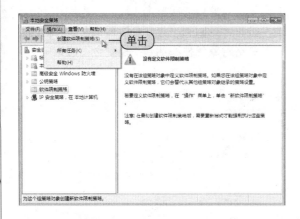

04 设置证书规则。弹出"新建证书规则"对话框,单击"浏览"按钮可选择用户证书,单击"确定"按钮完成设置,如右图所示。

## BASIC

## 13.4 配置防火墙

最新版本的 Windows Vista 和以往的 Windows XP 相同,都有内置的防火墙,用户可以通过定义防火墙拒绝网络中的非法访问通道,能够有效地主动防御病毒的入侵,本节将对 Windows Vista 自带的防火墙设置方法进行详尽的介绍。

### 13.4.1 启用防火墙

Windows Vista 在默认情况下已经打开了防火墙,若用户自己的防火墙没启动防火墙功能,可以按照以下方法打开防火墙。

列表中存在几个用户未安装的加载项,它们是如何安装到用户的计算机上的?

**01** 打开"Windows 安全中心"窗口。单击桌面上的"开始 > 控制面板"命令，打开"控制面板"窗口，然后双击"安全中心"图标，如下图所示，即可打开"Windows 安全中心"窗口。

**02** 打开"Windows 防火墙"窗口。在"Windows 安全中心"窗口后，单击左侧窗格中的"Windows 防火墙"选项，如下图所示。

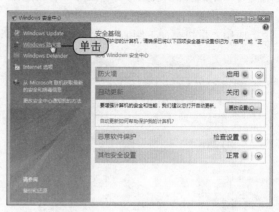

**03** 打开"Windows 防火墙设置"对话框。在弹出的"Windows 防火墙"窗口中，单击"更改设置"选项，如下图所示，即可打开"Windows 防火墙设置"对话框。

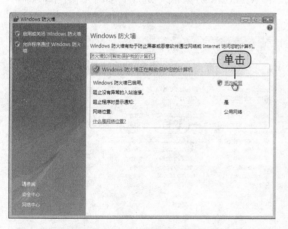

**04** 启用防火墙。弹出"Windows 防火墙设置"对话框，单击选中"启用"单选按钮，设置完毕后，单击"确定"按钮，如下图所示。

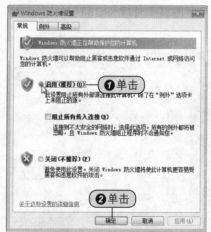

## 13.4.2 防火墙的管理

Windows Vista 还提供了配置防火墙的功能，Internet 防火墙的高级设置可以帮助用户设置服务、消息控制和安全日志，其具体设置方法如下。

IE 提供了一个已检查并进行数字签名事先批准的加载项列表，无需显示权限对话框即可运行列表中的加载项。

1
section

2
section

3
section

4
section

5
section

**01** 启用例外。在"Windows 防火墙"对话框中切换至"例外"选项卡，用户可以在此对需要访问网络的程序进行定义。只需在"若要启用例外，请选择此复选框"列表框中，勾选或取消能够访问到网络的程序，设置完毕后，单击"应用"按钮，如下图所示。

**02** 设置防火墙保护的连接。切换至"高级"选项卡，用户可以在此选择 Windows 防火墙保护的连接，若用户为多连接方式的用户，通过复选框打开或者关闭该连接的防火墙，设置完毕后单击"确定"按钮，如下图所示。

**03** 打开"管理工具"窗口。首先打开"控制面板"窗口，然后双击"管理工具"图标，如下图所示，即可打开"管理工具"窗口。

**04** 打开"高级安全 Windows 防火墙"窗口。在打开的"管理工具"窗口中，双击"高级安全 Windows 防火墙"选项，如下图所示，即可打开"高级安全 Windows 防火墙"窗口。

**05** 打开"本地计算机上的高级安全 Windows 防火墙"对话框。在弹出的"高级安全 Windows 防火墙"窗口中，单击"Windows 防火墙属性"选项，如右图所示。

**06** 在弹出的"本地计算机上的高级安全 Windows 防火墙"对话框中，切换至"公用配置文件"选项卡下，单击"自定义"按钮，如下图所示。

**07** 在弹出的"自定义公用配置文件的日志设置"对话框中，用户可以对公用配置文件的名称、大小等选项进行设置，设置完毕后，单击"确定"按钮即可。

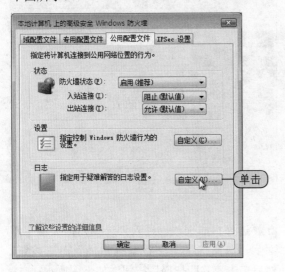

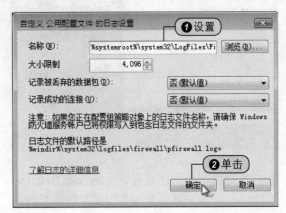

# BASIC
## 13.5 Windows Defender

在使用计算机的同时运行反间谍软件非常重要。间谍软件和其他可能不需要的软件会在用户连接到 Internet 时尝试自行安装到计算机上。如果使用 CD、DVD 或其他可移动介质安装程序，它也会感染计算机。不需要的或恶意软件并非仅在安装后才能运行，它还会被编程为随时运行。

Windows Defender 提供了 3 种途径来帮助阻止间谍软件和其他可能不需要的软件感染计算机，如下所示。

● 实时保护。当间谍软件或其他可能不需要的软件试图在计算机上自行安装或运行时，Windows Defender 会发出警报。如果程序试图更改重要的 Windows 设置，它也会发出警报。

● SpyNet 社区。联机 Microsoft SpyNet 社区可帮助用户查看其他人是如何响应未按风险分类的软件的。查看社区中其他成员是否允许使用此软件，能够帮助用户选择是否允许此软件在计算机上运行。同样，如果加入社区，用户的选择也将添加到社区分级以帮助其他人作出选择。

● 扫描选项。使用 Windows Defender 可以扫描可能已安装到计算机上的间谍软件和其他可能不需要的软件，定期计划扫描，还可以自动删除扫描过程中检测到的任何恶意软件。

## 13.5.1 扫描间谍软件

程序试图更改重要的 Windows 设置时，Windows Defender 会发出警报，提示用户有间谍软件的存在，为使自己的 Windows 系统更加安全，建议用户经常地对计算机进行扫描，扫描间谍软件的具体操作步骤如下。

为计算机系统建立和采取各种安全保护措施，以保护硬件、软件及数据不遭到破坏等。

**Windows Vista**
操作系统从入门到精通

13
Chapter

1
section

2
section

3
section

4
section

5
section

01 打开"控制面板"窗口。在桌面上单击"开始 > 控制面板"命令，如下图所示，即可打开"控制面板"窗口。

02 打开 Windows Defender 窗口。在弹出的"控制面板"窗口中，双击 Windows Defender 图标，如下图所示，即可打开 Windows Defender 窗口。

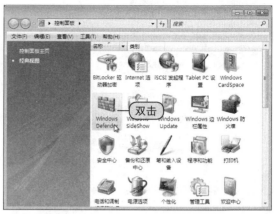

03 自定义扫描。在打开的 Windows Defender 窗口中，单击工具栏上的"扫描"按钮旁边的下三角按钮，在弹出的下拉列表中选择"自定义扫描"选项，如下图所示。

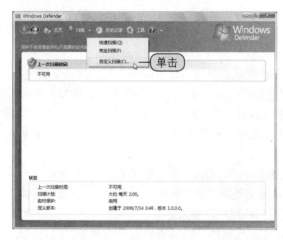

04 选择扫描选项。进入"选择扫描选项"界面后，单击选中"完整系统扫描"单选按钮，然后单击"立即扫描"按钮，如下图所示。

05 扫描间碟软件。然后用户可以看到 Windows Defender 正在对系统中的间谍软件进行扫描，这需要一段时间，如右图所示。

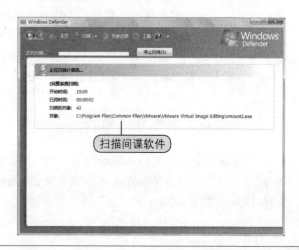

?问 Bluetooth 无线技术是否非常安全？

13 Chapter

## 13.5.2　查看并删除历史记录

用户还可以对历史扫描记录和发现的间谍软件进行查看和删除，查看并删除历史记录的具体操作步骤如下。

**01** 进入"历史记录"界面。在"Windows Defender"窗口中单击"历史记录"按钮，如下图所示。

**02** 删除历史记录。进入"历史记录"界面后，在"程序和操作"列表框中显示了 Windows Defender 扫描的历史记录，单击"清除历史记录"按钮，即可删除历史记录，如下图所示。

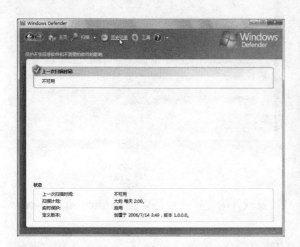

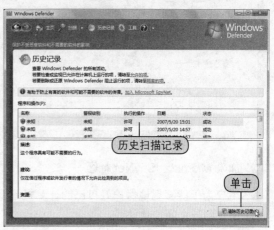

历史扫描记录

单击

## 13.5.3　Windows Defender的设置

如果用户需要 Windows Defender 更好地保护计算机，那么用户可以对 Windows Defender 进行设置，具体的操作方法如下。

### ● 设置 Windows Defender 选项

前面介绍了 Windows Defender 的使用方法，接下来就先向用户介绍设置 Windows Defender 选项的方法。

**01** 单击"工具"按钮。按照前面介绍的方法，打开"Windows Defender"窗口，单击"工具"按钮，如右图所示。

工具和设置

单击

**02** 进入"工具和设置"界面。进入"工具和设置"界面，单击"选项"选项，如下图所示。

**03** 设置自动扫描选项。用户即可在打开的窗口中对 Windows Defender 的自动扫描频率、时间、类型以及其默认操作进行设置，如下图所示，设置完毕后，单击"保存"按钮即可。

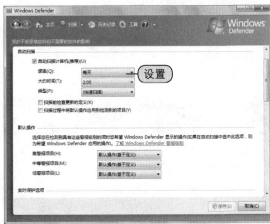

### 加入 Microsoft SpyNet 社区

用户为了能够更地保护好自己的计算机不受到间谍软件的侵害，还可以加入 Microsoft SpyNet 社区来共同防止间谍软件。

**01** 单击 Microsoft SpyNet 选项。在进入到"工具和设置"界面中后，单击 Microsoft SpyNet 选项，如下图所示。

**02** 加入社区。在"保护不受恶意软件和不需要的软件的影响"列表框中单击选中"加入基本成员"单选按钮，然后单击"保存"按钮即可，如下图所示。

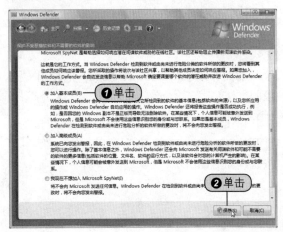

### 设置隔离项目

如果用户发现自己的计算机中有间谍软件的存在，那么也可以设置软件的隔离，具体的方法如下。

为什么 Windows 无法验证该驱动程序软件的发行者？

如果 Windows Defender 对计算机扫描后，发现了间谍软件，那么用户可以在"工具和设置"界面中，单击"隔离的项目"选项，如右图所示，然后对其进行隔离操作。

## 设置软件资源管理器

用户还可以对软件的资源管理器进行设置，具体的操作步骤如下。

**01** 切换至"软件资源管理器"界面。在进入到"工具和设置"界面中后，单击"软件资源管理"选项，如右图所示，即可进入到"软件资源管理器"界面中。

**02** 删除不需要的系统资源。进入到"软件资源管理器"界面后，在"类别"下拉列表中选择相应的类别，然后在"名称"列表框中选择需要删除的程序，单击"删除"按钮即可删除，如右图所示。

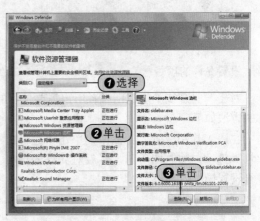

**03** 确定删除系统程序。单击"删除"按钮后，系统会弹出"Windows Defender"提示框，询问用户是否删除应用程序，如果确定删除则单击"是"按钮，如右图所示。

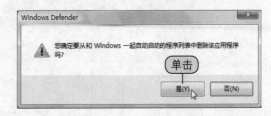

**Windows Vista**
操作系统从入门到精通

13
Chapter

1
section

2
section

3
section

4
section

5
section

**04** 选择类别。然后用户单击"类别"下拉按钮，在弹出的下拉列表中选择"当前运行的程序"选项，如下图所示。

**05** 查看当前正在运行的程序。选择了"当前运行的程序"选项后，"名称"列表框中则会显示出所有当前正在运行的程序，如下图所示，然后单击"任务管理器"按钮，即可打开"Windows 任务管理器"窗口。

**06** 查看所有正在运行的程序。在弹出的"Windows 任务管理器"窗口中，切换至"进程"选项卡下，单击"显示所有用户的进程"按钮，用户即可查看当前所有正在运行的程序，如右图所示。

### 设置允许的项目

对于一些系统不能识别或者用户需要使用的一些特殊软件，用户可以设置其为允许项目，具体的方法如下。

在"工具和设置"界面中，单击"允许的项目"选项，如右图所示，然后对允许的项目进行设置操作。

问 如果程序或驱动程序阻止计算机快速打开，该如何处理？

### 查看 Windows Defender 官方网站

用户还可以进入到 Windows Defender 官方网站，定期地更新 Windows Defender 或者了解 Windows Defender 的最新信息。

**01** 打开 Windows Defender 官方网站。进入"工具和设置"界面后，单击"Windows Defender 网站"选项，如下图所示，系统则会打开 Windows Defender 官方网站。

**02** 查看最新信息。进入到 Windows Defender 官方网站后，用户可以查看关于 Windows Defender 的最新信息，还可以对 Windows Defender 进行升级等相关的操作，如下图所示。

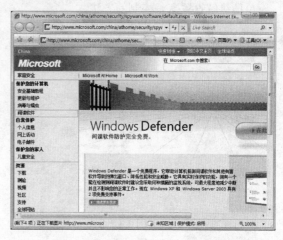

若要禁用启动中的这些程序并提高计算机性能，可使用 Windows Defender 进行设置。

# Column

## ■ 设置家长控制 ■

　　家长控制可以让家长很容易地指定他们的孩子可以玩哪些游戏。父母可以允许或限制特定的游戏标题，限制他们的孩子只能玩某个年龄级别或该级别以下的游戏，或者阻止某些他们不想让孩子看到或听到的类型的游戏，或者是限制使用计算机的时间，接下来就简单地讲解设置家长控制的方法。

**01** 打开"家长控制"窗口。双击"控制面板"窗口中的"家长控制"图标，如下图所示，即可打开"家长控制"窗口。

**02** 选中目标用户。打开"家长控制"窗口后，单击"admin-016"用户图标，如下图所示。

**03** 设置家长控制。单击选中"启用、强制当前设置"单选按钮，如下图所示。

**04** 选择时间控制。单击"时间限制"选项，如下图所示。

**05** 设置时间。在"时间限制"窗口中，用户按住鼠标左键不放，拖动鼠标，设置阻止用户登录的时间，设置完毕后，单击"确定"按钮即可，如右图所示。

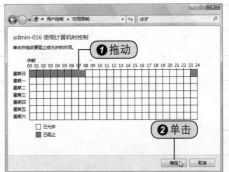

Chapter

# 14

# 打印机和扫描仪

## 学完本章后您可以：

● 学会添加打印机

● 熟悉测试打印机的方法

● 学会设置打印机

● 学会添加并设置扫描仪

○ 设置打印机

○ 设置扫描仪的属性

本章多媒体光盘视频链接 ▲

Windows Vista

在日常的办公中对于一些重要的文件，例如：工作总结、会议安排、财务报表等，都是需要打印出来的，然后交给上级部门进行审阅。所以常用的输出设备之一就是打印机，打印机在人们的日常办公生活中起着非常重要的作用。接下来在本章中将向用户详细介绍打印机的连接、设置方法与具体操作步骤，并使用熟练掌握测试打印机的操作方法。在本章的最后，还将向用户介绍添加并设置扫描仪的具体方法。

1
section

2
section

3
section

4
section

5
section

6
section

7
section

BASIC

## 14.1 打印机与计算机的连接

打印机与计算机的连接就是指在计算机上安装打印机的驱动。用户若已经购置了打印机，那么就需要连接到装有 Windows Vista 系统的计算机中，并安装驱动然后开始使用，打印机与计算机连接的具体操作步骤如下。

**01** 打开"控制面板"窗口。单击桌面上的"开始 > 控制面板"命令，如下图所示，即可打开"控制面板"窗口。

**02** 打开"打印机"窗口。在"控制面板"窗口中，双击"打印机"图标，如下图所示，即可打开"打印机"窗口。

**03** 打开"添加打印机"向导。在弹出的"打印机"窗口中，单击"添加打印机"按钮，如下图所示。

**04** 进入"选择打印机端口"界面。弹出"添加打印机"向导，提示用户选择打印机与计算机的连接方式，这里单击"添加本地打印机"选项，如下图所示。

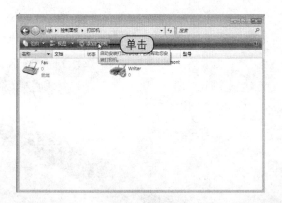

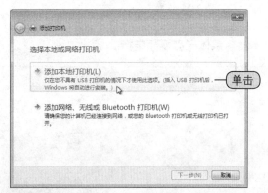

打印机只打印部分页、打印件模糊或者打印件颜色较浅或颜色不准确，该如何处理？

14 Chapter

**05** 选择打印机端口。进入"选择打印机端口"界面后，系统会提示用户选择打印机的端口，这里单击选中"使用现有的端口"单选按钮，在"使用现有的端口"下拉列表中，选择 LPT1 选项即可，最后单击"下一步"按钮，如下图所示。

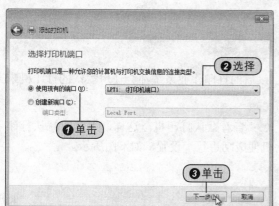

**06** 选择打印机驱动程序。进入"安装打印机驱动程序"界面后，在此选择与自己打印机相对应的型号，单击"下一步"按钮，如下图所示。

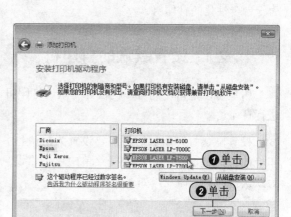

**07** 输入打印机名称。在进入"键入打印机名称"界面后，系统提示由用户自定义该打印机的名称，同时由用户选择是否设置为默认打印机，确认后，单击"下一步"按钮，如下图所示。

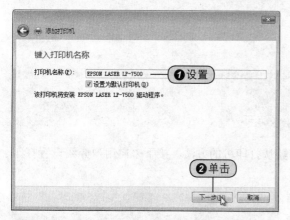

**08** 添加打印机。系统正在安装用户所添加的打印机，如下图所示。

**09** 完成打印机的添加。系统提示安装完成，此时用户可以通过单击"打印测试页"按钮，使打印机试打印一页系统文档，并由用户观察打印机是否工作正常，如右图所示，最后单击"完成"按钮即可。

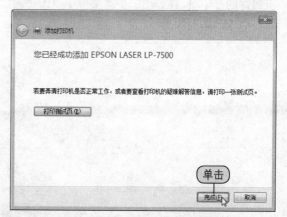

答 可能需要更换缺墨的墨盒。检查打印队列中的状态信息，以便获取缺墨消息，也可检查打印机本身的缺墨消息。

## 14.2 设置打印机

在一台计算机上可能连接了多台打印机，如果用户经常使用其中的一台打印机，那么用户可以将其设置为默认的打印机，并且还可以对打印机的一些相关的选项或者属性进行设置，使其成为一台个性化的打印机。

### 14.2.1 设置默认的打印机

用户可以把常用的打印机设置为默认打印机，以后的打印作业系统都会使用默认的打印机来进行打印。

1
section

2
section

3
section

4
section

5
section

6
section

7
section

**01** 设置默认打印机。右击需要设置为默认打印机的打印机，在弹出的快捷菜单中单击"设为默认打印机"命令，如下图所示。

**02** 查看默认打印机。这样，用户对默认打印机便成功进行了设置，如下图所示。

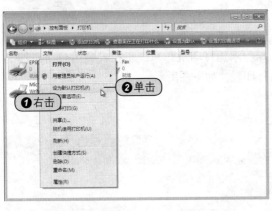

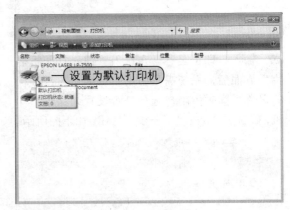

### 14.2.2 设置打印机属性

在前面的一节中向用户介绍了设置打印机为默认打印机的方法，接下来向用户介绍设置打印机常规属性的方法，具体的操作步骤如下。

**01** 打开"属性"对话框。右击需要设置打印机属性的打印机，在弹出的快捷菜单中单击"属性"命令，如右图所示。

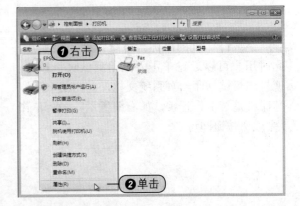

**问** 打印机比平时打印慢，或者看到有关"后台打印程序"问题的错误消息，为什么？

**02** 打开"打印首选项"对话框。在弹出的打印机属性对话框中，切换至"常规"选项卡下，单击"打印首选项"按钮，如下图所示。

**03** 设置打印机基本选项。打开"打印首选项"对话框，切换至"基本设置"选项卡下，在这里可以对打印机进行基本设置，如下图所示。

**04** 设置打印机高级选项。切换至"高级"选项卡下，在这里用户可以对打印机进行高级设置，如下图所示，设置完毕后，单击"确定"按钮即可。

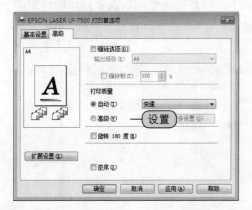

**05** 设置打印机共享。返回到打印机属性对话框中，切换至"共享"选项卡下，在这里可以设置打印机的共享，勾选"共享这台打印机"复选框，以共享打印机，如下图所示。

**06** 设置打印机的端口选项。切换至"端口"选项卡下，在这里可以设置打印机端口，如下图所示。

**07** 设置打印机的高级选项。切换至"高级"选项卡下，在这里可以对打印机进行高级设置，如下图所示。

答 如果看到有关后台打印程序或后台打印程序资源的错误消息，需更改并重启计算机上的后台打印程序服务。

1
section

2
section

3
section

4
section

5
section

6
section

7
section

**08** 打开"颜色管理"对话框。切换至"颜色管理"选项卡下,单击"颜色管理"按钮,如下图所示,即可打开"颜色管理"对话框。

**09** 设置颜色选项。在弹出的"颜色管理"对话框中,用户即可对打印机打印的颜色进行设置,如下图所示,设置完毕后,单击"关闭"按钮即可。

**10** 设置打印机的安全性。返回到打印机属性对话框中,切换至"安全"选项卡下,在这里可进行打印机的权限设置,如下图所示。

**11** 设置打印机可选选项。切换至"可选设置"选项卡下,用户在这里可以设置打印机可用的其他设置,如下图所示,设置完毕后,单击"确定"按钮即可。

# BASIC

## 14.3 测试打印机

用户在正式使用打印机之前,首先需要对打印机进行测试打印,对打印机进行测试打印的具体方法如下。

**01** 对打印机进行测试。打开打印机属性对话框,切换至"常规"选项卡下,单击"打印测试页"按钮,进行打印机测试,如下图所示。

**02** 已将测试页发送到打印机。此时,系统会弹出提示框,提示用户系统已经对连接的打印机进行测试,如下图所示,然后单击"关闭"按钮即可。

**问** 打印机中有纸为什么打印机还显示缺纸?

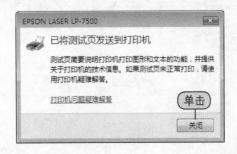

# BASIC

## 14.4 打印机共享设置

在公司办公中，经常会遇到多台计算机共享使用一台打印机的情况，那么用户就需要设置打印机为共享的打印，这样才能使得多台计算机共同使用一台打印机。

### 14.4.1 设置打印机共享

打印机和文件夹一样，都是可以进行共享的，下面就设置打印机共享的具体操作步骤进行详细的讲解。

**01** 打开"控制面板"窗口。单击桌面上的"开始 > 控制面板"命令，如下图所示，即可打开"控制面板"窗口。

**02** 打开"打印机"窗口。在"控制面板"窗口中，双击"打印机"图标，如下图所示，即可打开"打印机"窗口。

**03** 打开打印机属性对话框。右击需要设置为共享的打印机，在弹出的快捷菜单中单击"共享"命令，如下图所示。

**04** 更改共享选项。在弹出的打印机属性对话框中，默认处于"共享"选项卡下，单击"更改共享选项"按钮，如下图所示。

重新加载送纸器，或者如果打印机具有多个送纸器，请确保重新加载了可以容纳所选纸张大小的送纸器。

1
section

2
section

3
section

4
section

5
section

6
section

7
section

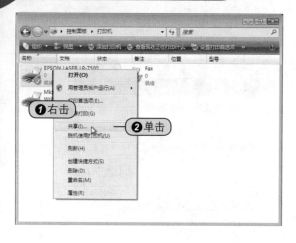

**05** 继续进行操作。系统会弹出"用户账户控制"对话框，询问用户是否继续设置打印机的共享，如下图所示，然后单击"继续"按钮。

**06** 共享打印机。勾选"共享这台打印机"复选框，共享名使用系统默认共享名，如下图所示，设置完毕后，单击"确定"按钮即可。

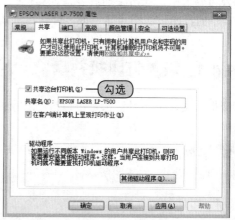

**07** 显示共享的打印机。设置完打印机的共享后，其他用户就可以通过网络进行打印作业了，在"打印机"窗口中可以看到共享的打印机图标，如右图所示。

## 14.4.2　在局域网中使用打印机

　　用户将打印机共享之后，其他的用户即可在局域网中使用已经共享的打印机，在局域网中使用打印机的具体操作步骤如下。

　　如果添加纸张但仍显示缺纸消息，该如何处理？

**01** 打开"添加打印机"向导。在打开的"打印机"窗口中,单击"添加打印机"按钮,如下图所示。

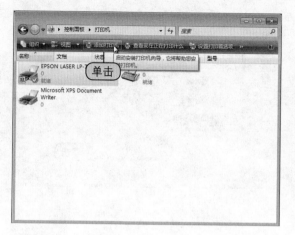

**02** 选择网络打印机。在弹出的"添加打印机"向导中,用户可选择打印机的网络连接方式,单击"添加网络、无线或Bluetooth打印机"选项,如下图所示。

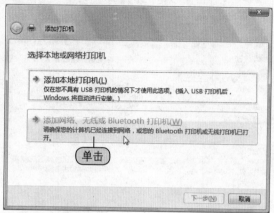

**03** 搜索打印机。进入"正在搜索可用的打印机"界面后,系统自动搜索网络上可用的打印机,如果在列表中没有用户所需要的打印机,则单击"我需要的打印机不在列表中"选项,如下图所示。

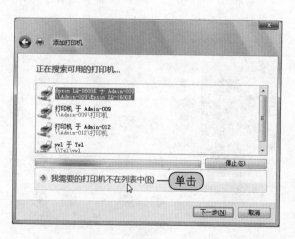

**04** 按名称或TCP/IP地址查找打印机。进入"按名称或TCP/IP地址查找打印机"界面后,用户可以选择所需要的网络打印机或者直接输入打印机的路径,如下图所示,设置完毕后,单击"下一步"按钮,系统就会在网络中寻找自定义的打印机。

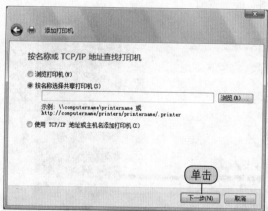

## BASIC
## 14.5 打印文件

在前面的章节中介绍了打印机的连接和打印机的设置,本节将向用户介绍使用打印机打印文件的方法。

应检查文档中的打印选项,以便查看是否已选择正确的送纸器或纸张来源。

**Windows Vista**
操作系统从入门到精通

14
Chapter

1
section

2
section

3
section

4
section

5
section

6
section

7
section

**01** 打开"打印"对话框。单击 Microsoft Word 2007 中的 Office 按钮,在弹出的菜单中单击"打印"命令,如下图所示,即可打开"打印"对话框。

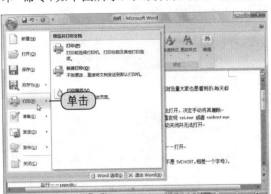

**02** 设置打印选项。在弹出的"打印"对话框中,用户可对打印选项进行设置,设置完成后,单击"确定"按钮即可进行打印了,如下图所示。

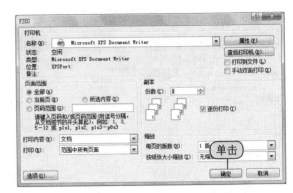

## BASIC

## 14.6 管理打印作业

如果用户需要对多个文件进行打印,那么就需要对正在进行的打印作业进行管理,以免打印时出现错误。

**01** 打开"控制面板"窗口。单击桌面上的"开始 > 控制面板"命令,如下图所示,即可打开"控制面板"窗口。

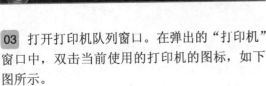

**02** 打开"打印机"窗口。在"控制面板"窗口中,双击"打印机"图标,如下图所示,即可打开"打印机"窗口。

**03** 打开打印机队列窗口。在弹出的"打印机"窗口中,双击当前使用的打印机的图标,如下图所示。

**04** 查看打印信息。弹出打印机队列窗口,在此窗口中,用户即可查看打印的文档、页数、大小等信息。

问 纸张被卡在打印机中,该如何处理?

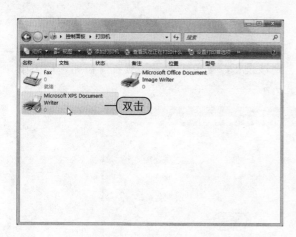

打印的文件

**05** 取消打印某个文档。右击需要取消打印的文档，在弹出的快捷菜单中单击"取消"命令，就可以取消当前的打印工作，如下图所示。

**06** 取消打印所有文档。单击菜单栏上的"打印机 > 取消所有文档"命令，即可取消对所有文档的打印，如下图所示。

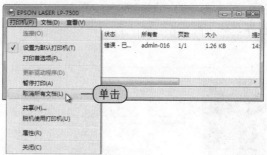

# BASIC
## 14.7 扫描仪的添加与设置

在前面的几节中，本书向用户介绍了打印机的使用方法和设置方法，在办公实际生活中还会经常使用到的设备就是扫描仪，本节就向用户简单地介绍扫描仪的添加方法和设置方法。

### 14.7.1 添加扫描仪

添加扫描仪的方法和用户添加打印机的方法基本上一样，添加扫描仪的具体操作方法如下。

**01** 打开"控制面板"窗口。单击桌面上的"开始 > 控制面板"命令，如右图所示，即可打开"控制面板"窗口。

检查打印机上状态或显示区域中的消息，这些消息可能会告知发生问题的位置，根据提示取出卡纸。

1
section

2
section

3
section

4
section

5
section

6
section

7
section

**02** 打开"扫描仪和照相机"对话框。在"控制面板"窗口中，双击"扫描仪和照相机"图标，如下图所示，即可打开"扫描仪和照相机"对话框。

**04** 打开欢迎界面。在弹出的"扫描仪和照相机"安装向导的欢迎界面中，单击"下一步"按钮，如下图所示。

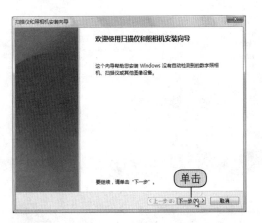

**06** 输入设备名。进入"设备名是什么？"界面后，用户可以在"名称"文本框中输入设备的名字，然后单击"下一步"按钮，如下图所示。

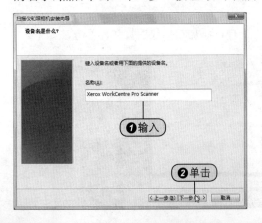

**03** 打开"扫描仪和照相机"安装向导。弹出"扫描仪和照相机"对话框，如果在列表中没有看到该设备，则单击"添加设备"按钮，如下图所示。

**05** 选择安装设备的型号。进入到"您想安装哪个扫描仪或照相机？"界面后，在"型号"列表框中选择需要安装的设备，单击"下一步"按钮，如下图所示。

**07** 完成安装。进入"正在完成扫描仪和照相机安装向导"界面，单击"完成"按钮，如下图所示。

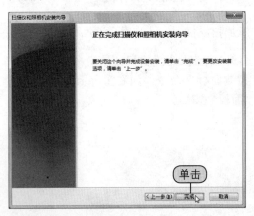

？问 为什么是后台打印程序？

## 14.7.2 设置扫描仪属性

用户在添加了扫描仪之后，接下来就需要对扫描仪的属性进行设置，以便更好地使用扫描仪，具体的操作方法如下。

**01** 查看添加的扫描仪。返回到"扫描仪和照相机"对话框中，可以发现刚才添加的扫描仪出现在列表框中，选中该设备，然后单击"属性"按钮，如下图所示。

**02** 设置常规属性。弹出该扫描仪属性对话框，切换至"常规"选项卡下，在这里可以对扫描仪的属性进行设置，如下图所示。

**03** 设置扫描仪事件。切换至"事件"选项卡下，进行扫描仪的事件设置，如下图所示。

**04** 进行扫描设置。切换至"扫描设置"选项卡下，可以仅进行扫描仪的扫描设置，如下图所示，设置完毕后，单击"确定"按钮即可。

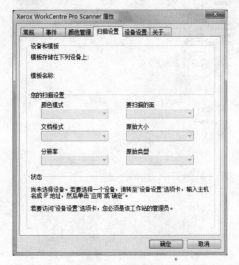

# Column

## ■ 打印机的删除 ■

    删除打印机就是说，将打印机的驱动卸载掉，并且拔出打印机，接下来就向用户介绍删除打印机的操作方法。

**01** 打开"控制面板"窗口。单击桌面上的"开始＞控制面板"命令，如下图所示，即可打开"控制面板"窗门。

**02** 打开"打印机"窗口。在"控制面板"窗口中双击"打印机"图标，如下图所示，即可打开"打印机"窗口。

**03** 删除打印机。右击需要删除的打印机，在弹出的快捷菜单中单击"删除"命令，如下图所示。

**04** 确定删除打印机。弹出"打印机"警告提示框，要求用户确认删除当前打印机，单击"是"按钮，即可确认删除，如下图所示。

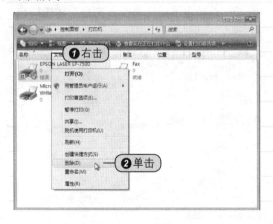

Chapter

# 15

## 网络的基础知识

Windows Vista 操作系统从入门到精通

### 学完本章后您可以：

● 了解网络的基本概念

● 掌握网络组件的相关知识

● 熟悉网络资源的使用

● 了解网络资源的共享知识

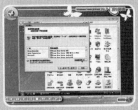

● 安装网络适配器

● 映射网络资源

**本章多媒体光盘视频链接** ▲

建立计算机网络的基本目的，就是在网络中各计算机或设备之间提供一条高速的通信信道。随着网络技术的发展，Internet 已经成为人们生活中不可或缺的一部分，它给用户的生活带来很多便利，因此从本章开始，将向用户介绍计算机接入到网络的基础知识和方法，为以后的进一步学习打好坚实的基础。本章讲解了网络的基本概念、网络组件的相关知识。网络资源的使用方法以及网络资源的共享知识。

**BASIC**

## 15.1　网络的基本概念

Internet（即互联网络）简单地说，就是一种连接各种电脑的网络，并且可为这些网络提供一致性的各种服务。Internet 是将以往相互独立的、散落在各个地方的单独的计算机或是相对独立的计算机局域网，借助已经发展得有相当规模的电信网络，通过一定的通讯协议而实现更高层次的互联。在这个互联网络中，一些超级的服务器通过高速的主干网络（光缆、微波和卫星）相连，而一些较小规模的网络则通过众多的支干与这些巨型服务器连接。在这些连接中，包括物理连接和软件连接。所谓物理连接就是，各主机之间的连接利用常规电话线、高速数据线、卫星、微波或光纤等各种通信手段。而软件连接也就是全球网络中的电脑使用同一种语言进行交流。换句话说，就是使用相同的通讯协议。

WWW 是 World Wide Web（环球信息网）的缩写，也可以简称为 Web，中文名字为"万维网"。它起源于 1989 年 3 月，由欧洲量子物理实验室 CERN（the European Laboratory for Particle Physics）所发展出来的主从结构分布式超媒体系统。通过万维网，人们只要通过使用简单的方法，就可以很迅速方便地取得丰富的信息资料。由于用户在通过 Web 浏览器访问信息资源的过程中，无需再关心一些技术性的细节，而且界面非常友好，因而 Web 在 Internet 上刚推出就受到了热烈的欢迎，并迅速得到了爆炸性的发展。

### 15.1.1　网络的定义

计算机网络是一批独立自主的计算机的互连。计算机网络是计算机技术和通信技术结合的产物，它克服了地域的限制，实现网络中资源共享的系统。网络是计算机通讯的主要形式之一。

连接到网络上的计算机称为节点，如果这些节点的地理位置相距较近，如一所学校，则称这样的网络为局域网（LAN）。而如果节点的地理位置相距较远，而且非常分散，则这样的网络称为广域网（WAN）。如果节点的地理位置比局域网的地理位置远一些，但又没广域网分布那么广，如一个城市，这种网络称为城域网（MAN）。

### 15.1.2　Windows Vista的网络特性

微软在 Windows 中提供了强大的网络功能，它既可以用于连接局域网，又可以用于连接广域网，提供了客户机 / 服务器网络，还支持 Internet 和 Intranet。Windows 的网络功能具有以下的新增特性。

- 更轻松的安装、配置和部署
- Internet 连接增强
- 更多的网络服务选项

- 增强的网络设备支持
- 新增的网络服务支持

## BASIC
## 15.2 Windows Vista的网络组件

Windows Vista 的网络组件包括网络适配器、网络客户端、网络协议等，在本节中，将向用户详细地介绍关于网络组件的安装和卸载以及设置等操作。

### 15.2.1 安装网络适配器

安装网络适配器与安装其他接口卡如声卡、显卡等相似，只需将网络适配器插入到计算机内部的插槽中，然后启动计算机，Windows Vista 操作系统会自动检测并配置该硬件设备。Windows Vista 系统支持大部分的网络适配器，对于这些网络适配器并不需要专门的驱动程序，系统都能正确地安装。如果用户想用手动方式安装网络适配器的驱动程序，可参考以下步骤。

**01** 打开"控制面板"窗口。单击"开始>控制面板"命令，如下图所示，即可打开"控制面板"窗口。

**02** 打开"添加硬件"向导。双击"添加硬件"图标，如下图所示，即可打开"添加硬件"向导。

**03** 进入欢迎界面。进入"欢迎使用添加硬件向导"界面，单击"下一步"按钮即可开始添加新硬件，如右图所示。

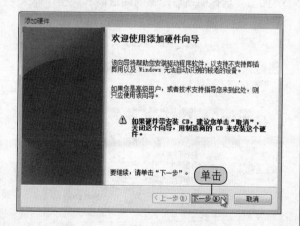

尝试使用"网络安全模式"重新启动计算机，这是允许惟一可以使用网络连接和Internet 功能的安全模式。

# Windows Vista
## 操作系统从入门到精通

**15**
Chapter

1 section

2 section

3 section

**04** 选择安装方式。进入"这个向导可以帮助您安装其他硬件"界面后，此时添加硬件向导提供了两个选项："搜索并自动安装硬件（推荐）"和"安装我手动从列表选择的硬件"。这里单击选中"搜索并自动安装硬件（推荐）"单选按钮，并单击"下一步"按钮，如下图所示。

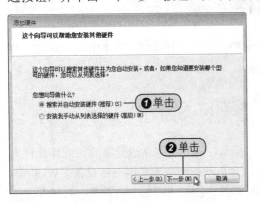

**05** 搜索新的硬件。"添加硬件"向导开始搜索最近已经连接到计算机上且未安装的硬件，这个过程需要几秒钟时间，如下图所示。

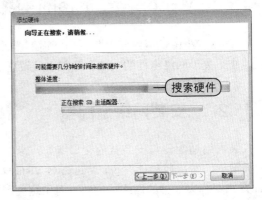

**06** 显示向导未找到新硬件。如果向导未找到新硬件，则需要手动从列表中选择，单击"下一步"按钮，如下图所示。

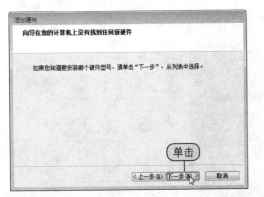

**07** 选择硬件类型。在"常见硬件类型"列表框单击"网络适配器"选项，然后单击"下一步"按钮，如下图所示。

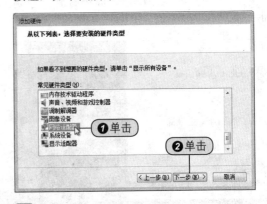

**08** 选择网络适配器。进入"选择网络适配器"界面后，选择网络适配器的制造商和类型，如果是用户自己磁盘上的驱动程序，可单击"从磁盘安装"按钮，就开始对硬件安装，如下图所示。

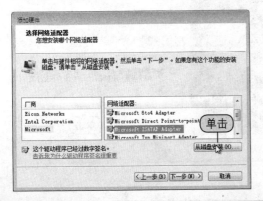

**09** 完成安装。系统安装硬件完毕后，单击"完成"按钮，完成硬件的安装，如下图所示。

## 15.2.2 安装客户端

要与网络上的其他计算机组建网络，除了要安装网络适配器的驱动程序外，还需要安装网络所需的组件。Windows的网络组件包括以下部分：客户端、服务和通讯协议。安装Microsoft网络客户端程序的具体步骤如下。

**01** 打开"网络和共享中心"窗口。在系统任务栏上单击"本地连接"图标，在弹出的面板中单击"网络"选项，如下图所示。

**02** 打开"网络连接"窗口。在弹出的"网络和共享中心"窗口中，单击左侧窗格中的"管理网络连接"选项，如下图所示，即可打开"网络连接"窗口。

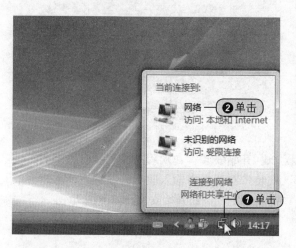

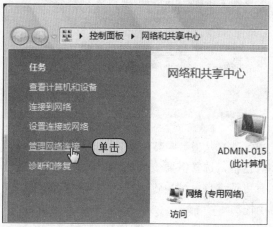

**操作点拨**

用户也可以通过在"控制面板"窗口中双击"网络和共享中心"图标来打开"网络和共享中心"窗口。

**03** 打开"本地连接状态"对话框。双击"本地连接"图标，如下图所示，即可打开"本地连接状态"对话框。

**04** 打开"本地连接属性"对话框。在弹出的"本地连接状态"对话框中，单击"属性"按钮，如下图所示。

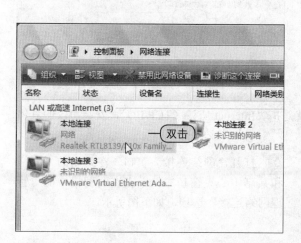

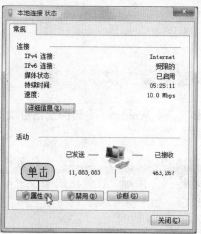

**答** 应检查计算机的开关，如果确实有开关，确保开关已打开，有些计算机也使用功能键来打开或关闭开关。

**05** 打开"选择网络功能类型"对话框。在弹出的"本地连接属性"对话框中，选择"Microsoft 网络客户端"选项，单击"安装"按钮，如下图所示。

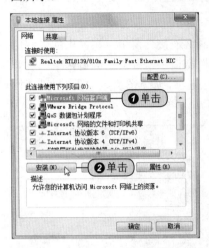

**06** 添加网络客户端。在弹出的"选择网络功能类型"对话框中单击"客户端"选项作为要安装的组件，然后单击"添加"按钮，如下图所示。

**07** 选择从磁盘安装。打开"选择网络客户端"对话框，选择需要安装的网络客户端，如果没有可选选项，则单击"从磁盘安装"按钮，如下图所示。

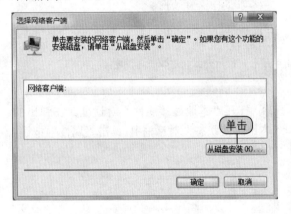

**08** 开始安装客户端程序。在弹出的"从磁盘安装"对话框中输入驱动程序的地址，然后单击"确定"按钮开始安装，如下图所示。

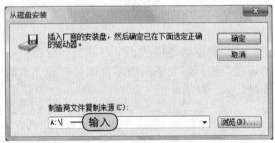

## 15.2.3 安装协议

在默认情况下，Windows 安装的通讯协议就是指"Internet 协议（TCP/IP）"，安装协议的具体操作步骤如下。

**01** 打开"网络和共享中心"窗口。在任务栏上单击"本地连接"图标，在弹出的面板中单击"网络"选项，如下图所示。

**02** 打开"网络连接"窗口。在弹出的"网络和共享中心"窗口中，单击左侧窗格中的"管理网络连接"选项，如下图所示。

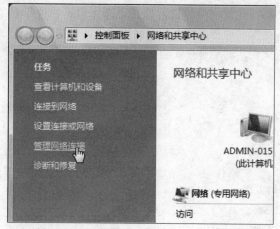

**03** 打开"本地连接状态"对话框。在弹出的"网络连接"窗口中，双击"本地连接"图标，如下图所示，即可打开"本地连接状态"对话框。

**04** 打开"本地连接属性"对话框。在弹出的"本地连接状态"对话框中，单击"属性"按钮，如下图所示。

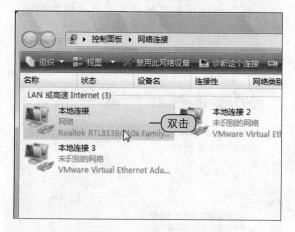

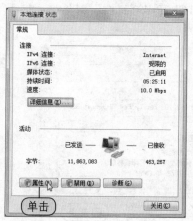

**05** 打开"选择网络功能类型"对话框。在弹出的"本地连接属性"对话框中，选择"Microsoft 网络客户端"选项，单击"安装"按钮，如下图所示。

**06** 添加协议。在弹出的"选择网络功能类型"对话框中单击"协议"选项作为要安装的组件，然后单击"添加"按钮，如下图所示。

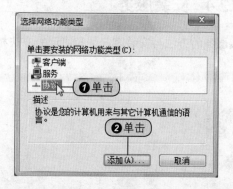

**Windows Vista**
操作系统从入门到精通

15
Chapter

1
section

2
section

3
section

**07** 选择网络协议。打开"选择网络协议"对话框，选择需要安装的网络协议，单击"确定"按钮，然后进行安装，如右图所示。

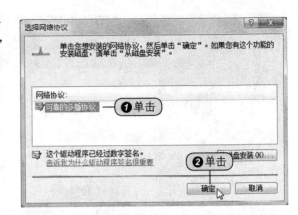

**08** 选择连接 Internet 协议版本 4（TCP/IPv4）。按照前面介绍的方法打开"本地连接属性"对话框，单击"Internet 协议版本 4（TCP/IPv4）"选项，然后单击"属性"按钮，打开"Internet 协议版本 4（TCP/IPv4）属性"对话框，如下图所示。

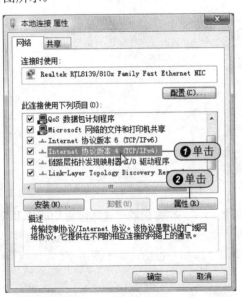

**09** 在"Internet 协议版本 4（TCP/IPv4）属性"对话框中显示了两种获取 IP 地址的方法，即自动获取和指定 IP 地址。由于很多用户不能理解 IP 地址和子网掩码，推荐用户选中"自动获得 IP 地址"单选按钮，然后单击"确定"按钮，如下图所示。

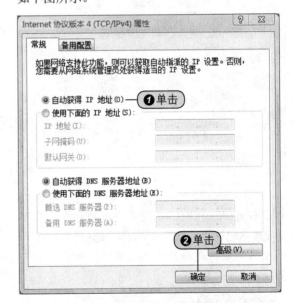

## 15.2.4 安装服务

安装服务的方法与安装客户端和协议的方法相似，接下来就详细地介绍安装服务的方法。

**01** 打开"选择网络功能类型"对话框。在任务栏上单击"本地连接"图标，从弹出的面板中单击"网络"选项，在打开的"网络和共享中心"窗口中单击"管理网络连接"选项，然后双击"本地连接"图标，在弹出的"本地连接状态"对话框中单击"属性"按钮，即可打开"本地连接属性"对话框，如右图所示，选中项目后单击"安装"按钮。

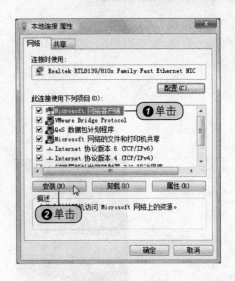

**02** 添加服务。在弹出的"选择网络功能类型"对话框中单击"服务"选项作为要安装的组件，然后单击"添加"按钮，如右图所示。

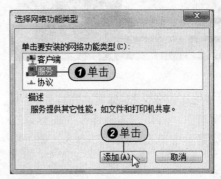

**03** 从磁盘安装。打开"选择网络服务"对话框，选择需要安装的网络服务，如果没有可选选项，则单击"从磁盘安装"按钮，如下图所示。

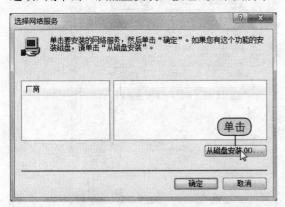

**04** 输入驱动程序地址。在弹出的"从磁盘安装"对话框中输入驱动程序的地址，然后单击"确定"按钮开始安装，如下图所示。

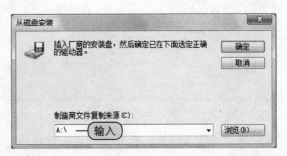

## 15.2.5　卸载网络组件

如果网络环境或硬件设备有所改变，用户可以卸载掉某些不再使用的网络组件，这样会使Windows 系统获得更多的内存空间。卸载网络组件的具体操作步骤如下。

**Windows Vista**
操作系统从入门到精通

15
Chapter

1
section

2
section

3
section

01　打开"控制面板"窗口。单击桌面上的"开始 > 控制面板"命令，如下图所示，即可打开"控制面板"窗口。

02　打开"网络连接"窗口。在弹出的"控制面板"窗口中双击"网络和共享中心"图标，在打开的"网络和共享中心"窗口中单击"管理网络连接"选项，如下图所示，即可打开"网络连接"窗口。

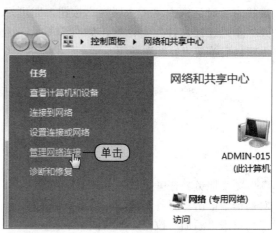

03　打开"本地连接属性"对话框。在打开的"网络连接"窗口中，右击"本地连接"图标，在弹出的快捷菜单中单击"属性"命令，如下图所示。

04　卸载网络组件。弹出"本地连接属性"对话框，在列表框中选择一个要删除的网络组件，然后单击"卸载"按钮，如下图所示。

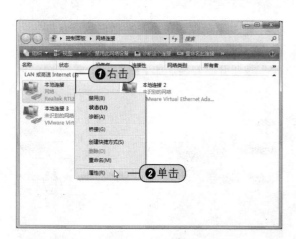

05　确定卸载该组件。单击"卸载"按钮后，系统会弹出"卸载 Microsoft 网络客户端"提示框，询问用户是否确定卸载该组件，如果确定卸载，则单击"是"按钮，如右图所示。

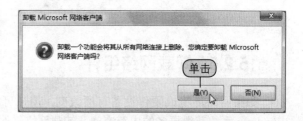

## 15.2.6　设置网络工作组

通常情况下，用户在安装完系统之后，默认的工作组都是 Workgroup，如果用户需要更改工作组可以进行以下操作。

**01** 打开"系统"窗口。在桌面上右击"计算机"图标，然后在弹出的快捷菜单中单击"属性"命令，如下图所示。

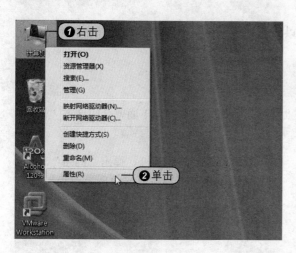

**02** 打开"系统属性"对话框。在弹出的"系统"窗口中，单击左侧"任务"窗格中的"系统保护"选项，如下图所示，即可打开"系统属性"对话框。

**03** 打开"计算机名/域更改"对话框。在弹出的"系统属性"对话框中，切换至"计算机名"选项卡下，在"计算机描述"文本框中输入对该计算机的描述文字，该描述将出现在"网上邻居"窗口中，设置完毕后单击"更改"按钮，如下图所示。

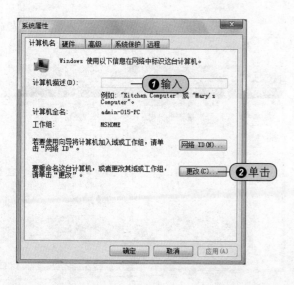

**04** 更改计算机名/域。弹出"计算机名/域更改"对话框，在"计算机名"文本框中输入计算机的名称。如果计算机是域的成员，则选中"域"单选按钮，然后在下面的文本框中输入新的域名。如果要指定计算机的工作组，则选中"工作组"单选按钮，然后在下面的文本框中输入工作组名称，单击"确定"按钮，如下图所示。

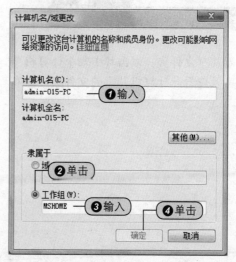

**BASIC**

## 15.3 网络资源的使用

计算机网络上的资源众多，用户如何使用这些资源呢？在 Windows Vista 系统中，使用网络上的共享资源就如同使用本机上的资源一样方便，下面具体介绍网络资源的使用方法。

### 15.3.1 浏览网络资源

在 Windows Vista 中，通过"网络"窗口可以查看局域网中已登录上网的所有计算机，并使用它们的共享资源。

● **通过网络邻居浏览网络资源**

用户在浏览网络资源的时候，通常都是通过"网络"窗口来查看的，下面就介绍通过"网络"窗口浏览网络资源的方法。

**01** 打开"网络"窗口。在桌面上单击"开始 > 网络"命令，如下图所示，即可打开"网络"窗口。

**02** 查看已连接的计算机。弹出"网络"窗口，在该窗口中列出了当前网络中所有已连接的计算机，用户可在此打开其他用户的计算机，如下图所示。

**03** 查看共享文件夹。双击其中一个计算机图标，则可以查看此计算机共享的文件夹，如右图所示。

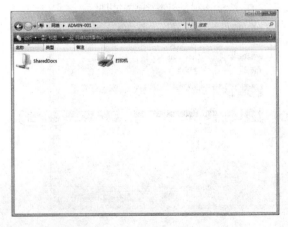

**问** Windows 未配置成连接到正确的网络类型，应如何处理？

● 通过应用程序浏览网络资源

　　除了前面介绍的通过"网络"窗口来浏览资源外，用户还可以通过应用程序浏览网络资源，具体的操作方法如下。

01 打开"写字板"窗口。在桌面上单击"开始 > 所有程序 > 附件 > 写字板"命令，如下图所示。

02 打开"打开"对话框。在打开的"写字板"程序中，单击菜单栏上的"文件 > 打开"命令，如下图所示，即可打开"打开"对话框。

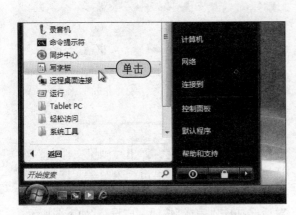

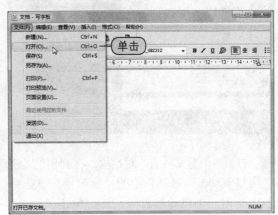

03 打开"网络"窗口。在弹出的"打开"对话框中，单击对话框左侧的"文件夹"折叠按钮，在展开的列表中单击"网络"选项，如下图所示。

04 查找目标文件。这时在"打开"对话框的右侧就会显示出"网络"中包含的计算机。用户双击目标计算机图标即可打开该计算机，该计算机中的文件就会显示在该对话框中，然后打开文件对其浏览或者编辑，用户还可以单击窗口右下角的下三角按钮，在弹出的下拉列表中选择需要浏览的文件类型，如下图所示。

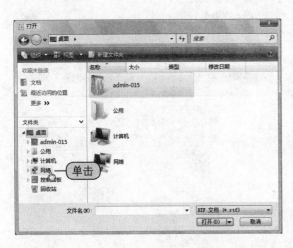

## 15.3.2 映射网络资源

　　如果用户需要经常使用网络上某个共享驱动器或共享文件夹，可以将它映射成网络驱动器，这样就可以经常对该资源进行直接访问，也可像本地驱动器一样使用了。

答 请检查路由器或访问点附带的信息，以了解设备应设置成何种连接模式。

**Windows Vista**
操作系统从入门到精通

15
Chapter

1
section

2
section

3
section

**01** 打开"网络"窗口。在桌面上单击"开始 >
网络"命令,如下图所示,即可打开"网络"
窗口。

**02** 打开"映射网络驱动器"对话框。在打开
的"网络"窗口中,单击菜单栏上的"工具 >
映射网络驱动器"命令,如下图所示。

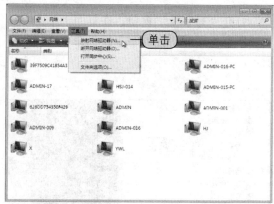

**03** 打开"浏览文件夹"对话框。在弹出的"映
射网络驱动器"对话框中的"驱动器"下拉列
表中指定一个驱动器盘号,然后单击"浏览"
按钮,如下图所示。

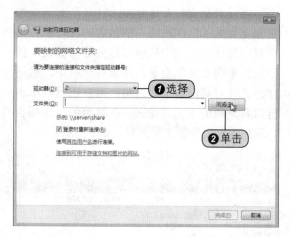

**04** 设置网络文件夹。弹出"浏览文件夹"对
话框,在该对话框中单击一个网络文件夹,然
后单击"确定"按钮返回到"映射网络驱动器"
对话框,单击"完成"按钮完成设置,如下图所示。

# ■ 共享文件夹 ■

在一个局域网络中，如果用户需要将个人的文件与整个局域网中其他的用户共享，那么用户可以设置文件夹共享，其具体的操作步骤如下。

**01** 打开"计算机"窗口。在桌面上双击"计算机"图标，如下图所示，即可打开"计算机"窗口。

**02** 打开"文件共享"对话框。进入其中任何一个驱动器，右击需要共享的文件夹，在弹出的快捷菜单中单击"共享"命令，如下图所示。

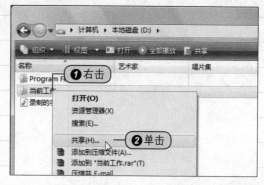

**03** 选择要共享的用户。弹出"文件共享"对话框，单击下三角按钮，从下拉列表中选择与其共享的用户，如右图所示。

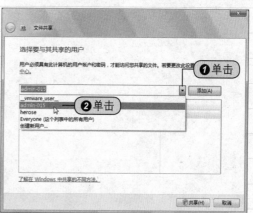

**04** 进行共享设置。设置完毕后，单击"共享"按钮，如右图所示。

**05** 完成文件夹共享。进入"您的文件夹已共享"界面后，单击"完成"按钮，如下图所示。

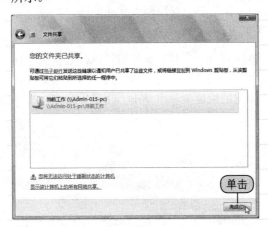

**06** 查看共享文件夹。这样，用户即可将目标文件夹共享在网络中，窗口中共享文件夹的图标添加了两个人物图像，表示此文件夹已共享，如下图所示。

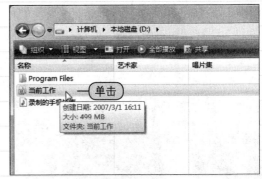

本章建议学习时间：60分钟

建议分配 40 分钟熟悉 ADSL 拨号连接操作，掌握 Internet Explorer 7 浏览器的使用和网络信息的搜索，再分配 20 分钟进行练习。

Chapter

# 16

## 网络遨游

**Windows Vista** 操作系统从入门到精通

### 学完本章后您可以：

- 建立ADSL拨号连接
- 使用Internet Explorer 7浏览器
- 熟练搜索网络信息
- 设置Internet Explorer 7浏览器的外观

浏览WEB页

使用搜索引擎

本章多媒体光盘视频链接 ▲

Windows Vista

**16**
Chapter

随着互联网的快速发展，Internet 已成为人们生活必不可少的一部分，Internet 的应用也得到迅猛的发展。用户可以选择多种方式接入 Internet，数字化、宽带化、光纤到户（FTTH）是今后接入方式的必然发展方向，目前由于光纤到户成本过高，在今后的几年内大多数用户仍将继续使用宽带接入技术，包括拨号上网、ADSL 等，其中 ADSL（非对称数字用户环路）是最具前景及竞争力的一种。

**1** section

**2** section

**3** section

**4** section

BASIC

## 16.1 使用ADSL连接Internet

ADSL 是 Asymmetric Digital Subscriber Line（非同步数字用户专线）的简称，在国内普及率较高，主要原因是它与传统的拨号上网相比有以下优点。

- 安装方便快捷：在普通电话线上加装 ADSL 设备，无需重新布线或改动线路，即可实现宽带上网。
- 高速上网、带宽独享：ADSL 能在普通电话线上以很高的速率传输数据，下行最高达 8Mbps，上行最高达 640kbps，速率是普通拨号方式的百倍以上。
- 上网和打电话互不干扰：ADSL 与普通电话同由一条电话线进行承载（该电话保持原有号码不变），上网、打电话两全其美，而且 ADSL 上网不产生电话费。
- 提供多种宽带服务：包括高速上网、远程教育、远程医疗、网上证券交易和咨询、VOD 视频点播、网上电视直播、在线游戏等。

### 16.1.1 建立ADSL虚拟拨号连接

用户建立 ADSL 虚拟拨号连接的具体操作步骤如下。

**01** 打开"控制面板"窗口。单击桌面上的"开始 > 控制面板"命令，如下图所示，即可打开"控制面板"窗口。

**02** 打开"网络和共享中心"窗口。在打开的"控制面板"窗口中，双击"网络和共享中心"图标，如下图所示。

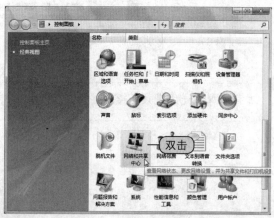

无法通过宽带数字用户线（DSL）或电缆连接的方式连接到 Internet，该如何处理？

**03** 打开"设置连接或网络"向导。在打开的"网络和共享中心"窗口中,单击左侧窗格中的"设置连接或网络"选项,如下图所示,即可打开"设置连接或网络"向导。

**04** 选择连接选项。打开"设置连接或网络"向导后,选择"连接到 Internet"选项,如下图所示,然后单击"下一步"按钮,如下图所示。

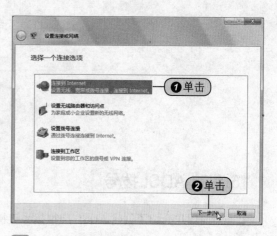

**05** 单击要连接的选项。进入"你想如何连接?"界面后,单击"宽带(PPPoE)(R)"选项,如下图所示。

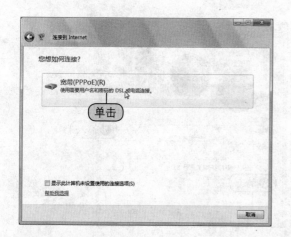

**06** 输入 ISP 信息。进入"键入您的 Internet 服务提供商(ISP)提供的信息"界面后,用户需要输入 ISP 提供的"用户名"和"密码",并输入连接名称,例如输入 ADSL,然后单击"连接"按钮,如下图所示。

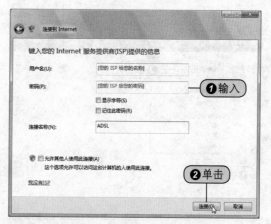

**07** 连接 Internet。单击"连接"按钮后,系统就会自动连接 Internet,如右图所示。

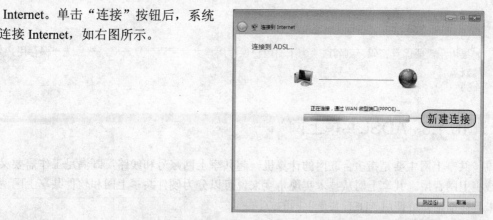

---

请确保:调制解调器处于打开状态;电话线正确插入调制解调器和电话插孔;要求 Internet 服务器工作正常。

**Windows Vista**
操作系统从入门到精通

16
Chapter

1
section

2
section

3
section

4
section

**08** 显示创建的连接。这样，用户就创建了宽带连接，打开"网络连接"窗口，用户即可查看新建的连接，如右图所示。

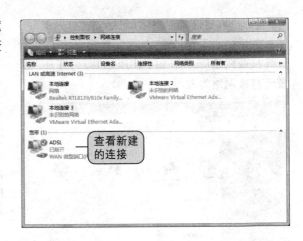

## 16.1.2 ADSL拨号

上一节向用户介绍了创建 ADSL 虚拟拨号连接的方法，接下来就向用户介绍 ADSL 拨号的方法。

**01** 打开"连接 ADSL"对话框。首先打开"网络连接"窗口，然后右击在上一节创建的 ADSL 宽带连接图标，在弹出的快捷菜单中单击"连接"命令，如下图所示，即可打开"连接 ADSL"对话框。

**02** 拨号上网。在弹出的"连接 ADSL"对话框中，在"用户名"和"密码"文本框中分别输入相关的信息，然后单击"连接"按钮即可，如下图所示。

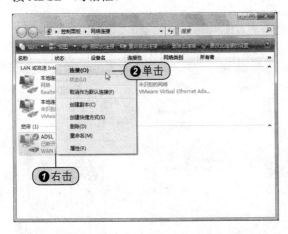

**操作点拨**

如果用户需要保存密码，则勾选"为下面用户保存用户名和密码"复选框，然后选择保存用户名和密码的对象。

## 16.1.3 ADSL共享上网

共享上网主要是指多台联网的计算机一起共享上网账号和线路，既满足工作需要又大幅度地减少上网费用。共享上网从技术实现角度来说可以分为硬件共享上网和软件共享上网两种，接下来就详细地介绍使用 ADSL 共享上网的方法。

无法通过拨号连接方式连接到 Internet 或者连接被断开，该如何处理？

### 主机共享设置

**01** 打开"连接 ADSL"对话框。按照前面介绍的方法，打开"网络连接"窗口，然后右击 ADSL 宽带连接图标，在弹出的快捷菜单中单击"连接"命令，如下图所示，即可打开"连接 ADSL"对话框。

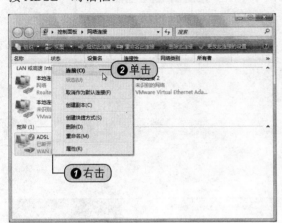

**02** 打开"ADSL 属性"对话框。在弹出的"连接 ADSL"对话框中，单击"属性"按钮，如下图所示，即可打开"ADSL 属性"对话框。

**03** 切换至"共享"选项卡。弹出"ADSL 属性"对话框，切换至"共享"选项卡下，勾选"允许其他网络用户通过此计算机的 Internet 连接来连接"复选框，如右图所示。

**04** 弹出"网络连接"对话框。勾选"允许其他网络用户通过此计算机的 Internet 连接来连接"复选框后，系统会自动弹出"网络连接"对话框，直接单击"确定"按钮即可，如右图所示。

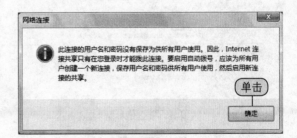

**Windows Vista**
操作系统从入门到精通

16
Chapter

1
section

2
section

3
section

4
section

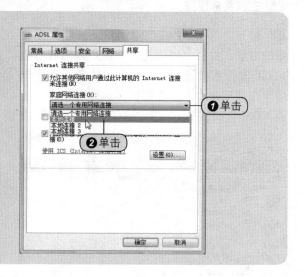

操作点拨

用户还可以单击"家庭网络连接"下拉按钮，在弹出的下拉列表中选择"本地连接"选项，如右图所示，这样用户可以通过局域网来连接Internet。

### 客户机网络的安装

**01** 打开"控制面板"窗口。单击桌面上的"开始 > 控制面板"命令，如右图所示，即可打开"控制面板"窗口。

**02** 打开"网络和共享中心"窗口。在"控制面板"窗口中双击"网络和共享中心"图标，如下图所示，即可打开"网络和共享中心"窗口。

**03** 打开"网络连接"窗口。在打开的"网络和共享中心"窗口中，单击左侧窗格中的"管理网络连接"选项，如下图所示。

问 用户无法连接到家庭网络，该如何处理？

**04** 打开"本地连接属性"对话框。在打开的"网
络连接"窗口中，右击"本地连接"图标，在
弹出的快捷菜单中单击"属性"命令，如下图
所示。

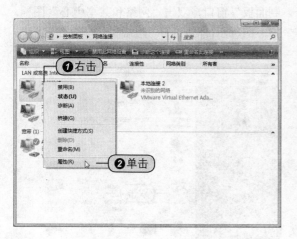

**05** 选择连接项目。弹出"本地连接属性"对
话框，在"此连接使用下列项目"列表框中，
选择"Internet 协议版本 4（TCP/IPv4）"选项，
然后单击"属性"按钮，如下图所示。

**06** 设置相关选项。弹出"Internet 协议版本 4
（TCP/IPv4）属性"对话框，单击"使用下面的
IP 地址"单选按钮，在"IP 地址"文本框中输
入 192.168.0.5，在"子网掩码"文本框中输入
255.255.255.0，在"默认网关"文本框中输入
192.168.0.1，单击"使用下面的 DNS 服务器地址"
单选按钮，在"首选 DNS 服务器"文本框中输
入 192.168.0.1，然后单击"确定"按钮，如下
图所示。

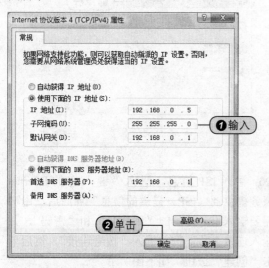

**07** 完成设置。返回到"本地连接属性"对话
框后，单击"确定"按钮，如下图所示。

16
Chapter

## Windows Vista
操作系统从入门到精通

16
Chapter

1
section

2
section

3
section

4
section

### 16.1.4 普通拨号上网

除使用 ADSL 上网之外,用户还可以使用普通拨号上网,建立普通拨号上网的具体操作步骤如下。

01 打开"控制面板"窗口。单击桌面上的"开始 > 控制面板"命令,如下图所示,即可打开"控制面板"窗口。

02 打开"网络和共享中心"窗口。打开"控制面板"窗口,双击"网络和共享中心"图标,如下图所示,即可打开"网络和共享中心"窗口。

03 打开"设置连接或网络"向导。在打开的"网络和共享中心"窗口中,单击左侧窗格中的"设置连接或网络"选项,如下图所示,即可打开"设置连接或网络"向导。

04 选择连接选项。进入"选择一个连接选项"界面中,选择"连接到 Internet"选项,然后单击"下一步"按钮,如下图所示。

05 选择需要的连接方式。勾选"显示此计算机未设置使用的连接选项"复选框,如下图所示,然后单击"拨号"选项。

06 输入 ISP 信息。进入"键入您的 Internet 服务提供商(ISP)提供的信息"界面后,用户需要输入 ISP 提供的"用户名"和"密码",并输入连接名称,例如输入"拨号连接",然后单击"创建"按钮,如下图所示。

问 用户无法连接到家庭网络上的其他计算机,该如何处理?

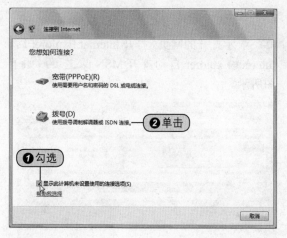

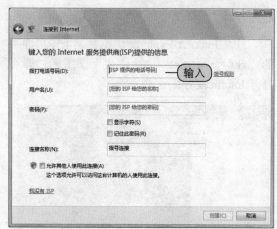

**07** 创建连接到 Internet。系统开始创建连接到 Internet,这需要一些时间,连接完毕后,单击"关闭"按钮即可,如右图所示。

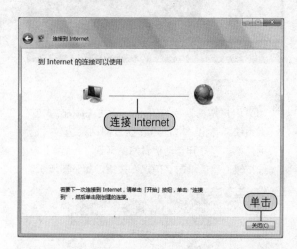

**BASIC**

# 16.2 使用Internet Explorer 7浏览器

Internet Explorer 7 是微软公司推出的最新的浏览器。无论是搜索新信息还是浏览喜爱的站点,用户都可以使用 Internet Explorer 7 从 WWW 上轻松获得丰富信息,Internet Explorer 7 内置的 IntelliSense 技术使用户能在完成常规的 Web 任务时节省时间,例如自动完成 Web 记忆地址和表单,以及自动检测网络和连接状态。

## 16.2.1 启动Internet Explorer 7

用户在使用 Internet Explorer 7 浏览网页的时候,首先需要启动 Internet Explorer 7,具体的操作方法如下。

**Windows Vista**
操作系统从入门到精通

16
Chapter

1
section

2
section

3
section

4
section

**方法一**

01 打开 Internet Explorer 浏览器。单击桌面上的"开始 >Internet"命令，如下图所示，即可打开 Internet Explorer 浏览器。

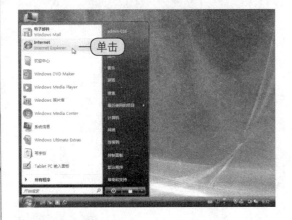

**操作点拨**

如果用户是第一次打开 Internet Explorer 7，那么系统会弹出"Microsoft 仿冒网站筛选"对话框，单击"打开自动仿冒网站筛选（推荐）"单选按钮，然后单击"确定"按钮，如下图所示。

**方法二**

可以双击桌面上的 Internet 快捷方式图标，即可打开 Internet Explorer 7 浏览器，如右图所示。

02 显示打开的网页。打开 Internet Explorer 后，Internet Explorer 自动打开 MSN 的主页，如下图所示。

03 不再显示提示信息。打开 Internet Explorer 后，会弹出一个"信息栏"提示框，勾选"不再显示此信息"复选框，单击"关闭"按钮，如下图所示。

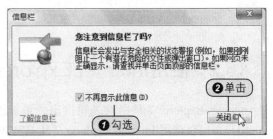

## 16.2.2 Internet Explorer 7窗口简介

　　微软公司开发的 Internet Explorer 是综合性的网上浏览软件，是使用最广泛的一种 WWW 浏览器软件，也是用户访问 Internet 必不可少的一种工具。Internet Explorer 是一个开放式的 Internet 集成软件，由多个具有不同网络功能的软件组成。目前，Windows Vista 系统中集成了 Internet Explorer 7，其界面如下图所示。

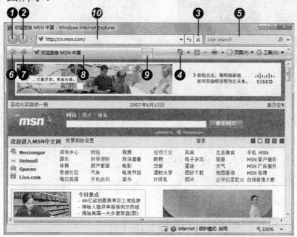

| 编号 | 名称 | 作用与说明 |
|---|---|---|
| ❶ | "返回"按钮 | 用来在浏览网页中返回同页面的上一级网页 |
| ❷ | "前进"按钮 | 用来回到已打开后的网页，返回到前一级网页 |
| ❸ | "停止"按钮 | 停止网页更新 |
| ❹ | "主页"按钮 | 单击此按钮可以回到初始网页 |
| ❺ | "搜索"框 | 启用相关搜索功能进行搜索 |
| ❻ | "收藏中心"按钮 | 打开用户收藏的网页地址，还可以用来查看近期浏览的网页资料 |
| ❼ | "添加到收藏夹"按钮 | 将浏览的网页添加到收藏夹中 |
| ❽ | 选项卡 | 显示出当前正在浏览的网站名称 |
| ❾ | "新选项卡"按钮 | 单击该按钮可以新建选项卡 |
| ❿ | 地址栏 | 当前所显示网页的URL地址 |

## 16.2.3 浏览Web页

　　用户如果要进入相应的网页，可以在地址栏中输入网页的地址再按回车键，将会进入相应的网页，浏览网页的具体操作步骤如下。

**01** 激活地址栏。按照前面介绍的方法打开 Internet Explorer 7 浏览器，然后激活 Internet Explorer 的地址栏，如下图所示。

**02** 输入网站地址。激活地址栏后，输入网易的网址 http:// www.163.com/，再按 Enter 键或者单击"刷新"按钮，即可进入网易主页，如下图所示。

## 使用超级链接浏览网页

把鼠标指针移动到含有超级链接的文字上，此处以网易网站首页中的"3G 免费邮箱"文字连接为例，此时指针将变为手形状。同时选中文字成红色，单击该文字，将打开该文字所链接的另一个网页。在互联网上有很多这样的链接形式存在，浏览网页一般就采用这种方法，如右图所示。

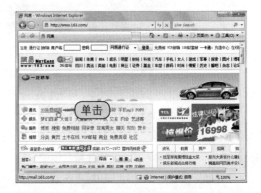

## 在新选项卡中打开网页

**01** 在新选项卡中打开网页。右击"3G 免费邮箱"文字链接，在弹出的快捷菜单中单击"在新选项卡中打开"命令，如右图所示。

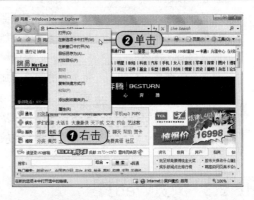

**02** 显示网页在新的选项卡中打开。经过操作后，新打开的网页就会显示在 Internet Explorer 窗口中新建的一个选项卡中，如右图所示。

当尝试进行 VPN 连接时，接收到一条写有"本地计算机不支持加密"的信息，错误代码为 741，为什么？

### 在新窗口中打开网页

**01** 在新窗口中打开网页。右击"3G 免费邮箱"文字链接，在弹出的快捷菜单中，单击"在新窗口中打开"命令，如下图所示。

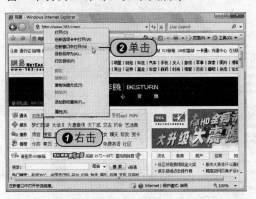

**02** 这时，Internet Explorer 会打开一个新的 Internet Explorer 窗口来打开该文字链接所链接的网页，如下图所示。

### 新建选项卡

如果用户需要在一个窗口中同时浏览其他的网页，那么用户即可新建一个选项卡，然后输入目标网址，接下来就介绍新建选项卡的方法。

#### 方法一

**01** 单击"新选项卡"按钮。打开 Internet Explorer，单击 Internet Explorer 上的"新选项卡"按钮，如下图所示，可以打开新的选项卡。

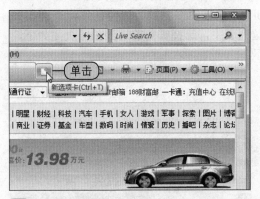

**02** 创建新选项卡。用户则在 Internet Explorer 窗口中新创建一个选项卡，如下图所示。

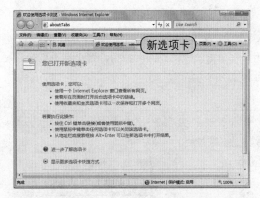

**03** 打开其他网站。然后在该选项卡中的地址栏内输入其他网站网址，按下 Enter 键，即可打开其他网站的网页，例如：在新选项卡下的地址栏内输入腾讯网网址 http://www.qq.com，然后再按 Enter 键或者单击"刷新"按钮，即可进入腾讯主页，如右图所示。

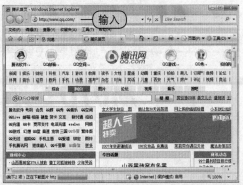

当计算机使用的加密与 VPN 服务器所使用的加密不匹配时，可能发生此情况。

## Windows Vista
操作系统从入门到精通

16
Chapter ▶

1
section

2
section

3
section

4
section

### 方法二

**01** 打开菜单栏。单击 Internet Explorer 窗口中的"工具"下拉按钮，在弹出的下拉列表中选择"菜单栏"选项，如下图所示，即可打开菜单栏。

**02** 新建选项卡。单击菜单栏上的"文件 > 新建选项卡"命令，同样也可以新建一个选项卡，如下图所示。

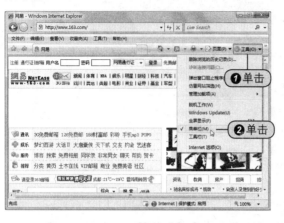

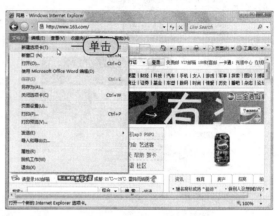

### 前进和返回

如果用户在浏览网页的时候，需要继续浏览前面或后面的一个网页，那么可以使用"前进"或者"返回"功能来实现。

**01** 选择要返回的网页。单击 Internet Explorer 地址栏左侧的下三角按钮，在弹出的下拉列表中，选择需要后退到的网页，如下图所示。

**02** 经过操作后，用户则返回到了之前浏览过的 MSN 官方网站，如果用户需要跳转到浏览该网页之后的网站，那么同样单击 Internet Explorer 地址栏左侧的下三角按钮，在弹出的下拉列表中，选择需要前进到的网页，如下图所示。

### 操作点拨

用户每单击一次"返回"按钮，则会后退到最近浏览的网页。

**操作点拨**

用户每单击一次"前进"按钮或按下 Alt 键再单击鼠标右键,则会前进到最近浏览的网页,如右图所示。

## 16.2.4 使用历史记录

如果用户需要查看以前访问过的网站,但是又不记得网站的地址,那么用户可以使用历史记录功能来打开并访问该网页。

**01** 打开"收藏中心"窗格。首先打开 Internet Explorer 窗口,然后单击 Internet Explorer 窗口中的"收藏中心"按钮,如右图所示,即可打开"收藏中心"窗格。

**操作点拨**

按下 Alt + C 组合键同样也可以打开"收藏中心"窗格。

**02** 显示历史记录。打开"收藏中心"窗格之后,单击"历史记录"按钮右侧的下三角按钮,在弹出的下拉列表中,用户可以分类查看以前查看过的网页,如右图所示。

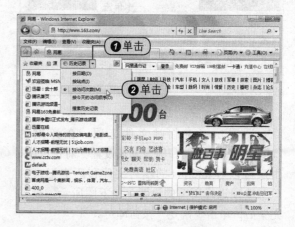

## Windows Vista
### 操作系统从入门到精通

16
Chapter

1
section

2
section

3
section

4
section

**03** 打开历史记录的网页。单击历史记录里的任意一个文字链接，即可转到文字所链接的网页，如下图所示。

**04** 显示打开的网页。单击文字链接后，Internet Explorer 即打开了文字所链接的网页，如下图所示。

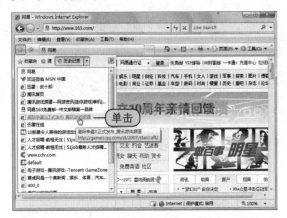

### 设置历史记录

**01** 打开"Internet 选项"对话框。打开 Internet Explorer 窗口，然后单击菜单栏上的"工具 >Internet 选项"命令，如下图所示，即可打开"Internet 选项"对话框。

**02** 打开"Internet 临时文件和历史记录设置"对话框。在弹出的"Internet 选项"对话框中，切换至"常规"选项卡下，单击"浏览历史记录"选项组中的"设置"按钮，如下图所示，即可打开"Internet 临时文件和历史记录设置"对话框。

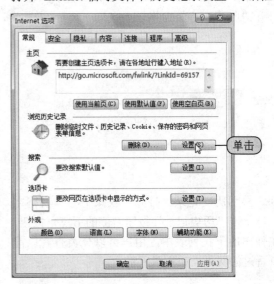

**03** 设置 Internet 临时文件选项。在弹出的"Internet 临时文件和历史记录设置"对话框中，用户可以对 Internet 的临时文件和历史记录的一些选项进行所需的设置，如下图所示，设置完毕后，单击"确定"按钮即可。

**04** 打开"删除浏览的历史记录"对话框。返回到"Internet 选项"对话框中，单击"常规"选项卡下"浏览历史记录"选项组中的"删除"按钮，如下图所示。

如何新建传入连接？

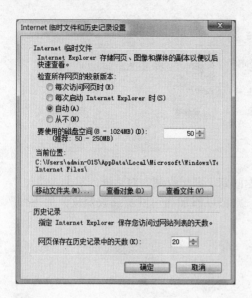

**05** 删除浏览的历史记录。弹出"删除浏览的历史记录"对话框，用户在这里可以选择所要删除文件的类型，如右图所示，如果用户需要删除所有的历史记录,则单击"全部删除"按钮，最后单击"关闭"按钮，退出对话框。

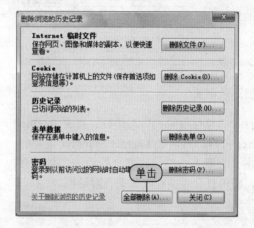

## 16.2.5　使用收藏夹

　　用户在浏览网页时，时常会发现一些有价值的网页，并想作个标记，由于在网页中，要打开相应的网页，只需要输入相应的地址即可。所以收藏夹的作用是保存相关地址作为标签，当用户单击收藏夹内自己曾经收藏的网页标签时，就能准确进入相应页面。

**01** 打开"添加收藏"对话框。打开需要添加到收藏夹的网页，然后单击菜单栏中的"收藏夹 > 添加到收藏夹"命令，如右图所示，即可打开"添加收藏"对话框。

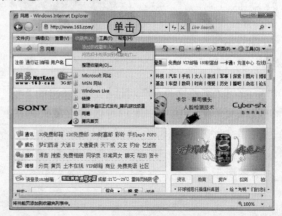

打开"网络连接"窗口，单击菜单栏上的"文件 > 新建传入连接"命令，在打开对话框中设置即可。

16
Chapter

1
section

2
section

3
section

4
section

**02** 创建文件夹。弹出"添加收藏"对话框，在"名称"文本框中输入需要保存的名字，在"创建位置"下拉列表中，选择需要保存的位置，或者单击"新建文件夹"按钮，如右图所示，即可打开"创建文件夹"对话框。

**03** 输入文件夹名。弹出"创建文件夹"对话框，输入文件夹名字，选择创建位置，然后单击"创建"按钮，如下图所示。

**04** 返回到"添加收藏"对话框，单击"添加"按钮，则可以添加当前网页到收藏夹，如下图所示。

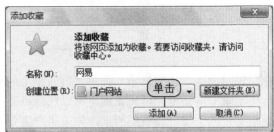

### 整理收藏夹

**01** 打开"整理收藏夹"对话框。打开 Internet Explorer 窗口，然后在 Internet Explorer 菜单栏中单击"收藏夹 > 整理收藏夹"命令，如下图所示，即可打开"整理收藏夹"对话框。

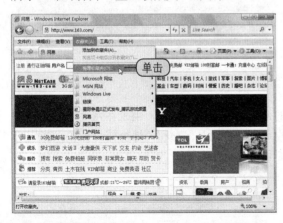

**操作点拨**

或者用户单击 Internet Explorer 窗口中的"添加到收藏夹"按钮，在弹出的下拉列表中选择"整理收藏夹"选项，如下图所示。

**02** 打开"浏览文件夹"对话框。在弹出的"整理收藏夹"对话框中，用户可以对收藏夹内的网页和文件夹进行移动、重命名和删除等操作，这里选择"网易"选项，然后单击"移动"按钮，如下图所示。

**03** 选择目标文件夹。弹出"浏览文件夹"对话框，选择"链接"文件夹，然后单击"新建文件夹"按钮，如下图所示，则在"链接"文件夹下新建了一个子文件夹。

主要有哪些不同的 Internet 连接方式？

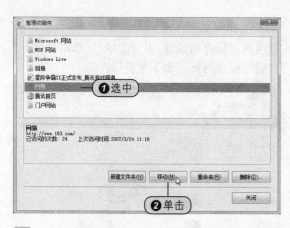

**04** 重命名文件夹。将刚才新建的文件夹命名为"热门网站",然后选择该文件夹,单击"确定"按钮,如右图所示,则将选中的"网易"网页移动到了"热门网站"文件夹下。

## 16.2.6 保存网页中的信息

对于网页中的一些有用的信息,如果用户想要将其保存下来,以便以后查看,那么可以将整个网页保存下来或者单独保存网页中的图片,具体讲解如下。

### ● 保存整个网页

如果用户需要将整个网页中的内容都保存下来,那么用户可以保存该网页以作为脱机时查看。

**01** 打开"保存网页"对话框。打开需要保存的网页,单击菜单栏上的"文件 > 另存为"命令,如右图所示,即可打开"保存网页"对话框。

1
section

2
section

3
section

4
section

02 展开对话框。弹出"保存网页"对话框，在"文件名"文本框中输入网页的名字，在"保存类型"下拉列表中选择需要保存的文件类型，然后单击"浏览文件夹"按钮将对话框展开，如下图所示。

03 保存网页。在展开的窗格中，用户即可设置该网页保存的位置，设置完毕后，单击"保存"按钮，保存网页，如下图所示。

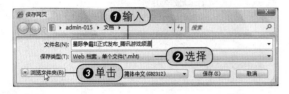

### 保存网页中的图片

如果用户只需要保存网页中的单个图片，那么可以执行下面的操作。

01 打开"保存图片"对话框。找到需要保存的网页中的图片，然后右击目标图片，在弹出的快捷菜单中单击"图片另存为"命令，如下图所示，即可打开"保存图片"对话框。

02 保存图片。在弹出的"保存图片"对话框中，用户可以设置图片保存的路径，并输入图片的名称，然后单击"保存"按钮，如下图所示。

## BASIC

## 16.3 搜索网上的信息

在 Internet 上有丰富的资源，他们都是以网页的性质为用户提供浏览以及下载功能的，那么从众多网页中如何找到所需的资源呢？其中最有效的方式就是使用搜索引擎。

## 16.3.1　使用Internet Explorer 7的搜索功能

在 Internet Explorer 7 中集成了搜索网页信息的功能，其使用方法如下。

**01** 输入搜索内容。在 Internet Explorer 上的"搜索"框中输入需要搜索的相关内容，例如输入"计算机病毒"，然后单击"搜索"按钮，如下图所示。

**02** 显示搜索信息。在 Internet Explorer 中会列出与输入搜索内容相关的信息，单击其文字链接即可以链接到相关网站，如下图所示。

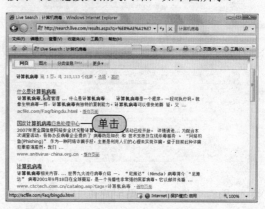

**03** 查看所需信息。单击文字链接后，Internet Explorer 即可打开相应的网站，如右图所示，用户即可查看相关的信息。

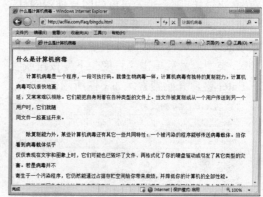

## 16.3.2　使用搜索引擎

除了使用 Internet Explorer 7 来搜索网络资源之外，用户也可以使用自己喜爱的搜索引擎进行搜索，具体的操作方法如下。

**01** 打开搜索引擎网站。打开 Internet Explorer 窗口，然后在 Internet Explorer 窗口的地址栏中输入搜索引擎的网站，例如输入 http://sowang. com，然后按下 Enter 键进入网站，如右图所示。

它是在 Web 浏览器和 Internet 之间起媒介作用的计算机，通过存储经常使用的网页副本来提高 Web 性能。

**02** 选择搜索引擎类型。进入网站后，用户可以根据需要搜索的内容选择搜索引擎类型，例如对图片搜索，那么就单击"图片搜索"文字链接，如下图所示。

**03** 显示搜索网站。打开新的网页之后，在该网页中列出了具有图片搜索功能的网站，单击所需访问网站的文字链接，如下图所示，即可进入该网站。

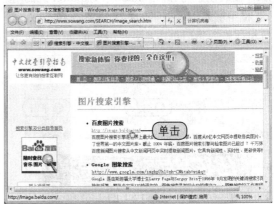

**04** 运用百度搜索。如果用户单击"百度图片搜索"文字链接，则会进入百度的图片搜索网站，在中间的文本框中输入要搜索的内容，例如输入"风景"，然后再选择图片类型，例如：选择"壁纸"类型，最后单击"百度一下"按钮或者按下 Enter 键，开始搜索，如下图所示。

**05** 显示搜索结果。经过操作后，用户则可以搜索到更多关于"风景"的壁纸，Internet Explorer 中出现了关于搜索内容的图片，如下图所示。

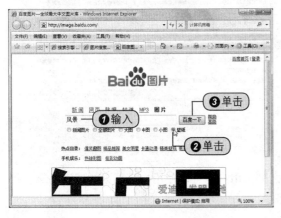

## 16.3.3 查找相关信息

使用分类搜索的方法比较直观，但是效率太低，用户可以直接使用"关键字搜索"的方法进行搜索，具体的操作方法如下。

**01** 打开"查找"对话框。在 Internet Explorer 窗口中单击菜单栏上的"编辑 > 在网页上查找"命令，如下图所示，即可打开"查找"对话框。

**02** 输入查找内容。弹出"查找"对话框，在"查找"文本框中输入要查找的内容，单击"下一个"按钮，如下图所示。

问 什么是系统信息？

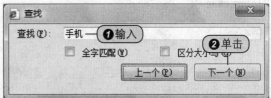

**03** 查找所对应的内容。如果查找到内容，则会跳转到该内容处，并以选中的状态显示出来，如下图所示，单击"下一个"按钮可再查找下一个。

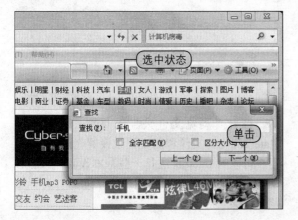

**操作点拨**

如果没找到所需查找文本，系统则会弹出"Windows Internet Explorer"提示框，提示没找到此内容，如下图所示，然后单击"确定"按钮。

## 16.4 设置Internet Explorer 7的外观和选项

用户在使用 Internet Explorer 7 的时候，还可以根据自己的习惯对 Internet Explorer 7 的外观和选项进行设置。

### 16.4.1 设置默认主页和临时文件

不同的用户有可能每次通过 Internet 访问同一个网站，对于这样频繁地访问地网页，用户可以将其设置为主页，以方便以后进行访问，同时在访问网站的时候会产生大量的临时文件，用户可以将这些临时文件删除。

**Windows Vista**
操作系统从入门到精通

16
Chapter

1
section

2
section

3
section

4
section

### 设置默认主页

**01** 打开"Internet 选项"对话框。打开 Internet Explorer 窗口，然后单击菜单栏上的"工具 > Internet 选项"命令，如下图所示，即可打开"Internet 选项"对话框。

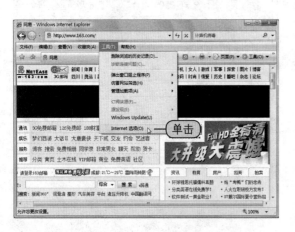

**02** 设置主页为空白页。在弹出的"Internet 选项"对话框中，切换至"常规"选项卡下，单击"主页"选项组中的"使用空白页"按钮，如下图所示，即可设置主页为空白页。

### 设置临时文件

**01** 打开"Internet 临时文件和历史记录设置"对话框。返回到"Internet 选项"对话框中，切换至"常规"选项卡下，单击"浏览历史记录"选项组中的"设置"按钮，如下图所示，即可打开"Internet 临时文件和历史记录设置"对话框。

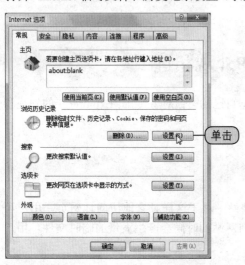

**02** 打开"浏览文件夹"对话框。在弹出的"Internet 临时文件和历史记录设置"对话框中，用户可以对 Internet 进行一些基本设置，单击"移动文件夹"按钮，如下图所示，即可打开"浏览文件夹"对话框。

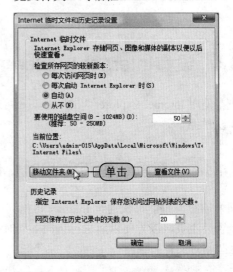

浏览器加载项是什么？

**03** 设置目标文件夹。在弹出的"浏览文件夹"对话框中，用户可以选择放置 Internet 临时文件的目标文件夹，然后单击"确定"按钮，如右图所示。

## 查看临时文件和对象

**01** 查看放置临时文件的文件夹。按照同样的方法打开"Internet 临时文件和历史记录设置"对话框，单击"查看文件"按钮，可以查看放置 Internet 临时文件的文件夹，如下图所示。

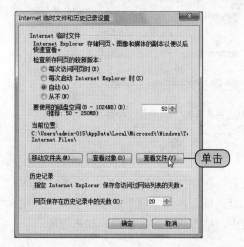

**02** 显示临时文件夹。打开了放置 Internet 临时文件的文件夹，如下图所示。

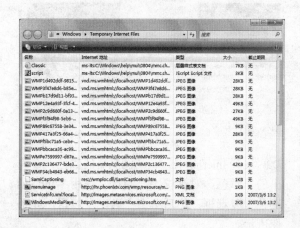

**03** 查看对象。在"Internet 临时文件和历史记录设置"对话框中，单击"查看对象"按钮，可以查看放置 Internet 下载文件并安装的程序，如下图所示。

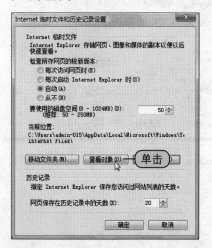

**04** 显示下载文件的程序文件夹。放置 Internet 下载文件的程序文件夹，如下图所示。

加载项也称为 ActiveX 控件、浏览器扩展等，可以通过提供多媒体或交互式内容（如动画）来增强对网站的体验。

## 16.4.2 设置网页的外观

虽然 Internet Explorer 浏览器不能具体更改某一网页的显示，但是它能够从整体上设置网页的外观，具体的操作步骤如下。

**01** 打开"Internet 选项"对话框。首先打开 Internet Explorer 浏览器，然后单击菜单栏上的"工具 >Internet 选项"命令，如下图所示，即可打开"Internet 选项"对话框。

**02** 打开"颜色"对话框。在弹出的"Internet 选项"对话框中，切换至"常规"选项卡下，单击"外观"选项组中的"颜色"按钮，如下图所示。

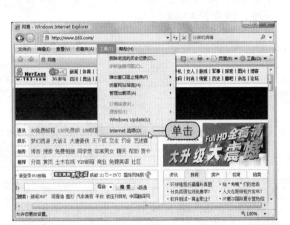

**03** 设置 Internet Explorer 浏览器的颜色。在弹出的"颜色"对话框中，勾选"使用 Windows 颜色"复选框，然后单击"确定"按钮，如下图所示。

**04** 打开"语言首选项"对话框。返回"Internet 选项"对话框，在"常规"选项卡下的"外观"选项组中，单击"语言"按钮，如下图所示。

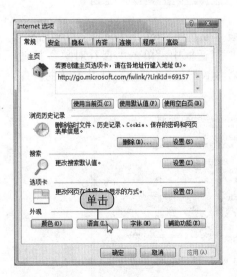

**?问** 用户与他人共用计算机时，是否都获得相同的更新？

**05** 设置语言首选项。在弹出的"语言首选项"对话框中，用户可以选择和添加查看网站的语言，单击"确定"按钮关闭该对话框，如下图所示。

**06** 打开"字体"对话框。返回"Internet 选项"对话框，在"常规"选项卡下的"外观"选项组中，单击"字体"按钮，如下图所示。

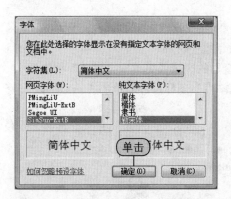

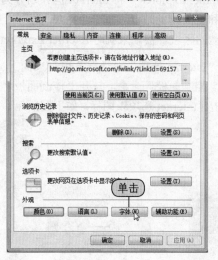

**07** 设置字体。在弹出的"字体"对话框中，用户可以设置网页上文字的字体，选择所需的字体后，单击"确定"按钮，如下图所示。

**08** 打开"辅助功能"对话框。返回"Internet 选项"对话框，在"常规"选项卡下的"外观"选项组中，单击"辅助功能"按钮，如下图所示。

**09** 设置辅助功能。在弹出的"辅助选项"对话框中，用户可以对网页上一些格式进行设置，如右图所示，设置完毕后单击"确定"按钮。

**Windows Vista**
操作系统从入门到精通

16
Chapter

1
section

2
section

3
section

4
section

## 16.4.3 设置安全性

在 Internet Explorer 中将 Internet 世界划分为 4 个区域，分别为：Internet、本地 Intranet、受信任的站点和受限制的站点。每一个区域都有自己的安全级别，这样用户可以根据不同的安全级别来设置活动的区域。接下来就对 Internet Explorer 7 的安全性设置进行详细的介绍。

**01** 打开"Internet 选项"对话框。单击桌面上的"开始 > 控制面板"命令，打开"控制面板"窗口，双击"Internet 选项"图标，如下图所示。

**02** 打开"安全设置-Internet 区域"对话框。在弹出的"Internet 选项"对话框中，切换至"安全"选项卡下，单击"自定义级别"按钮，如下图所示。

**03** 设置 Internet 的安全性。弹出"安全设置-Internet 区域"对话框，用户可以对 Internet 进行安全设置，如下图所示，设置完毕后，单击"确定"按钮即可。

**04** 打开"可信站点"对话框。返回到"Internet 选项"对话框中，在"安全"选项卡下，单击"选择要查看的区域或更改安全设置"列表框中的"可信站点"图标，然后单击"站点"按钮，如下图所示。

问 用户总是收到来自 Windows 的不需要的或者已删除的更新，该如何解决？

**05** 添加网站到区域。在弹出的"可信站点"对话框中的"将该网站添加到区域"文本框中输入网址,然后单击"添加"按钮,如下图所示。

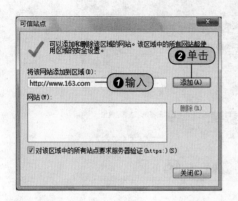

**06** 打开"受限站点"对话框。在"安全"选项卡下,单击"选择要查看的区域或更改安全设置"列表框中的"受限站点"图标,然后单击"站点"按钮,如下图所示。

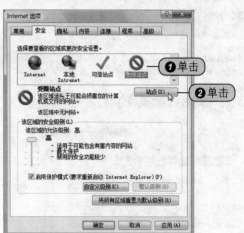

**07** 添加受限网站。弹出"受限站点"对话框,如右图所示,在"将该网站添加到区域"文本框中输入网址,然后单击"添加"按钮,设置完毕后,单击"关闭"按钮即可。

## 16.4.4 设置访问级别

Internet 上的内容丰富,但是并不是都适合每一个用户的,Internet Explorer 7 提供了内容审查机制帮助用户控制计算机访问网站的内容,具体讲解步骤如下。

**01** 打开"内容审查程序"对话框。按照前面介绍的方法,打开"Internet 选项"对话框,切换至"内容"选项卡下,单击"内容审查程序"选项组中的"启用"按钮,如右图所示。

**02** 打开"创建监护人密码"对话框。在弹出的"内容审查程序"对话框中，切换至"常规"选项卡下，在"监护人密码"选项组中，单击"创建密码"按钮，如下图所示。

**03** 创建监护人密码。在弹出的"创建监护人密码"对话框中，设置密码后，单击"确定"按钮，如下图所示。

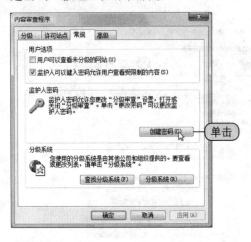

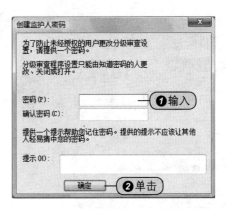

# ■ 下载网络资源 ■

对于一些网络上的资源，用户是可以直接从网站上下载下来的，接下来就详细地介绍从网络上下载资源的方法。

**01** 链接到下载地址。打开 Internet Explorer 浏览器，并在网页中找到下载文件的链接，然后单击网页上提供的下载链接，Internet Explorer 会自动链接到下载地址，如下图所示。

**02** 保存下载文件。打开"另存为"对话框。当 Internet Explorer 链接到地址时，会弹出"文件下载"对话框，可以选择是打开当前文件还是保存该文件，这里单击"保存"按钮，如下图所示。

**03** 设置文件保存路径。在弹出的"另存为"对话框中，选择文件保存路径，并在"文件名"文本框中输入要保存的文件名，然后单击"保存"按钮，如下图所示。

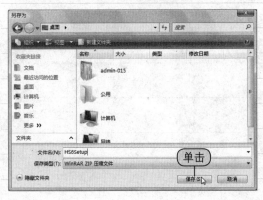

**04** 显示下载进度。单击"保存"按钮后，系统就开始下载文件，并在对话框中显示出下载的进度，如下图所示。

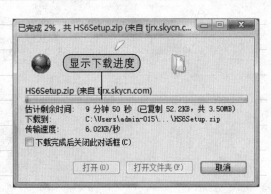

读书笔记

本章建议学习时间：60分钟

建议分配 40 分钟熟悉申请电子邮件操作，掌握使用电子邮件收邮件和发送邮件的操作，再分配 20 分钟进行练习。

Chapter

# 17

# 电子邮件

## 学完本章后您可以：

- ● 学会申请电子邮箱
- ● 熟练发送邮件
- ● 使用Windows Mail收发邮件
- ● 设置邮箱选项

● 申请免费电子邮箱

● 编辑电子邮件

本章多媒体光盘视频链接 ▲

电子邮件（E-mail）是指发送者和指定的接收者利用计算机通信网络发送信息的一种非交互式的通信方式。它能在瞬间将邮件发送至世界上任何一个拥有电子邮件的用户处，而且相对于传统邮件来说，它不仅可以传送文字，还能传送图形图像、语音等多媒体信息。本章将向大家介绍电子邮件的特点、如何申请和使用电子邮件以及利用 Windows Mail 收发电子邮件等。

## BASIC
# 17.1 电子邮件简介

电子邮件的英文名为 E-mail，在工作方式上有别于传统邮件，因为它不借助任何交通工具进行传递，只要有网络的地方就可以进行电子邮件的传递。

### 17.1.1 电子邮件的特点

电子邮件主要有以下几个特点。

- **收发迅速**：只需鼠标轻轻一点便可以瞬间将邮件发送到世界各地。
- **使用方便**：用户可以在任何有网络的地方收发邮件，不受天气、地点、时间限制。
- **成本低廉**：只需要支付日常上网费，就可以把用户的邮件发送到各地，不受距离限制。
- **形式多样**：邮件不光可以收发文件，还可以附带声音、图像、程序等。

### 17.1.2 认识电子邮件的用途

简单地说，电子邮件就是通过 Internet 来邮寄的信件。电子邮件的成本比邮寄普通信件要低得多；而且投递无比快速，不管多远，最多只要几分钟；另外，它使用起来也很方便，无论何时何地，只要能上网，就可以通过 Internet 发送电子邮件，或者打开自己的信箱阅读别人发来的邮件。因为它有这么多优点，所以使用过电子邮件的人，多数都不愿意再提起笔来写信了。

电子邮件的英文名字是 E-mail，或许在一位朋友递给你的名片上就写着类似这样的联系方式 Email:heng_h@163.com，邮件地址中各部分代表的意思如右图所示。

## BASIC
# 17.2 申请和使用电子邮件

如果用户需要使用电子邮件给朋友写信，那么首先需要申请一个电子邮件地址，然后才能给朋友写信，接下来就向用户详细地介绍申请和使用电子邮件的方法。

用户可以接收电子邮件，但不能发送电子邮件，这是为什么？

## 17.2.1　申请免费的电子邮箱

　　用户要使用电子邮件，首先要申请个人邮箱，而且现阶段，各大网站都提供免费的电子邮件业务，这里以在网易网申请一个免费的电子邮箱为例，具体讲解如下。

**01**　单击免费邮箱超级链接。在地址栏输入www.163.com，按回车键进入网易网站后单击"免费邮"超级链接，如下图所示。

**02**　在切换到的页面中单击"马上注册"文字链接，如下图所示。

**03**　确保用户名不重复。输入用户名，该名称由用户自定义，但不可单独使用符号或数字作为邮箱名。由于在网络中，不能有同地址同名称的电子邮箱存在，所以在申请电子邮箱时用户所输入的名称是不能有重复的，如右图所示，单击"下一步"按钮。

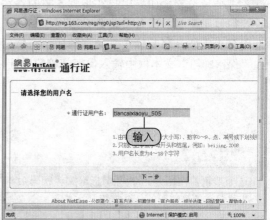

### 操作点拨

　　系统会弹出提示框提示用户邮箱名是否已被占用，若已被占用，系统会建议修改为相似邮箱名；若没有被占用，可进行下一步操作。

**04**　输入密码。在切换到的页面中，在"登录密码"文本框中输入用户密码，在"重复登录密码"文本框中再次确认此密码，如右图所示。

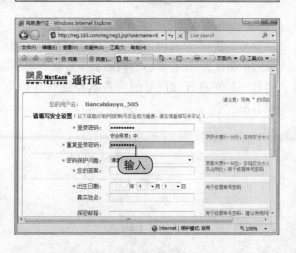

### 操作点拨

　　再次输入密码是为了确保密码的前后一致。在"密码保护问题"下拉列表中选择用户作为查询密码的问题。

 如果从未使用 Windows Mail 成功发送过电子邮件，则很可能没有正确设置电子邮件账户。

**1**
section

**2**
section

**3**
section

**05** 设置密码保护问题。单击"密码保护问题"下拉按钮，在弹出的下拉列表中选择一个问题作为密码保护问题，如下图所示。

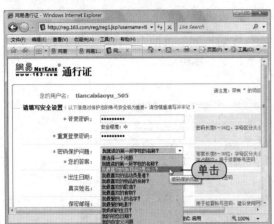

**06** 设置出生日期，在"出生日期"的一系列文本框中输入用户的出生日期，如下图所示。

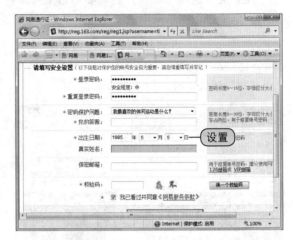

### 操作点拨

查询密码问题和答案的作用在于以后如果用户忘记了邮箱密码，可以通过问题和答案找回邮箱密码。

**07** 进一步设置。如果用户在步骤 5 中的答案设置得过于简单，那么系统会提示用户输入的密码至少需要 6 字节以上，如右图所示，然后在"保密邮箱"文本框中输入保密邮箱的地址。

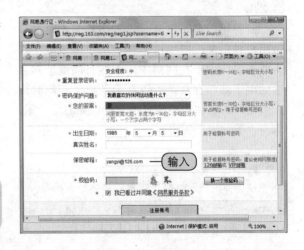

### 操作点拨

这个邮箱的作用是用于用户忘记邮箱密码后，来修复该邮箱密码的一个邮箱。

**08** 同意服务条款。勾选"我已看过并同意《网易服务条款》"复选框，如果用户没有查看《网易服务条款》，那么单击"网易服务条款"文字链接，即可打开《网易服务条款》进行查看，如右图所示。

?问 无法查看或保存附件是什么原因？

**09** 打开并阅读《网易服务条款》。单击"网易
服务条款"文字链接后，用户即可打开《网易
服务条款》，如下图所示。

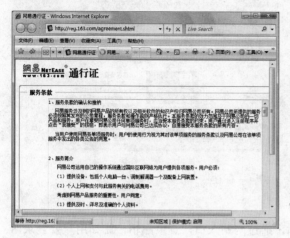

**11** 输入校验码。在"校验码"文本框中输入
系统提供的校验码，如现在是"工秋"，如右图
所示，输入完毕后，单击"注册账号"按钮，
注册电子邮件。

**10** 更换校验码。单击"校验码"文本框右侧
的"换一个校验码"按钮，如下图所示，即可
更换校验码。

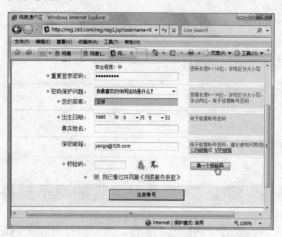

**12** 电子邮件申请成功。弹出申请成功界面，
用户则成功地申请到了网易的电子邮件，用户
记住相关信息后，就可以单击"进入了G免费
邮箱"按钮，如下图所示。

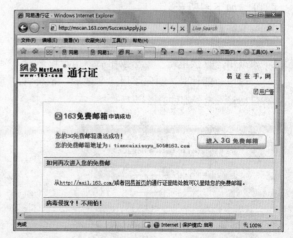

答 Windows Mail 会阻止访问可能对计算机有害的某些类型的附件。

**Windows Vista**
操作系统从入门到精通

17
Chapter

1
section

2
section

3
section

13　进入已申请的电子邮件窗口中。单击"进入 3G 免费邮箱"按钮后，用户即可登录到已申请的电子邮件中，如右图所示。

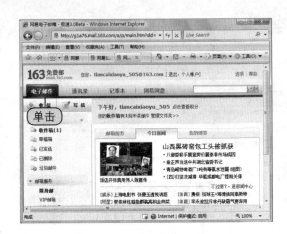

### 17.2.2　查看已收到的电子邮件

　　要登录网站收发邮件，首先要打开相关网站，通过网站入口，登录邮箱，比如用户要登录网易的邮箱，可以进行如下操作。

01　输入登录信息。打开 Internet Explorer 浏览器，输入地址 www.163.com 并按回车键后进入网易首页，在"用户名"文本框中输入用户名，然后输入相应的用户密码，单击"登录"按钮，如右图所示。

02　是否保存密码。单击"登录"按钮后，系统会弹出"自动完成密码"提示框，询问用户是否保存该密码，如果需要则单击"是"按钮即可，如下图所示。

▶ 操作点拨

　　如果用户直接单击"是"按钮后，用户以后登录该电子邮件时，输入了用户名之后，系统将自动输入电子邮件的密码。

03　切换至邮箱页面。切换至邮箱页面，如下图所示，用户就可以在此对邮箱进行相关操作了。

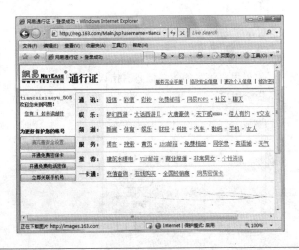

❓问　用户接收到的邮件中的链接不起作用，为什么？

**04** 查看所收邮件。单击"您有 1 封未读邮件"文字链接，如右图所示，即可查看该邮件的内容。

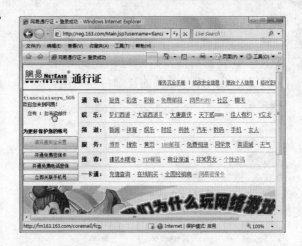

## 17.2.3　邮箱面板介绍

登录邮箱以后，用户可以使用邮箱的相关功能，由于邮箱提供方的不同，电子邮箱的功能和界面可能会有所不同，不过基本的使用方法都大致相同。这里简单介绍一下网易的邮箱面板。

网易的电子邮件的邮件夹中包括以下几个文件夹。

❶ 收件箱

❷ 草稿箱

❸ 已发送

❹ 已删除

❺ 垃圾邮件

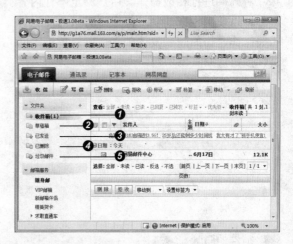

## 17.2.4　邮件的发送

登录邮箱后，用户最常用的功能就是对邮件的收发，本节将讲解如何在登录邮箱后进行邮件的收发。

### 收邮件

已收到的邮件在邮箱中被分为了两类：未读邮件和已读邮件，收取未读邮件可以进行以下操作。

1
section

2
section

3
section

01 打开未读邮件。单击页面上的"收件箱（1）"文字链接，如下图所示，切换至未读邮件的详单列表页面，用户可以在此单击主题的超级链接，打开邮件的详细内容页面。

02 查看邮件详细内容。切换至邮件的详细内容页面，用户可以查看邮件的详细内容，如下图所示。

03 对邮件进行相应操作。用户浏览邮件内容后，可以使用相应的功能按钮，对该邮件进行相关操作，比如想回复该邮件，可以单击"回复"按钮，如右图所示。

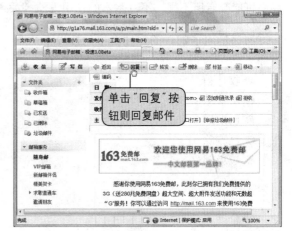

### 邮件的删除

为了方便管理，用户可以删除一些无用的邮件，比如广告邮件或者一些带有病毒的垃圾邮件等，删除邮件的操作方法如下。

返回到收件箱列表页面，勾选需要删除的电子邮件前的复选框，如右图所示，然后单击"删除"按钮即可。

**操作点拨**

用户也可以按照同样的方法，删除已发的电子邮件。

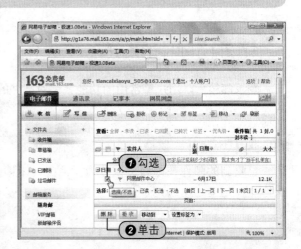

为什么单击 Web 浏览器中的电子邮件链接时，打开了其他电子邮件程序，而不是 Windows Mail？

## 写邮件

　　登录邮箱后，用户除了收取邮件外，还可以给亲朋好友发送电子邮件。发送的电子邮件包括两种：发送普通纯文本邮件，在电子邮件的使用中，大部分用户主要是通过文本邮件进行交流；通过邮件的附件发送文件，在公司办公中，用户之间除了可以使用纯文本邮件的交流外，还可以发送文件、程序、音乐等，可以在写邮件的页面中进行如下操作。

01 书写邮件。单击"写信"按钮，如下图所示，切换至写邮件页面，在"收件人"文本框中输入收件人的地址，在"主题"文本框中输入邮件的主题，在"正文"文本框内输入邮件的正文，单击"发送邮件"按钮即可。

02 添加附件。如果用户需要在发送电子邮件的时候添加附件，那么单击"主题"文本框下方的"添加附件"文字链接，如下图所示，即可打开"选择文件"对话框，进行邮件附件的添加的操作。

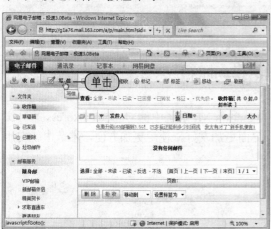

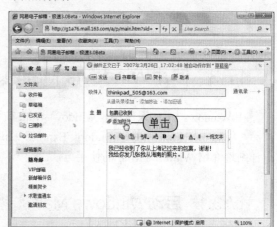

03 选择需要发送的文件。弹出"选择文件"对话框，用户选择需要发送的文件，单击"打开"按钮，如下图所示。

04 发送电子邮件。当电子邮件编辑完毕后，单击"发送"按钮，如下图所示，即可发送电子邮件。

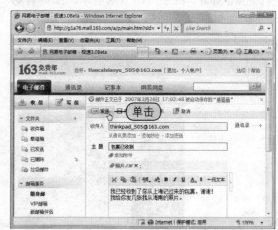

### 操作点拨

　　在添加附件发送邮件时，附件的总容量大小一般不能超过 20M。

**Windows Vista**
操作系统从入门到精通

17

Chapter

1
section

2
section

3
section

**05** 显示电子邮件成功发送。经过操作后，用户则成功地发送了编辑的电子邮件，如右图所示。

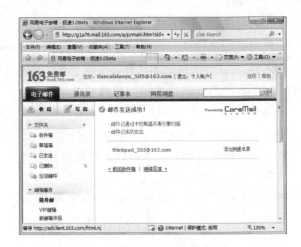

## 17.3 使用Windows Mail收发电子邮件

在 Windows Vista 系统中，Windows Mail 就是 Windows XP 系统中的 Outlook Express 的升级产品，Windows Mail 相对于 Outlook Express 来说，界面更加友好，使用更加方便，本节中就向用户详细地介绍 Windows Mail 的使用方法。

### 17.3.1 启动Windows Mail

用户要通过 Windows Mail 来收发电子邮件的话，首先需要启动 Windows Mail，启动 Windows Mail 的具体操作步骤如下。

**01** 启动 Windows Mail。单击桌面上的"开始 > Windows Mail"命令，如下图所示，即可启动 Windows Mail。

**02** 正在启动 Windows Mail。系统即可启动 Wi- ndows Mail，如下图所示。

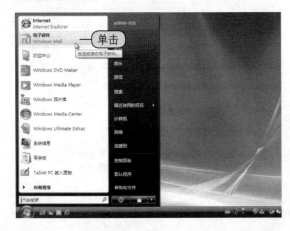

搜索电子邮件时，并非所有匹配搜索条件的邮件都显示在结果中，这是什么原因？

**03** 打开 Windows Mail 窗口。这样，用户就打开了 Windows Mail 窗口，如右图所示。

## 17.3.2 创建并编辑电子邮件

如果用户是第一次使用 Windows Mail 来发送电子邮件的话，那么还需要对 Windows Mail 的服务器进行设置，下面就详细地介绍创建并编辑电子邮件的方法。

### 创建电子邮件

用户打开了 Windows Mail 之后，接下来就需要创建电子邮件，具体的操作步骤如下。

**01** 新建电子邮件。在打开的 Windows Mail 窗口中，单击"创建邮件"按钮，如右图所示。

**02** 选择信纸样式。如果用户需要创建信纸，那么则单击"创建邮件"按钮右侧的下三角按钮，在弹出的下拉列表中，选择信纸的样式，如下图所示。

**03** 创建带信纸的电子邮件。这样，用户在"新邮件"窗口中，就创建了带有信纸的电子邮件，如下图所示。

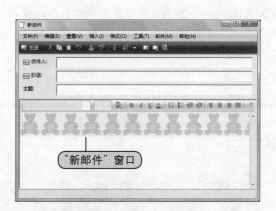

# Windows Vista
## 操作系统从入门到精通

17
Chapter

1
section

2
section

3
section

## 编辑电子邮件

创建了电子邮件并设置了信纸格式后，下面就需要编辑电子邮件的内容，具体的方法如下。

**01** 输入电子邮件信息。在"收件人"文本框中输入收件人的电子邮件地址，然后在"主题"文本框中输入主题内容，最后，输入电子邮件的内容，如下图所示。

**02** 设置字体格式。选中电子邮件内容的文本，然后通过"格式"工具栏对字体的格式进行设置，如下图所示。

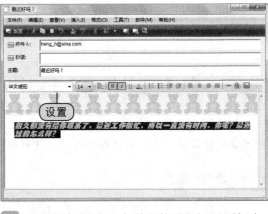

**03** 打开"图片"对话框。单击"插入图片"按钮，如下图所示，即可打开"图片"对话框。

**04** 选择目标图片。在弹出的"图片"对话框中，用户需选择目标图片，然后单击"打开"按钮即可，如下图所示。

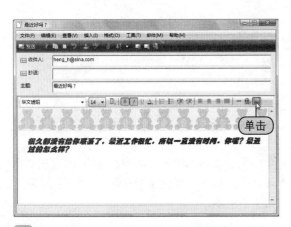

**05** 添加附件。单击"为邮件添加附件"按钮，如右图所示，即可打开"打开"对话框。

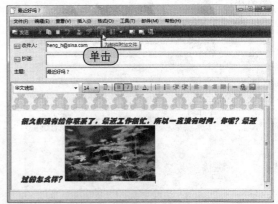

为何用户无法查看 Windows Mail 中的附件？

**06** 选择目标附件。在弹出的"打开"对话框中，选择需要添加为附件的文件，然后单击"打开"按钮即可，如下图所示。

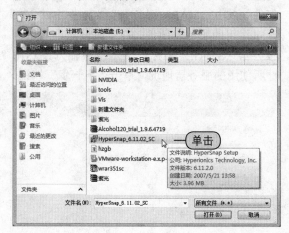

**07** 显示添加的附件。返回邮件窗口中会发现，"附件"文本框中已显示出了添加的附件，如下图所示。

**08** 发送电子邮件。当电子邮件编辑完成后，单击"发送"按钮，如右图所示，用户即可将电子邮件发送到指定的收件人的邮箱中。

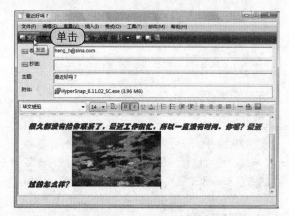

### 配置电子邮件选项

　　Windows Mail 启动之后，如果是第一次使用，会自动弹出"连接向导"对话框，这时用户就可以在向导下进行连接的设置，具体讲解步骤如下。

**01** 输入显示名。在"显示名"名称文本框中输入用户名，这里可以由用户自定义名称，输入后单击"下一步"按钮，如右图所示。

Windows Mail 阻止某些通常用于传播电子邮件病毒的类型的文件附件，例如 .exe、.pif 和 scr 文件。

# Windows Vista
操作系统从入门到精通

17
Chapter ▶

1
section

2
section

3
section

**02** 输入电子邮件地址。进入"Internet 电子邮件地址"界面，在"电子邮件地址"文本框中，输入邮件地址，比如在上一节中申请的 E-mail 地址，输入完毕后单击"下一步"按钮，如下图所示。

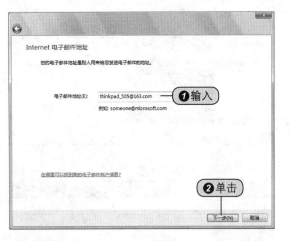

**操作点拨**

申请免费 Email 时要看一下是否提供 POP3 和 SMTP 服务，若提供，请记下这两个服务器的地址。也可以使用浏览器进入相关网站，查阅"接收"和"发送"所使用的服务器地址。比如网易的邮箱，可以在用户登录后的页面中查到，如下图所示。

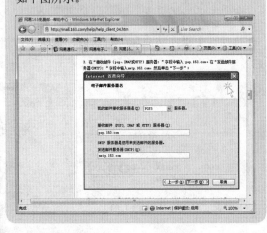

**03** 设置服务器。进入"设置电子邮件服务器"界面，如下图所示，在"电子接收邮件服务器类型"下拉列表中选择服务器类型。在"接收邮件（POP3 IMAP）服务器"文本框中输入接收邮件用的服务器地址。在"待发送电子邮件服务器（SMTP）名称"文本框中输入发送邮件所使用的服务器地址，单击"下一步"按钮。

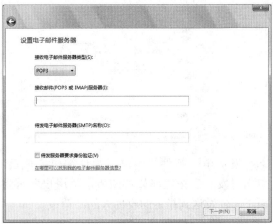

**04** 邮件登录。切换至 Internet Mail 登录界面，在"电子邮件用户名"文本框中输入注册的账号，在"密码"文本框中输入对应的密码。登录方式和使用浏览器登录网站的方式大致相似。单击"下一步"按钮，如下图所示。

**操作点拨**

勾选"记住密码"复选框后，以后每次使用 Windows Mail 时就不需再次输入密码。这就意味着任何人都可以登录用户的个人邮箱，用户可以根据个人使用环境决定此项。

**?问** 如果图片太大，不能用电子邮件发送，该怎么办？

**05** 完成连接向导。进入完成界面，提示用户已完成连接向导，单击"完成"按钮，如下图所示。

**06** 验证登录身份。系统开始验证登录信息和登录身份，如下图所示。

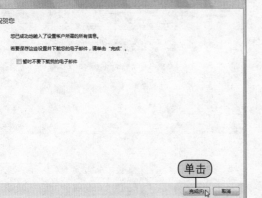

**07** 输入登录用户名和密码。系统会弹出"Windows 安全"对话框，输入登录的用户名和密码，如下图所示，输入完毕后，单击"确定"按钮。

**08** 检查电子邮件。然后系统就会检测 pop.163.com 中的电子邮件，下载所有的电子邮件，如下图所示。

## 17.3.3　使用Windows Mail查看并回复电子邮件

　　用户使用 Windows Mail 查看收到的电子是非常方便的，用户只需单击需要查看的电子邮件即可查看目标电子邮件的内容。回复电子邮件和写电子邮件的操作方法基本一致，下面就简单地介绍下使用 Windows Mail 查看并回复电子邮件的方法。

**01** 查看电子邮件。打开 Windows Mail 窗口，然后单击需要查看的电子邮件，如下图所示，用户则可以在窗口的下方查看电子邮件的内容。

**02** 回复电子邮件。如果用户需要对当前查看的电子邮件进行回复，则单击工具栏上的"答复"按钮，如下图所示。

有两个方法供读者参考：让 Windows 自动调整图片大小；用每封电子邮件发送较少的图片。

1
section

2
section

3
section

**03** 发送回复的电子邮件。用户按照前面介绍的方法输入电子邮件的内容，然后单击"发送"按钮即可发送回复的电子邮件，如右图所示。

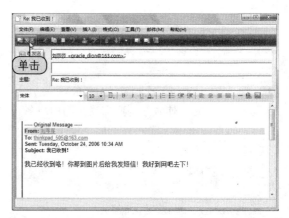

## 17.3.4 删除电子邮件

与前面介绍的网易的电子邮件一样，为了方便管理，用户可以保存一些重要的邮件，也可以删除一些无用的电子邮件。如果用户需要删除 Windows Mail 中不需要的电子邮件，那么可以进行下面的操作，具体方法如下。

**01** 单击"删除"命令。选中需要删除的电子邮件，单击菜单栏上的"编辑 > 删除"命令，如右图所示。

**问** 用户无法接收电子邮件，为什么？

**操作点拨**

选中需要删除的电子邮件，然后单击工具栏上的"删除"按钮也可删除电子邮件，如下图所示。

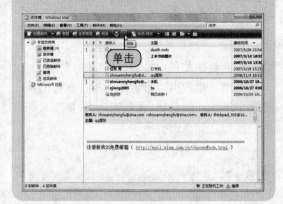

**03** 这时系统会弹出"Windows Mail"提示框，提示用户是否永久删除这些邮件，如果用户确定删除，则单击"是"按钮即可，如右图所示。

**02** 彻底清除邮件。如果用户需要将删除的电子邮件彻底清除，则单击菜单栏上的"编辑 > 清空'已删除邮件'文件夹"命令，如下图所示。

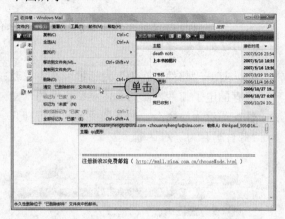

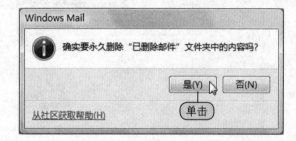

# Column

## ■ 保存电子邮件 ■

用户有时需要将一些重要的电子邮件保存到指定的文件夹中，保存电子邮件的具体操作方法如下。

**01** 打开"邮件另存为"对话框。选中需要保存的电子邮件，然后单击菜单栏上的"文件 > 另存为"命令，如下图所示，即可打开"邮件另存为"对话框。

**02** 保存电子邮件。在弹出的"邮件另存为"对话框中，用户可以设置电子邮件保存的路径和电子邮件的名称，设置完毕后，单击"保存"按钮，如下图所示。

**本章建议学习时间：60分钟**

建议分配 40 分钟熟悉添加、取掉 / 卸载硬件的操作方法，了解设备管理器和解决设备冲突的方法，再分配 20 分钟进行练习。

Chapter

# 18

管理和设置硬件

## 学完本章后您可以：

- 学会添加新硬件
- 学会取掉/卸载硬件
- 掌握设备管理器的相关知识
- 解决设备冲突问题

添加新硬件

扫描硬件

本章多媒体光盘视频链接 ▲

通过操作系统对计算机中的硬件进行设置和管理是中高级用户的使用要求，在熟悉了 Windows Vista 的一般操作后，如何管理和设置硬件设备是用户需要解决的新问题，本章从硬件的启动程序的简介开始，详细地介绍硬件的基础知识（包括添加新硬件、卸载硬件等）和配置文件以及设备管理器的基本操作。

BASIC

## 18.1 Windows Vista硬件概述

硬件通常是指计算机中的机箱、主板、硬盘、显卡和光驱等设置，除了这些设备之外，还有一些即插即用的硬件设备，例如 U 盘、移动硬盘等。Windows Vista 系统提供的硬件安装与维护功能为用户提供了极大的便利，系统提供了强大的自动识别新安装设备以及在运行过程中对硬件设置的变更进行识别支持。

### 18.1.1 即插即用设备

即插即用就是 PnP（Plug-and-Play）技术，它的作用是自动配置（低层）计算机中的板卡和其他设备，然后告诉对应的设备都做了什么。PnP 的任务是将物理设备和软件（设备驱动程序）相结合，并操作设备，在每个设备和它的驱动程序之间建立通信信道。换种说法，PnP 分配下列资源给设备和硬件，即 I/O 地址、IRQ、DMA 通道和内存段。

即插即用功能只有在同时具备了符合 4 个条件时才可以运用，4 个条件为：即插即用的标准BIOS、即插即用的操作系统、即插即用的设备和即插即用的驱动程序。

操作系统中，Windows 95 是最早支持即插即用的操作系统，但是支持得不好，常常需要手工改动，而且容易产生隐患。Windows 98/Me 及以后的系统对即插即用的支持就比较成熟，都采用了 ACPI 规范作为即插即用方案的实现基础。Windows NT4 不支持即插即用，但基于 NT 技术的Windows 2000 和 Windows XP 以及 Windows Vista 操作系统能更好地支持即插即用。

### 18.1.2 硬件驱动程序

驱动程序（Device Driver）全称为"设备驱动程序"，是一种可以使计算机和设备通信的特殊程序，可以说相当于硬件的接口，操作系统只能通过这个接口，才能控制硬件设备的工作，假如某设备的驱动程序未能正确安装，便不能正常工作。

正因为这个原因，驱动程序在系统中所占的地位十分重要，一般当操作系统安装完毕后，首要的便是安装硬件设备的驱动程序。不过大多数情况下，用户并不需要安装所有硬件设备的驱动程序，例如硬盘、显示器、光驱、键盘、鼠标等就不需要安装驱动程序，而显卡、声卡、扫描仪、摄像头、Modem 等就需要安装驱动程序。另外，不同版本的操作系统对硬件设备的支持也是不同的，一般情况下版本越高所支持的硬件设备也越多。

刚刚安装了新的硬件设备，但是它没有正常工作，该如何处理？

查看硬件驱动程序的具体操作步骤如下。

**01** 打开"系统"窗口。右击桌面上的"计算机"图标，在弹出的快捷菜单中单击"属性"命令，如下图所示。

**02** 打开"设备管理器"窗口。在弹出的"系统"窗口中，单击左侧窗格中的"设备管理器"选项，如下图所示。

**03** 打开设备属性对话框。弹出"设备管理器"窗口，单击设备前的折叠按钮将其展开，然后在其设备名上右击鼠标，在弹出的快捷菜单中单击"属性"命令，如下图所示。

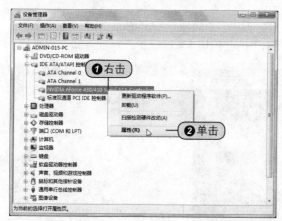

**04** 查看硬件属性。弹出硬件设备属性对话框，用户即可查看关于此设备的属性信息，如下图所示。

**05** 查看硬件驱动程序。切换至"驱动程序"选项卡下，用户可以查看驱动程序的基本信息，如右图所示。

1
section

2
section

3
section

4
section

5
section

**06** 查看硬件详细信息。切换至"详细信息"选项卡下,用户可以查看该硬件的具体信息,如下图所示。

**07** 查看硬件资源。切换到"资源"选项卡下,如下图所示,用户即可查看该硬件的资源设置情况,最后单击"确定"按钮退出"属性"对话框。

### 18.1.3 驱动程序设置

驱动程序也是可以进行设置的,接下来就向用户简单地介绍驱动程序设置的方法。

**01** 打开"系统"窗口。右击桌面上的"计算机"图标,在弹出的快捷菜单中单击"属性"命令,如下图所示。

**02** 打开"系统属性"对话框。在弹出的"系统"窗口中,单击"系统保护"选项,如下图所示。

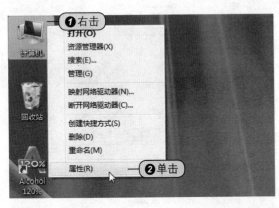

**03** 打开"Windows Update 驱动程序设置"对话框。在弹出的"系统属性"对话框中,切换至"硬件"选项卡下,单击"Windows Update 驱动程序设置"按钮,如下图所示。

**04** 设置驱动程序。弹出"Windows Update 驱动程序设置"对话框,用户可以设置驱动程序查找的方式,如下图所示。

设备过去能正常工作,但现在不能正常工作,该如何处理?

## BASIC

# 18.2 添加新硬件

添加新硬件是指在系统检测到新增加的硬件，并安装相应的驱动程序的过程。添加新硬件通常有两种方法：系统自动添加新硬件和手动添加新硬件。

## 18.2.1 系统自动添加新硬件

对于即插即用的设备，系统都能够自动识别并安装其驱动程序，系统自动添加新硬件的具体操作步骤如下。

**01** 自动提示并安装。当系统检测到有新设备时，在任务栏上会弹出一个提示框，如下图所示，同时系统会自动查找该设备的驱动程序，并安装该硬件的驱动程序。

**02** 安装完成。安装完驱动程序之后，系统会弹出提示框，提示用户新设备的驱动程序安装完成，如下图所示。

通过 Windows Update 可以获取更新的驱动程序；查找设备附带的光盘，更新设备的驱动程序。

## 18.2.2 手动添加新硬件

对于一些非即插即用的设备，用户只能进行手动添加，手动添加新硬件的具体操作步骤如下。

**01** 打开"控制面板"窗口。单击桌面上的"开始 > 控制面板"命令，如下图所示，即可打开"控制面板"窗口。

**02** 打开"添加硬件"向导。在弹出的"控制面板"窗口中，双击"添加硬件"图标，如下图所示，即可打开"添加硬件"向导。

**03** 弹出欢迎界面在弹出的"欢迎使用添加硬件向导"界面中，单击"下一步"按钮，开始添加新的硬件，如下图所示。

**04** 设置向导功能。进入"这个向导可以帮助您安装其他硬件"界面后，单击选中"搜索并自动安装硬件"单选按钮，然后单击"下一步"按钮，如下图所示。

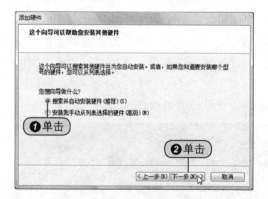

**05** 搜索硬件。这时，系统开始对新硬件进行查找，这需要一些时间，当系统找到新硬件后，单击"下一步"按钮，进行硬件的驱动程序的安装，如右图所示。

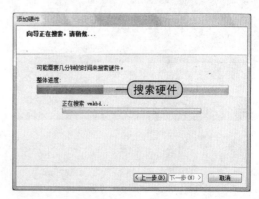

无法连接到 Internet 来更新用户的驱动程序时，该如何处理？

**06** 选择安装的硬件类型。如果系统未找到新的硬件，则系统会提示手动添加硬件，切换到新界面，在"常见硬件类型"列表框中选择需要添加的硬件类型，然后单击"下一步"按钮，进行硬件驱动程序的安装，如下图所示。

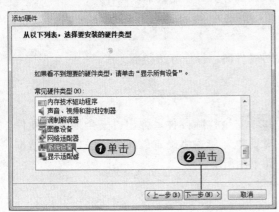

**07** 安装新硬件的驱动程序。进入"选择要为此硬件安装的设备驱动程序"界面，从列表中选择驱动程序，然后单击"下一步"按钮，如下图所示。

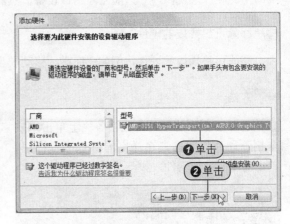

**08** 确认要安装的硬件。在"向导准备安装您的硬件"界面中确认安装的硬件后单击"下一步"按钮，如下图所示。

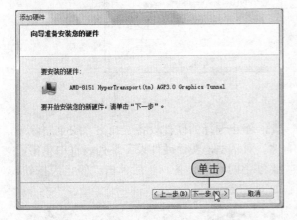

**09** 开始安装驱动程序。单击"下一步"按钮后，系统开始安装新硬件的驱动程序，如下图所示。

**10** 完成新硬件的驱动程序安装。新硬件的驱动程序安装完成后，单击"完成"按钮，即可完成添加硬件的操作，如右图所示。

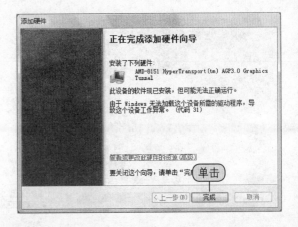

必须以管理员身份登录，手动更新网络适配器驱动程序。如果有设备附带光盘，可按照步骤手动更新驱动程序。

## 18.3 取掉/卸载硬件

取掉硬件是指将插入在计算机上的硬件拔下来，通常是即插即用的硬件才能这样，对于非即插即用的硬件来说，用户只能先停用该设备，然后关闭计算机，才能拔下该硬件。

### ● 移除可热插拔的硬件

移除可热插拔的硬件，例如：U盘、移动硬盘等硬件时，操作方法如下。

#### ▶ 方法一

**01** 选择要删除的硬件。在任务栏上单击"安全删除硬件"图标，在弹出的信息提示框中，单击需要删除的硬件，如下图所示。

**02** 安全移除硬件。弹出"安全地移除硬件"对话框，单击"确定"按钮，关闭此对话框，如下图所示。

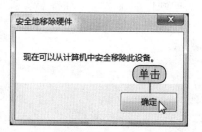

#### ▶ 方法二

**01** 单击"安全删除硬件"命令。在系统任务栏上右击"安全删除硬件"图标，单击弹出的"安全删除硬件"命令，如下图所示。

**02** 停止选择的硬件设备。弹出"安全删除硬件"对话框，在"硬件设备"列表框中单击需要停止的硬件设备，然后单击"停止"按钮，如下图所示。

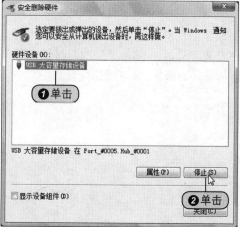

？问 Windows 会自动检测 USB 设备吗？

**03** 确认要停用的设备。在弹出的"停用硬件设备"对话框中，选择需要停止的设备，然后单击"确定"按钮，如右图所示。

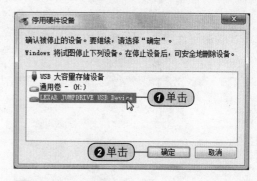

**04** 确认安全移除硬件。弹出"安全地移除硬件"对话框，单击"确定"按钮，关闭此对话框，如下图所示。

**05** 关闭对话框。返回"安全删除硬件"对话框，单击"关闭"按钮，如下图所示，关闭此对话框。

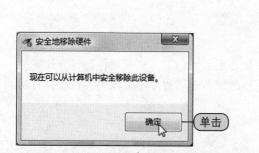

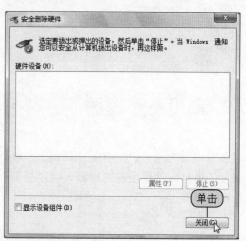

### 卸载非即插即用的设备

如果用户需要卸载非即插即用的设备，那么可以进行如下设置。

**01** 打开"系统"窗口。右击桌面上的"计算机"图标，在弹出的快捷菜单中单击"属性"命令，如下图所示。

**02** 打开"设备管理器"窗口。在弹出的"系统"窗口中，单击"设备管理器"选项，如下图所示，即可打开"设备管理器"窗口。

USB 设备是即插即用设备，当设备插入时，Windows 通常会自动检测到它们，如有必要，还会安装驱动程序。

18
Chapter

1
section

2
section

3
section

4
section

5
section

03 卸载硬件。弹出"设备管理器"窗口，右击需要卸载的硬件设备，在弹出的快捷菜单中单击"卸载"命令，如下图所示。

04 确认卸载硬件。弹出"确认设备卸载"对话框，确认后单击"确定"按钮，如下图所示，然后关闭计算机，再拔下硬件。

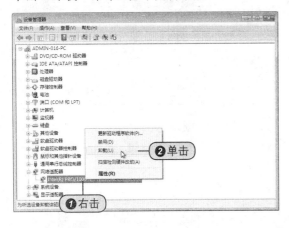

## 18.4 设备管理器

设备管理器为用户提供有关计算机上的硬件如何安装和配置的信息，以及硬件如何与计算机程序交互的信息。使用设备管理器，可以更新计算机硬件的设备驱动程序、修改硬件设置并对问题进行疑难解答。

### 18.4.1 启动设备管理器

用户需要查看计算机中各种设备或者设备驱动的情况，则在设备管理器中查看即可，打开设备管理器的具体方法如下。

01 打开"系统"窗口。单击桌面上的"开始 > 控制面板"命令，即可打开"控制面板"窗口，双击"系统"图标，如下图所示，即可打开"系统"窗口。

02 打开"设备管理器"窗口。在打开的"系统"窗口中，单击"设备管理器"选项，如下图所示，即可打开"设备管理器"窗口。

用户获取一条消息，内容是"高速 USB 设备已插入非高速 USB 集线器"，这是什么意思？

03 查看硬件设备。在"设备管理器"窗口中，用户即可查看计算机中的硬件设备了，如右图所示。

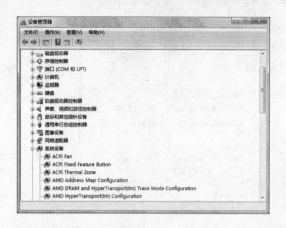

## 18.4.2 认识设备管理器

默认情况下，在"设备管理器"窗口中硬件设备是按已安装设备的类型来显示的，如右图所示。一般是 DVD/CD-ROM 驱动器、IDE ATA/ATAPI 控制器、处理器、磁盘驱动器、存储控制器、电池、端口、计算机、监视器、键盘、声音/视频和游戏控制器、软盘驱动器、软盘驱动器控制器、鼠标和其他指针设备、通用串行总线控制器、网卡和显卡等设备，如果要查看设备具体型号，则单击设备类型前的折叠按钮，在展开的选项中查看该设备的具体型号。

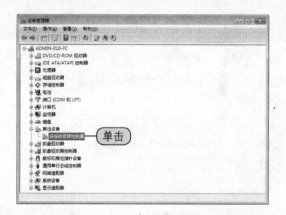

单击

## 18.4.3 使用设备管理器查看相关信息

用户可以通过使用"设备管理器"来查看计算机中硬件的相关信息，其具体的操作步骤如下。

### 查看硬件信息

如果用户需要查看硬件的信息，那么可以使用下面的方法。

01 打开设备属性对话框。在"设备管理器"窗口中展开需要查看设备的设备类型，然后右击需要查看的设备，在弹出的快捷菜单中单击"属性"命令，如右图所示。

❶右击

❷单击

**02** 显示常规选项。在弹出的设备属性对话框中，默认情况下显示"常规"选项卡上的信息，如下图所示。

**04** 查看驱动程序信息。切换至"驱动程序"选项卡下，用户可以查看该设备的驱动程序信息，如下图所示。

**03** 查看高级属性。切换至"高级"选项卡下，可以查看该设备的高级属性，如下图所示。

**05** 查看详细信息。切换至"详细信息"选项卡，用户可以查看该设备的详细信息，如下图所示。

**06** 查看资源信息。切换至"资源"选项卡下，查看该设备的资源信息，如右图所示。

**问** 如何判断用户的计算机是否有 USB 2.0 端口？

**07** 查看电源选项。切换至"电源管理"选项卡，可以查看和设置该设备的电源选项，如右图所示，设置完毕后，单击"确定"按钮即可。

## 更新驱动程序

用户可以使用"设备管理器"更新驱动程序，从而实现硬件设备的重新安装或升级安装，更新驱动程序的具体操作方法如下。

**01** 单击"更新驱动程序软件"命令。在"设备管理器"窗口中，右击需要更新驱动程序的设备，在弹出的快捷菜单中单击"更新驱动程序软件"命令，如下图所示。

**02** 搜索更新的驱动程序。弹出"更新驱动程序软件"对话框，这里提供了"自动搜索更新的驱动程序软件"和"浏览计算机以查找驱动程序软件"两种方式，在此单击"自动搜索更新的驱动程序软件"单选按钮，如下图所示，然后系统会自动搜索该设备的驱动程序。

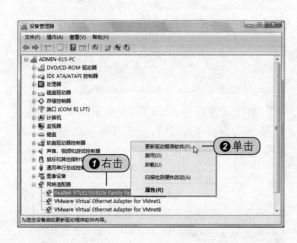

**03** 选择联机搜索。如果系统没有在本机上搜索到驱动程序，则系统会提示是否在 Internet 上搜索驱动程序，单击"是，仅这次联机搜索"单选按钮，如下图所示。

**04** 开始联机搜索。系统开始联机搜索驱动程序，这需要一些时间，如下图所示。

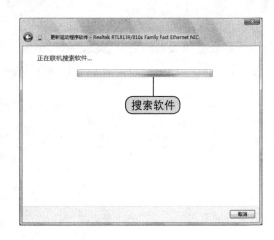

搜索软件

## 启用 / 停用设备

如果用户需要启用或者停用设备，那么可以使用下面的方法。

**01** 单击"禁用"命令。在"设备管理器"窗口中，右击需要停用的设备，在快捷菜单中单击"禁用"命令，如下图所示。

**02** 确认禁用设备。弹出"标准软盘控制器"对话框，确认要禁用该设备后单击"是"按钮，如下图所示。

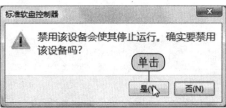

**03** 查看禁用设备显示。在"设备管理器"窗口中，可以看到刚才被禁用的设备上有个下箭头图标，表示该设备被禁用，则该设备就无法使用，如果想再次使用，则需要重新启用，如下图所示。

**04** 启用硬件设备。右击需要启用的硬件设备，在弹出的快捷菜单中单击"启用"命令，该设备则被启用，如下图所示。

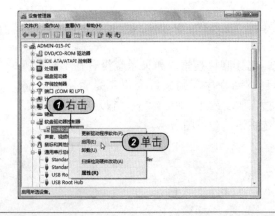

为什么会获取一条"超出带宽"的消息？

● 卸载驱动

如果用户需要卸载硬件驱动，可以按照下面的方法来卸载驱动。

### 方法一

**01** 卸载硬件。在"设备管理器"窗口中，右击需要卸载的设备，单击"卸载"命令，如下图所示。

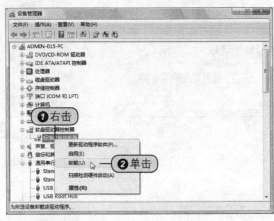

**02** 确定卸载硬件。弹出"确认设备卸载"对话框，确认后单击"确定"按钮，如下图所示。

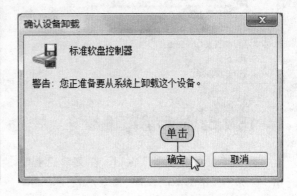

### 方法二

**01** 打开"属性"对话框。在"设备管理器"窗口中，右击需要卸载的设备，单击"属性"命令，如下图所示。

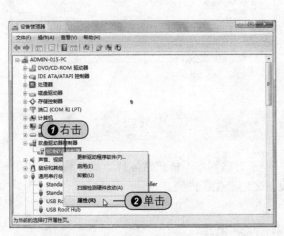

**02** 卸载硬件。弹出选中设备的属性对话框，切换至"驱动程序"选项卡下，单击"卸载"按钮，如下图所示。

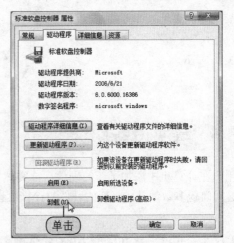

## 18.4.4 扫描硬件

如果用户插入了硬件后，没有在设备管理器中显示出添加的硬件设备，那么可以扫描硬件，以显示添加的硬件。

**Windows Vista**
操作系统从入门到精通

18
Chapter ▶

1
section

2
section

3
section

4
section

5
section

01 单击"扫描检测硬件改动"命令。在"设备管理器"窗口中，单击菜单栏上的"操作 > 扫描检测硬件改动"命令，如下图所示。

02 扫描硬件。弹出"设备管理器"提示框，提示系统正在扫描即插即用硬件，这需要一些时间，如下图所示。

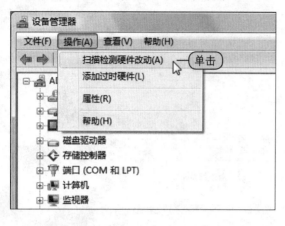

## 18.4.5 显示隐藏设备

打开"设备管理器"窗口，在菜单栏上单击"查看 > 显示隐藏的设备"命令，如右图所示，可以显示出计算机上所有的设备。

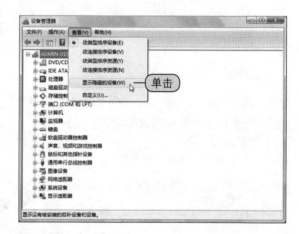

## BASIC
## 18.5 解决设备冲突

当用户在计算机中添加了新的硬件后，突然发生了有些程序不能正常运行，或者系统死机等问题，这类问题多数都是由于新的硬件与计算机设备之间产生了冲突。

## 18.5.1 使用添加硬件的方法解决设备冲突

关于上面讲到的问题，用户可以运用添加硬件的方法解决设备冲突，具体的操作方法如下。

?问 什么是驱动程序？

**01** 打开"控制面板"窗口。单击桌面上的"开始 > 控制面板"命令,如下图所示,即可打开"控制面板"窗口。

**02** 打开"添加硬件"向导。在打开的"控制面板"窗口中,双击"添加硬件"图标,如下图所示。

**03** 进入"添加硬件"向导。在弹出的"添加硬件"向导的欢迎界面中,单击"下一步"按钮,如下图所示。

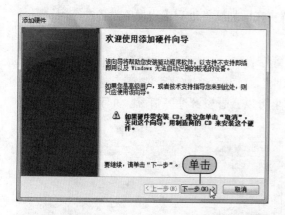

**04** 运用向导选择安装硬件。进入"这个向导可以帮助您安装其他硬件"界面后,单击选中"搜索并自动安装硬件"单选按钮,然后单击"下一步"按钮,如下图所示。

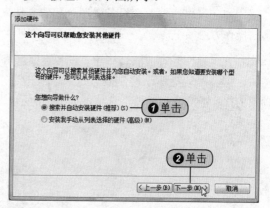

**05** 搜索硬件。系统开始对硬件进行查找,这需要一些时间,如果找到硬件可以直接单击"下一步"按钮,如下图所示。

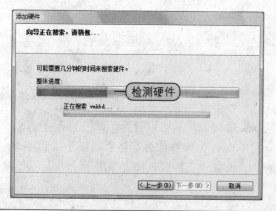

**06** 选择硬件类型。系统搜索硬件完毕后,则会提示手动添加硬件,在"常见硬件类型"列表框中选择需要添加的硬件类型,然后单击"下一步"按钮,进行硬件的驱动程序的安装,如下图所示。

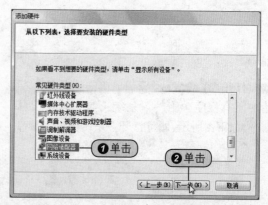

答 驱动程序是一种允许计算机与硬件或设备之间进行通信的软件。如果没有它,连接的硬件无法正常工作。

# Windows Vista
## 操作系统从入门到精通

18
Chapter

1
section

2
section

3
section

4
section

5
section

**07** 选择网络适配器。在进入的界面中选择要安装的网络适配器，然后单击"下一步"按钮，如下图所示。

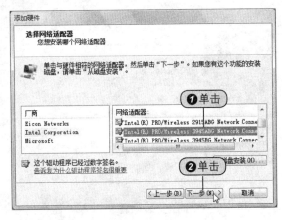

**08** 确认要安装的硬件。在"向导准备安装您的硬件"界面中确认要安装的硬件后单击"下一步"按钮，如下图所示。

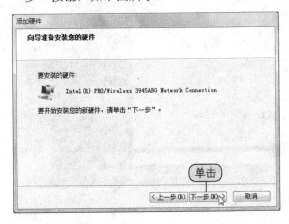

## 18.5.2 改变设备资源分配

用户还可以通过改变设备资源分配的方法来解决在添加硬件过程中出现的设备冲突问题，具体的操作方法如下。

**01** 打开"属性"对话框。打开"设备管理器"窗口，展开"软盘驱动控制器"选项，双击选项下的"标准软盘控制器"选项，如下图所示。

**02** 查看资源信息。弹出"标准软盘控制器属性"对话框，切换至"资源"选项卡下，在这里可以查看资源冲突情况，并手动记下资源的各个分配情况，如下图所示。

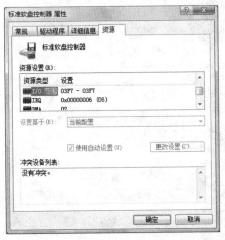

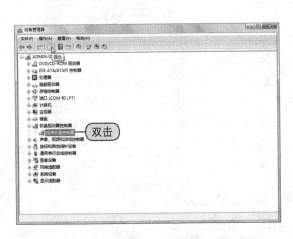

**03** 打开"系统信息"窗口。单击桌面上的"开始 > 所有程序 > 附件 > 系统工具 > 系统信息"命令，如下图所示，即可打开"系统信息"窗口。

**04** 打开"系统信息"窗口，在左侧窗格中展开"硬件资源"选项，单击该选项下的"冲突/共享"选项，然后可以查看计算机的所有资源，分别单击各类查看信息，然后通过手工调整来解决一部分设备冲突，如下图所示。

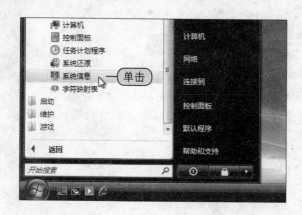

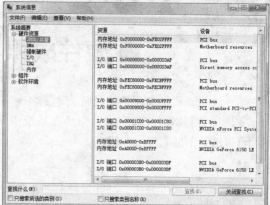

签名的驱动程序是一种包含数字签名的设备驱动程序软件，数字签名是一种电子安全性标记。

18
Chapter

# ■ 硬件故障与解决方法 ■

　　在计算机的使用中，经常会遇到各种各样的设备故障，例如：用户上不了网，但是又发现网线与网卡连接正常，但是在系统中又没有发现网卡这样的现象，类似这样的问题，可以通过下面的方法来解决。

**01** 打开"系统"窗口。在桌面上单击"开始 > 控制面板"命令，打开"控制面板"窗口，双击"系统"图标，如下图所示。

**02** 打开"设备管理器"窗口。打开"系统"窗口，然后单击左侧窗格中的"设备管理器"选项，如下图所示。

**03** 查看设备情况。打开"设备管理器"窗口，如果发现列表中有类似的图标，说明该设备不可用，需要启用该设备，如下图所示。

**04** 启用设备。右击要启用的设备，在弹出的快捷菜单中单击"启用"命令，如下图所示，即可启用该设备。

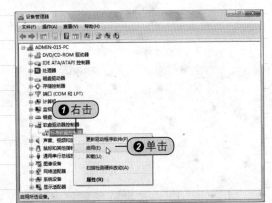